Fit für Nachhaltigkeit?

Axel Beyer (Hrsg.)

Fit für Nachhaltigkeit?

Biologisch-anthropologische
Grundlagen einer Bildung
für nachhaltige Entwicklung

Leske + Budrich, Opladen 2002

Das Fachgespräch und die Publikation wurden gefördert vom:
– Bundesministerium für Umwelt, Naturschutz und Reaktiorsicherheit, Berlin
– Umweltbundesamt, Berlin.

Gedruckt auf säurefreiem und altersbeständigem Papier.

Die Deutsche Bibliothek – CIP-Einheitsaufnahme
Ein Titeldatensatz für die Publikation ist bei
Der Deutschen Bibliothek erhältlich

ISBN 978-3-8100-3293-5   ISBN 978-3-663-01159-0 (eBook)
DOI 10.1007/978-3-663-01159-0

Satz: Verlag Leske + Budrich, Opladen

Inhalt

Einleitung

Die seit Mitte des 20. Jahrhunderts ins allgemeine Bewusstsein gerückten Herausforderungen zum Schutz der natürlichen Umwelt wurden von Seiten der Wissenschaft und der Politik von Anfang an mit einer öffentlichkeitswirksamen Vermittlung von Lösungswegen verbunden. Unter den Begriffen Umwelterziehung, Naturerziehung, Ökopädagogik, ökologisches Lernen u.a. wurden auch verschiedene pädagogische Strategien zur Lösung der anstehenden Fragen angeboten. Allen Strategien war gemeinsam, dass mehr oder weniger stark durch organisierte Lernsituationen ein Weg aus der ökologischen Krise gefunden werden sollte.

Seit der Konferenz der Vereinten Nationen 1992 zu „Umwelt und Entwicklung" wird versucht, eine Erweiterung des umweltpädagogischen Arbeitsfeldes zu beschreiben, indem ökologische mit sozialen und ökonomischen Aspekten verbunden werden. Im Besonderen wird versucht, mit der „Bildung für nachhaltige Entwicklung" die klassischen grünen Themen der Umweltbildung durch einen Paradigmawechsel auf eine erweiterte sozial- bzw. kulturwissenschaftliche Basis zu stellen. Forschungsfragen wie Umweltbewusstsein, Lebensstile und Themen, die sich aus der nachhaltigen Entwicklung herleiten, wie Energieverbrauch, Mobilitätsverhalten, Konsum, Wohnungsbau, Effizienzsteigerung beim Ressourcenschutz, rücken damit in den Mittelpunkt.

Wenn überhaupt, wurden Bedingungen, die sich aus der evolutionsbiologischen Entwicklung des Menschen ergeben, nur am Rande in allen bisherigen Entwicklungsphasen der Umweltbildung berücksichtigt. Man kann sogar sagen, dass eine Diskussion zwischen der neueren umweltpädagogischen und evolutionsbiologischen Forschung nicht vorhanden ist. Wenn aber mit der „Bildung für nachhaltige Entwicklung" tatsächlich auch eine strategische Ausrichtung für pädagogische Bemühungen innerhalb und außerhalb des staatlichen Schulwesens und für alle Felder der Erwachsenenbildung beabsichtigt ist, erscheint es sinnvoll, eine Rückkopplung der sich im sozialwissenschaftliches Forschungsfeld ergebenden Ziele mit den biologisch anthropologischen Grundlagen vorzunehmen.

An dieser Stelle sei angemerkt, dass es im Unterschied zu anderen Wissenschaften (z. B. evolutionäre Erkenntnistheorie) keine ausformulierte evolutionäre Erziehungswissenschaft gibt.

Zu den grundlegenden Erkenntnissen der Evolutionsbiologie gehört, dass sich ein Aspekt des menschlichen Verhaltens nicht von selbst entwickelt. „Jedes Verhalten ist Produkt aus Anlage und Umwelt. Dabei können die beiden Faktoren (Anlage bzw. Umwelt) zwar sehr unterschiedliche Gewichte haben (z. B. genetische Vorgaben mit relativ kleinen und mit relativ großen Reaktionsbreiten). Dennoch gilt generell, dass bei Veränderung eines der beiden Faktoren sich das Gesamtergebnis verändert. Konstanz ist immer auch eine Konstanz der zur jeweiligen genetischen Disposition komplementären Umwelt. Wenn sich auch bestimmte Verhaltensweisen im Laufe der individuellen Entwicklung wie von selbst einzustellen scheinen, so liegt das daran, dass das für die Entwicklung einer genetisch disponierten Verhaltensweise erforderliche Umweltkorrelat faktisch vorhanden war, ob dies bekannt war oder nicht und ob dies beabsichtigt war oder nicht.

Die Forderung der Evolutionsbiologen, die Bildung des Menschen an seinem Verhaltensrepertoire zu orientieren, bedeutet keineswegs, den Vorgaben seiner genetisch disponierten Verhaltensformen in jedem Fall zu folgen. Es geht immer auch um Disziplinierung und Humanisierung . Aber wenn Bildung darauf zielt, umweltschonendes Leben zu verwirklichen, dann muss sie sich gleichwohl in möglichst großem Umfang nach den Bedürfnissen und nach den Fähigkeiten des einzelnen Menschen richten."[1]

Ergänzend muss eine Betrachtung der kulturellen Entwicklung der Menschheit dieser biologischen Grundlagen hinzukommen: Gibt es eine kulturelle Evolution, die sich nur in Abhängigkeit von der genetisch/epigenetischen Ausstattung des Menschen fortentwickelt oder gibt es eine von biologischer Grundlage völlig unabhängige (= losgelöste) von Menschen gemachte Kultur?

Wenn die Evolutionsbiologen Recht haben, heißt dies für Pädagogen und Politiker beispielsweise, diese evolutionsbiologischen Grundlagen in ihren pädagogischen und politischen Arbeitsalltag für eine nachhaltige Entwicklung aufzunehmen und umzusetzen. Auf einer Fachtagung haben Anfang 2001 Vertreter unterschiedlicher wissenschaftlicher Fachgebiete ihre Forschungsfelder beispielhaft auf evolutionsbiologische Aufsätze hin überprüft und dabei die Stärken und Defizite verschiedener Ansätze aus ihrer Sicht verdeutlicht. Die ausgewählten Fragestellungen ergaben sich aus den Überlegungen und

---

1   Leicht verändert nach: Max Liedtke „*Bildungsaufgaben an der Schwelle zum 3. Jahrtausend – Zielvorstellungen, Entwicklungstrends und anthropologische Rahmendaten*", S. 204f und S. 203, in: Norbert Seibert/Helmut J. Serve (Hrsg.): „*Bildung und Erziehung an der Schwelle zum dritten Jahrtausen*", 2. Auflage, Marquartstein, 1996

Forschungsfragen des Umweltbundesamtes zur angewandten sozialwissenschaftlichen Umweltforschung.[2]

Die hauptsächlichen Fragestellungen ergeben sich dabei aus dem Umstand, dass es, wie die sozialwissenschaftliche Umweltforschung festgestellt hat, keine einfachen Ableitungsbeziehungen zwischen Umweltwissen, Umweltbewusstsein und Umwelthandeln gibt. Weder führt ein höheres Wissen über ökologische Zusammenhänge und Umweltprobleme notwendigerweise zu einem höheren Umweltbewusstsein, noch ist das höhere Umweltbewusstsein als ein Indikator für die Handlungsbereitschaft im Sinne eines an Umweltschutzgesichtspunkten ausgerichteten Verhaltens zu werden. So unumstritten die Notwendigkeit der Verankerung einer Umweltethik in der Öffentlichkeit auch ist – es kann nicht erwartet werden, dass damit automatisch ein am Nachhaltigkeitsleitbild orientiertes Verhaltensethos in der Bevölkerung entsteht.

Auf der Grundlage dieser Erfahrungen hat sich in der sozialwissenschaftlichen Umweltforschung die so genannte „Kluft zwischen Umweltbewusstsein und Umweltverhalten" als ein wichtiges Forschungsfeld herausgebildet. Alle Autoren zeigen in ihren Beiträgen recht unterschiedliche Ansätze einer weiteren Forschungsperspektive. Insgesamt hat man den Eindruck, dass die Wissenschaft an vielen Stellen erst am Anfang einer an Nachhaltigkeit orientierten Perspektive steht.

Allen Autoren sei ausdrücklich für ihr großes Engagement bei der Diskussion gedankt. Beim Bundesministerium für Umwelt, Naturschutz und Reaktorsicherheit und beim Umweltbundesamt möchte ich mich recht herzlich für die finanzielle Förderung der Veranstaltung und der Publikationen[3] bedanken. Weiterhin spreche ich meinen Dank dem Präsidenten des Umweltbundesamtes Herr Prof. Dr. Andreas Troge und seinen Mitarbeitern Dietrich Omeis, Dr. Michael Wehrspaun und Dr. Harald Schoembs für die vielfältige persönliche Unterstützung aus. Ohne sie wären die vorliegenden Ergebnisse nicht so eindrücklich. Abschließend möchte ich nicht versäumen, mich bei meiner Mitarbeiterin Gudrun Hentschel für ihre unermüdliche Unterstützung in der Vorbereitung und Abwicklung des Projektes zu bedanken.

---

2 Wehrspaun, Michael *„Angewnadte sozialwissenschaftliche Umweltforschung. Konzeptionelle Überlegungen udn Forschungsfragen"*, UNESCO-Verbindungsstelle für Umwelterziehung um Umweltbundesamt, Berlin, 1998

3 Eine Kurzfassung der Beiträge erschien als Beilage *„pö forum"* in der *politischen ökologie 69*, April 2001

Geleitwort

Neun Jahre nach dem großen Erdgipfel in Rio de Janeiro ist die Frage, ob wir tatsächlich „Fit für Nachhaltigkeit" sind, durchaus berechtigt. Viele Skeptiker sagen, dass im Grunde nichts passiert sei. Es sei eine Menge an Studien verfasst und für die zahllosen Konferenzen seien sinnlos unzählige Kilometer verflogen worden, die nur die Umwelt zusätzlich belasteten. In wissenschaftlichen Zirkeln würde das Thema „Nachhaltige Entwicklung" zu Tode theoretisiert. Unter dem Strich sei in den vergangenen neun Jahren dabei nichts Zählbares herausgekommen.

Die Optimisten – übrigens schon deswegen eine schützenswerte Art, weil es davon nicht mehr sehr viele gibt – betonen dagegen die positive Wirkung der gesellschaftlichen und politischen Kommunikation, die es seit der Rio-Konferenz zu diesem Thema gebe. Immerhin sei festzustellen, dass das Thema Nachhaltigkeit nicht mehr von der politischen und gesellschaftlichen Tagesordnung wegzudefinieren sei. Dass man noch den richtigen Weg zur Nachhaltigkeit finden müsse, läge in der Natur der Sache, genauer: in deren Komplexität. Schließlich sei es eine Herkulesaufgabe, den Weg einer nachhaltigen Entwicklung zu gehen, die sich wenig bescheiden zeige, indem sie ökologische, wirtschaftliche und soziale Aspekte unter einen Hut bringen wolle.

In der Tat lässt sich die Frage, wo wir neun Jahre nach der Rio-Konferenz stehen, meines Erachtens nicht eindeutig beantworten. Es gibt positive Hinweise, dass sich etwas in den Köpfen der Menschen getan hat. Ich gehöre nicht zu den Skeptikern, was die Frage angeht, ob die Menschen überhaupt fähig sind, nachhaltig zu denken und zu handeln.

So hat beispielsweise unsere Umfrage „Umweltbewusstsein in Deutschland 2000" gezeigt, dass die prinzipielle Zustimmung zu den Inhalten des Leitbildes einer nachhaltigen Entwicklung in der Bevölkerung sehr hoch ist, obwohl nur knapp 15% den Begriff der nachhaltigen Entwicklung überhaupt kennen. Es gibt eine breite Zustimmung zur Gerechtigkeit innerhalb und zwischen den Generationen und zur Notwendigkeit ressourcenschonenden Wirtschaftens.

Auch fehlt es nicht an „Krisenbewusstsein" für den Ernst der Lage. Der globale Umweltzustand wird sehr skeptisch eingeschätzt, und die einschlägigen Erwartungen für die Zukunft sind eher pessimistisch. Das Gros der Befragten erwartet, dass auf unsere Enkel und Kinder eine starke Belastung zukommt.

Warum passiert dann so wenig in Sachen Nachhaltigkeit? Eine wesentliche Ursache scheint in der Kommunikation des Themas zu liegen. Die Umweltkommunikation weist erhebliche Defizite auf. Vor allem fehlt dabei sehr oft der Bezug zur konkreten Lebenswelt der Menschen. Viele Menschen fühlen sich offenbar überfordert von der Größe der Probleme und der Menge an Erwartungen, die sie erfüllen sollen, um diese Probleme in den Griff zu bekommen. Und wenn in der erwähnten Umfrage wieder einmal sehr deutlich wurde – wie übrigens schon in den Vorgängerstudien in den 90er Jahren –, dass die Bürgerinnen und Bürger vor allem von der Politik und Wirtschaft ein konsequentes Handeln erwarten, dieses dort aber vermissen, dann weisen solche Ergebnisse erneut darauf hin: Die Notwendigkeit zur Umorientierung wird im Prinzip eingesehen, gleichzeitig aber deren Umsetzung, also die Machbarkeit im Alltag, immer noch sehr skeptisch betrachtet. Zudem löst sie erhebliche Ängste aus.

Dazu kommt ein Weiteres: Es ist noch gar nicht so lange her, dass teilweise massiv versucht wurde, den Umweltschutz als öffentliches Kommunikationsthema für tot zu erklären. Den Umweltschützern blase der Wind ins Gesicht, so mussten wir gegen Ende der 90er Jahre immer öfter lesen, denn das Thema Umwelt gelte, besonders bei der Jugend, nur mehr als „uncool" oder auch „megaout". Die Menschen hätten wieder Freude am Konsum und sie vertrauten wieder auf den Fortschritt, so wurde uns versichert, und eben deswegen gehöre der Umweltschutz längst nicht mehr zu den politischen Topthemen – ja, schlimmer noch, die Sorge um die Umwelt habe inzwischen ein Image von Altbackenheit und Griesgrämigkeit, das immer mehr Menschen vom Umweltschutzengagement abbringen würde.

Dazu ein paar Beispiele: In der „Verbraucheranalyse 2000", einer aufwendigen Konsumentenbefragung, wurde anlässlich der Pressekonferenz zur Vorstellung der Ergebnisse festgestellt, dass das Umweltbewusstsein in Deutschland stark zurückgehe. Die Begründung lautete beispielsweise: Während zu Anfang der 90er Jahre noch fast 70% der Befragten kundgetan hatten, vorzugsweise umweltschonende Produkte kaufen zu wollen, sei dieser Prozentsatz mittlerweile unter 50% gefallen. Stattdessen würden die Deutschen genussfreudiger, kauften lieber wieder Dinge einfach so zum Spaß – und zunehmend auch wieder: auf Kredit ... „Ein klarer Beleg für den Wertewandel am Ende des 20. Jahrhunderts" kommentierte das DIE WELT vom 8.9.2000.

Zweites Beispiel, fast genau ein Monat später: Die VDI-Nachrichten vom 6.10.2000 meldeten auf S. 1, dass in einer – im Auftrag dieser Zeitung durchgeführten – Umfrage unter 14- bis 20-jährigen Schülerinnen und Schülern „hervorragende Noten für Technik" vergeben worden seien, denn die jungen Leute glaubten mit großer Mehrheit: „Technik garantiert Wohlstand und Fortschritt". Sehr wichtig seien dabei unter den „Erfindungen, die das Leben erleichtern" vor allem das Auto und der Computer, gut weg kamen auch noch Flugzeuge und das Internet, etwas abgeschlagen auf dieser Hitliste bei der jugendlichen Technikbegeisterung landeten dagegen Fernseher und Waschmaschinen.

Drittens: Wiederum knapp einen Monat später wurden in Stuttgart die Ergebnisse des Projekts „Nachhaltigkeit im Einzelhandel" – durchgeführt von der dortigen Akademie für Technikfolgenabschätzung und dem Institut für Markt-Umwelt-Gesellschaft aus Hannover – der Öffentlichkeit vorgestellt. „Kunden sehen Umweltschutz nur als Sahnehäubchen" verbreitete dazu der Informationsdienst Wissenschaft in einer Presseerklärung vom 2.11.2000. Denn: Bei der dabei durchgeführten Umfrage hatten nur 11% der Befragten erklärt, dass ihnen „ökologische Motive bei der Wahl des Geschäftes sehr wichtig" seien – während dagegen die „hohe Qualität der Produkte" bei fast zwei Drittel der Befragten ein ausschlaggebendes Kriterium darstelle.

Damit genug der Beispiele, zumal im letztgenannten bereits ein interessanter Ansatzpunkt für die Kritik einschlägiger Meldungen enthalten ist: Mitten im Text, also ohne jede Hervorhebung, ist zu lesen, dass der Umsatz von Bioprodukten bei den Einzelhändlern sehr schwanken würde, und zwar je nach der Art und Weise der Berichterstattung durch die Medien. So würden biologisch erzeugte Molkereiprodukte nicht gut laufen, weil die Verbraucher dafür keine höheren Preise akzeptieren wollten. Dagegen verkaufe sich regional erzeugtes Fleisch aus artgerechter Haltung recht gut, da die Verbraucher „durch den BSE-Skandal besonders sensibilisiert sind".

Nur: Diese Meldung stammt, wie bereits erwähnt, vom Anfang November des Jahres 2000. Da war es nur noch ein paar Wochen hin zu der Situation, in der uns zunächst der erste deutsche BSE-Fall Schlagzeilen auch in der Boulevard-Presse und diverse Sondersendungen im Fernsehen bescherte. Und es dauerte dann ja auch nicht mehr lange, bis die BSE-Krise zu einem – sogar dominanten – Medienthema wurde. Schließlich: Nur wenige weitere Wochen später wurde die öffentliche Diskussion angesichts des mittlerweile erfolgten dramatischen Markteinbruchs bei Rindfleisch primär vom Thema der wegen des veränderten Konsumentenverhaltens notwendig gewordenen „Marktbereinigungen" bestimmt – im Klartext bekanntlich: der auch ökonomisch nur als „Katastrophe" zu bezeichnenden sinnlosen Tötung und Verbrennung von Hunderttausenden von Rindern.

Geradezu schlagartig wurde somit die Problematik der aktuellen Produktionsformen in der Landwirtschaft zu einem gesellschaftlichen und kulturellen Thema von höchster Priorität und Brisanz. Aber sind wir dadurch wirklich einem weiter verbreiteten – oder sogar vertieften – Verständnis dessen näher gekommen, was es heißt, weiterhin die Bedingungen von Nachhaltigkeit in den Produktions- und Konsummustern zu verletzen? Es dauerte bekanntlich auch nicht lange, bis in der öffentlichen Diskussion über BSE diejenige Art von (vermeintlicher) „Rationalisierung" der Auseinandersetzung wieder sehr stark wurde – und stellenweise sogar die Oberhand gewann –, welche die Gesamtproblematik auf bloße Managementprobleme des gesundheitlichen Verbraucherschutzes zu reduzieren versuchte.

Damit nähern wir uns dem Kern der Problematik der Umweltkommunikation, so wie diese heute immer noch zu funktionieren scheint: Denn die ökologische Problematik verschwindet gewissermaßen immer wieder

– hinter der industriegesellschaftlichen Normalität, das heißt, hinter dem trotz allem noch bei den meisten Menschen vorhandenen Vertrauen in die entsprechenden sozialen und technischen Systeme, und
– hinter den Herausforderungen des konkreten Alltagslebens.

Dabei gibt es offenbar bestimmte soziale und kulturelle Muster, denen gemäß Themenstellungen auftauchen und dann – oft fast ebenso schnell – wieder aus der öffentlichen Aufmerksamkeit verschwinden. In den immer wieder auftretenden Krisensituationen wird dann das Vertrauen fallweise – und mehr oder minder dramatisch – auf die Probe gestellt. Aber trotzdem scheint sich letztlich die (trügerische) Normalität des Status quo, und damit der Weiter-so-Strategien, doch immer wieder durchzusetzen. Somit sind bestenfalls Effizienzgewinne auch in ökologischer Hinsicht bei den Produktions- und Konsummustern zu erreichen, der eigentlich geforderte Struktur- und Bewusstseinswandel in Richtung Nachhaltigkeit findet dagegen weiterhin nicht statt.

Es besteht kein Zweifel: Auch durch den Anstieg von „Öko-Effizienz" sind bekanntlich reale Fortschritte in der konkreten Umweltpolitik zu erreichen. In Bezug auf die Umweltverhältnisse in Deutschland ist auch schon sehr viel erreicht worden. Aber eben das ist zuwenig für den Weg in die Nachhaltigkeit – diese setzt mehr als eine Reduktion von akuten Belastungen voraus, nämlich eine konsequente Berücksichtigung des Grundsatzes: „Ökologie = Langfristökonomie".

Unser Alltagsverhalten ist in aller Regel ja nicht auf eine Langfristperspektive angelegt. Nur in Ausnahmefällen, bei größeren Umbrüchen oder Ereignissen im Leben denken wir in längeren Zeiträumen. Umweltprobleme sind aber tendenziell immer mit einer Langfristperspektive verbunden, und das heute mehr denn je, da globale Umweltprobleme im Mittelpunkt der Debatten stehen.

Wir werden nicht umhin kommen, diese Notwendigkeit des längerfristigen Denkens in der Umweltkommunikation auf eine adäquate Weise zu berücksichtigen. Dabei müssen wir versuchen, wie es so schön heißt, die Menschen „dort abzuholen, wo sie stehen". Die Mittel dazu liegen in einer möglichst weitgehenden Konkretisierung der Herausforderungen und Probleme sowie in der Kommunikation von Chancen, die mit der Umorientierung zur Nachhaltigkeit verbunden sein können.

Das bedeutet natürlich, dass wir den Menschen klar sagen, was sie persönlich beitragen können – in ihrem Leben, ihrem Alltag und ihrem sozialen Umfeld – und was es letztlich für sie bringt. Das heißt aber auch: Wir müssen den Menschen deutlich machen, wo und wie sie Nachhaltigkeit selbst gestalten können – und nicht ausschließlich, was sie tun müssen und lassen sollen. Gebote und Verbote sind notwendig, nutzen sich aber auch ab. Den Menschen den Gewinn, den Nutzen umweltverträglichen Handelns zu zeigen, sollte mehr Raum einnehmen. Es ist vielfach erfolgversprechender.

Nachhaltigkeit beinhaltet sicherlich auch immer die Notwendigkeit eines Verzichts, nämlich eben den Verzicht auf nicht-nachhaltige Verhaltensweisen oder gar Lebensstile. Aber das bedeutet nicht, dass der Verzicht als solcher zum Kennzeichen oder gar Wesensmerkmal der Nachhaltigkeitsorientierung hinaufstilisiert werden sollte. Bedauerlicherweise haben solche Aspekte in der Vergangenheit im Rahmen der Umweltkommunikation eine wesentliche Rolle gespielt. Nur so konnte es ja auch dazu kommen, dass offenbar weiterhin für große Teile der Öffentlichkeit – vgl. dazu die oben erwähnten Meldungen aus dem Jahre 2000 – die Freude am Genuss und die Begeisterung für technische Fortschritte von vornherein als „anti-öko" zu gelten scheinen.

Aber: Dass die Deutschen wieder genussfreudiger geworden sind – das muss per se noch keineswegs bedeuten, dass die Umwelt prinzipiell weniger zählt als früher. Das gleiche gilt für die Technikbegeisterung, besonders bei jungen Leuten. Wenn und insoweit damit tatsächlich ein Rückgang bei der Orientierung an der Umweltfreundlichkeit von Produkten verbunden ist, dann kann das auch so interpretiert werden, dass es bisher nicht gelungen ist, in der Umweltkommunikation die Vereinbarkeit von Genuss, Lebensfreude sowie Forschrittsorientierung mit umweltfreundlichen oder, wie wir heute eher sagen: den nachhaltigen Konsummustern wirklich deutlich zu machen. Wenn die Konsumentinnen und Konsumenten aber zu dem Glauben gebracht werden, bei jeder Wahl eines Produktes gehe es um die Frage, ob Umweltqualität oder ob Lebensqualität den Ausschlag geben solle, dann werden sie zu Kompromissen mit sich selbst genötigt, die dann immer auch zu Lasten der Umweltorientierung ausgehen können. Würde ihnen aber auf adäquate Weise vermittelt, wie sehr Umweltqualität, Produktqualität und Lebensqualität aufeinander bezogen sind und voneinander abhängen, dann sieht die Sache schon ganz anders aus. Aber eben das ist – oder: wäre eigentlich – die Aufgabe der Umweltkommunikation.

Diese braucht folglich eine erhebliche Intensivierung. Wichtig scheint dabei, dass wir Umweltschützer in der Öffentlichkeit viel deutlicher machen müssen, wie sehr Umweltschutz als langfristig orientierte Lebens- und Zukunftssicherung zu verstehen ist. Und das setzt durchaus auch einiges voraus an Bereitschaft, denn nicht überall sind die sogenannten „Win-Win-Situationen" zu haben. Auch echte eigene Motivationen sind nötig, verbunden mit einem Aufschiebenkönnen von Gewinnerwartungen und nicht zuletzt der Fähigkeit, sich auch auf Visionen einzulassen.

Damit entstehen vor allem auch im Bildungsbereich neue Herausforderungen. Einerseits gewinnen neue Themen an Bedeutung: Ökoaudit, Umweltmediation und Konfliktschlichtung, Folgen und Chancen des liberalisierten Energiemarktes, Förderung von Solaranlagen – alles komplexe Themen, die geeigneter Vermittlungsformen bedürfen. Daher ergibt sich heute die Frage, wie Umweltbildungsveranstaltungen aussehen müssen, damit sie für die Kommunikation und „Popularisierung" des Leitbildes der Nachhaltigen Entwicklung einen sinnvollen Beitrag leisten können.

Andererseits geht es darum, die Chancen zu nutzen, die mit der Neuorientierung der Umweltbildung verbunden sind, welche unter dem Namen „Bildung für nachhaltige Entwicklung" diskutiert wird. Dabei muss die rein ökologische Blickrichtung um sozial- und wirtschaftswissenschaftliche Komponenten erweitert werden. Somit sind auch Aspekte zu thematisieren, die implizit in dem „Drei-Säulen-Modell" – Ökologie, Soziales und Ökonomie – enthalten sind. Hierzu zählen insbesondere kulturhistorische, demographische und anthropologische Problembereiche.

Vor allem mit den letztgenannten Aspekten wird ein nicht zu unterschätzender Beitrag zu einer Integration des Themas Nachhaltigkeit in alle gesellschaftlichen Diskurse und Institutionen, deren Ziel eine „Kultur der Nachhaltigkeit" ist, geleistet werden können. Doch fehlt in der Bildung für Nachhaltigkeit noch „Fleisch am Knochen" und wesentliche Grundlagen.

Mit dem Fachgespräch im Umweltbundesamt zum Thema „Fit für Nachhaltigkeit?" am 6.2.2001 wurde ein diesbezügliches Defizit zum Thema gemacht. Die Grundfrage dabei lautete: Wie steht es um die evolutionsbiologischen Grundlagen für die Bildung für nachhaltige Entwicklung? Bislang fand nur ein geringer Austausch zwischen der evolutionsbiologischen und der umweltpädagogischen Forschung statt. Diesen Austausch sollte das Fachgespräch aus einer betont interdisziplinären Perspektive beleben – und damit Anstöße für das im Entstehen begriffene Konzept einer Bildung für nachhaltige Entwicklung geben.

Der gleichen Aufgabenstellung ist der vorliegende Band verpflichtet, der aus den Referaten hervorging, die beim Fachgespräch gehalten wurden. Ich danke den Referentinnen und Referenten des Fachgesprächs für die Ausarbeitung ihrer Beiträge und wünsche den Leserinnen und Lesern eine spannende und anregende Lektüre.

Andreas Troge

Martin Held

Evolutionsbiologie und Ökonomik – Nachhaltige Entwicklung in evolutorischer Perspektive

"The Mecca of the economist lies in economic
biology rather than in economic dynamics."
(Marshall 1922, Vorwort zur 8. Auflage S. xiv)[1]

1. Der Ausgangspunkt

Nachhaltige Entwicklung wurde seit der Rio-Konferenz 1992 gleichsam zum
geflügelten Wort. In Reden, Programmen, Debatten etc. aller Ebenen von lokalen bis globalen Anlässen, in allen Bereichen der Politik ebenso wie der
Wirtschaft taucht der Begriff auf. Auffällig kontrastiert damit, wie vergleichsweise wenig dieser bisher in der Bevölkerung bekannt ist. Noch bevor
wir richtig verstanden haben, worum es dabei geht, wird *sustainable development* bereits schon wieder vielfach als vorübergehende Mode abgetan, da, so
das Argument, durch die inflationäre Verwendung damit alles und jegliches
bezeichnet und deshalb die inhaltliche Substanz verdeckt würde.

Dies spiegelt ein gebräuchliches Missverständnis wider: In dieser Sicht
handelt es sich bei nachhaltiger Entwicklung um einen einmaligen Vorgang, um
eine Art *single issue*, der bald durch neue abgelöst wird. Dem gegenüber gilt es
fest zu halten, dass wir uns noch ganz am Anfang der erforderlichen Umorientierung einer nicht-nachhaltigen Wirtschaft und Gesellschaft in Richtung einer
nachhaltigen Entwicklung befinden. Wie immer das in Zukunft benannt werden
wird, das ist eine eigene Frage. Tatsächlich geht es um eine Entwicklung „großen Stils" mit enormer gesellschaftlicher Tragweite. Diese ist in ihrer Bedeutung etwa der Herausbildung von Marktgesellschaften vergleichbar.

Die Ökonomik[2] ist dabei besonders gefragt. Sie tat sich zunächst einigermaßen schwer damit, *sustainable development* als wichtigen neuen Gegen-
standsbereich mit Ausstrahlungen auf viele Theorie- und Anwendungsberei-
che zu verstehen.[3] Aufbauend auf Arbeiten in den 70er und 80er Jahren des

---

1   Das Zitat erschien erstmalig in einem Aufsatz von Marshall 1898 (Distribution and
    exchange. Economic Journal 8, 37-59); siehe im Einzelnen Thomas 1991.
2   Ökonomik bezeichnet die Wissenschaft vom Wirtschaften, Ökonomie das Wirt-
    schaften.
3   Einen Einstieg in die Herausbildung sowie die Hintergründe des Konzepts Nachhalti-
    ge Entwicklung, die letztlich zum Bericht der World Commision on Environment and
    Development 1987 führten (Bericht der Brundtland-Kommission), gibt aus ökonomi-

20. Jahrhunderts entwickelte sich die ökologische Ökonomik geradezu als „the science and management of sustainability" (so der Untertitel eines Übersichtsbands, Costanza 1991). Darüber hinaus gehend werden zwischenzeitlich in der Ökonomik Fragen der nachhaltigen Entwicklung breit diskutiert. Dabei spielen Erkenntnisse aus anderen Disziplinen wie beispielsweise der Ökologie als Teildisziplin der Biologie und die für die Klimafrage relevanten Disziplinen eine wichtige Rolle.[4]

In meinem Beitrag werde ich folgender *Ausgangsfrage* nach gehen:

–   Was können wir in der Auseinandersetzung mit den Erkenntnissen der Evolutionsbiologie einschließlich der Anthropologie für die Arbeiten der Ökonomik zur nachhaltigen Entwicklung lernen?

Wie ist an diese Frage heran zu gehen? Es gibt dazu unterschiedliche Möglichkeiten. Ein Zugang wurde jüngst von Bernd Siebenhüner (2000) vorgestellt: Er konstruiert vergleichbar dem lange bekannten *homo oeconomicus* der neoklassischen Ökonomik einen *homo sustinens*. Dabei geht er in einem ersten Schritt von der Frage aus: Welche Fähigkeiten und Merkmale müssen Menschen erfüllen, um den Erfordernissen der nachhaltigen Entwicklung gerecht zu werden? In einem zweiten Schritt mustert er die Evolutionsbiologie und benachbarte Disziplinen darauf hin durch, welche Ansatzpunkte sich aus empirischen Befunden zu Eigenschaften des Menschen ergeben, die für diesen *sustainer*, so eine andere Bezeichnung für diesen Modell-Menschen, erforderlich sind. In einem dritten Schritt diskutiert er, was sich daraus für die Möglichkeiten der Umsetzung des Leitbilds nachhaltige Entwicklung ableiten lässt.

Obwohl Siebenhüner in seinem zweiten Schritt interessante Einzelaspekte ausführt, belegt sein Aufsatz doch sehr anschaulich die Anfälligkeit des Herangehens: Es tendiert dazu, passend erscheinende Versatzstücke der „Natur des Menschen" isoliert zu verwenden. Das erforderliche umfassende Verständnis, das beispielsweise wichtig ist hinsichtlich der Umsetzung und der Kommunikation der Umorientierung in Richtung nachhaltige Entwicklung, kann damit nicht erreicht werden. Ebenso wenig gewinnt man damit das Verständnis wichtiger Eigenschaften des Menschen, die über die entsprechenden Anreizbedingungen hinaus gehend nicht-nachhaltige Verhaltensweisen fördern. Dazu muss man sich unvermeidlicherweise eingehender auf die Evolutionsbiologie, ihre Fragestellungen, Kontroversen, die Reichweite ihrer Ansätze und Erkenntnisse und insbesondere auch das Wechselspiel mit der Ökonomik ein lassen.

Folgende *Thesen* liegen meinem Beitrag zu Grunde:

---

scher Sicht Pearce et al. 1989 (Blueprint 1). Im Anhang finden sich Auszüge aus unterschiedlichsten Definitionen des Konzepts aus den Jahren 1979 bis 1989.

4   Hierzu sind insbesondere die Arbeiten der Ecological Economics relevant sowie benachbarter Zugänge; siehe Held/Nutzinger 2001.

1) Die Auseinandersetzung mit der Evolutionsbiologie einschließlich der Anthropologie ist für die Ökonomik weiterführend und wichtig, um die Grundlagen der „Natur des Menschen" bezüglich der nachhaltigen Entwicklung besser zu verstehen.
2) Die Evolutionsbiologie ist in sich nicht einheitlich, sondern hat ihre Auseinandersetzungen innerhalb der Disziplin mit konkurrierenden Paradigmen und Erkenntnissen.
3) Um die für Fragen der nachhaltigen Entwicklung interessanten Erkenntnisse der Evolutionsbiologie verstehen und angemessen ein ordnen zu können, ist es erforderlich, nicht nur isoliert „passend erscheinende" Einzelerkenntnisse zu verwenden, sondern sich auf diese Unterschiede ein zu lassen.
4) Ebenso wichtig ist es, das Verhältnis von Ökonomik und Evolutionsbiologie zu verstehen.
5) Evolutionsbiologie ist ihrerseits ein Teil der umfassenden evolutorischen Perspektive, die für die nachhaltige Entwicklung grundlegend ist.

Im folgenden zweiten Kapitel werde ich kurz auf das Verhältnis von Ökonomik und Evolutionsbiologie eingehen. Im dritten Kapitel werde ich das Verhältnis von Natur – Kultur/Wildnis – Zivilisation behandeln. Im vierten Kapitel diskutiere ich beispielhaft Erkenntnisse zur Natur des Menschen, die für das Verständnis des Beharrungsvermögens nicht-nachhaltiger Lebens- und Wirtschaftsstile sowie für die Umorientierung in Richtung Nachhaltigkeit wichtig sind. Im fünften Kapitel gehe ich auf die Bedeutung vorliegender Erkenntnisse hinsichtlich Wissen, Nicht-Wissen und Nicht-Wissen-Wollen ein und im sechsten Kapitel auf die Thematik Fitness und nachwachsende Generationen. Zum Abschluss kennzeichne ich zusammenfassend nachhaltige Entwicklung in evolutorischer Perspektive.[5]

2. Evolutionsbiologie und Ökonomik

Marshall war mit seinen *Principles of Economics* (1922, erste Auflage 1890) in den Jahrzehnten nach der subjektivistischen Wende einer der führenden Ökonomen in der sich herausbildenden Ökonomik, der Neoklassik. Mit seiner Orientierung an der Evolutionsbiologie von Spencer und Darwin war er unter den Ökonomen seiner Zeit eine der seltenen Ausnahmen. Die meisten anderen Ökonomen hatten dem gegenüber die Physik und Mathematik, d.h., die klassischen *sciences* und deren Mechanik als Ideal. Marshall übte mit seinem Werk auf die Entwicklung der Ökonomik großen Einfluss aus. Seine Orientierung an der Evolutionsbiologie spielte dabei jedoch lange Zeit keine Rolle.

5　Hierzu sind insbesondere die Arbeiten der Ecological Economics relevant sowie benachbarter Zugänge; siehe Held/Nutzinger 2001.

Die Beschäftigung mit der Evolutionsbiologie war für den Hauptstrang der Ökonomik für viele Jahrzehnte vielmehr nur eine Randerscheinung. Zugleich ist Marshall jedoch für das Verständnis des Verhältnisses von Evolutionsbiologie und Ökonomik auch heute noch wichtig, denn es gibt unterschwellig starke Wechselwirkungen, die bis heute nach wirken. Diese gilt es zu beachten, wenn wir die Evolutionsbiologie und Anthropologie für Fragen der nachhaltigen Entwicklung heran ziehen.[6]

Darwin wurde in der Ausformulierung seiner Evolutionstheorie stark durch Malthus, einem der führenden Vertreter der Politischen Ökonomie (Klassik), beeinflusst.[7] In noch stärkeren Maß gilt dies für den Popularisierer der darwinschen Ideen Spencer. Ihre Interpretation der natürlichen Evolution wurde durch den Manchester-Kapitalismus ihrer Zeit geprägt (siehe hierzu Altner 1999; van den Bergh/Gowdy 2001). *Survival of the fittest* – damit wurde der wirtschaftliche Konkurrenzgedanke auf die belebte Natur übertragen und verallgemeinert.[8] Dies erschwerte das Verständnis wichtiger Momente der Evolution des Lebens, etwa Symbiose, Altruismus und ganz allgemein des sozialen Verhaltens. Über den Umweg der Naturwissenschaften wurde eine enge Interpretation von Konkurrenz begünstigt. Diese kulturell präformierte Sichtweise und Interpretation unterstützte ihrerseits wiederum die bereits seit Adam Smith angelegte Betonung der Konkurrenz in der weiteren Entwicklung der Ökonomik.[9] Das Konzept einer engen genetischen Fitness und der *homo oeconomicus* sind Kinder der gleichen Zeit.

Bis heute gibt es einen starken Nachhall dieser Prägung des 19. Jahrhunderts, wird doch dadurch die unvoreingenommene Analyse des Verhaltens der Wirtschaftsakteure und das Verständnis der grundlegenden Bedeutung des Wechselspiels von Individuation/Personalisierung und Sozialisation/sozialem Feld bei den Primaten im Allgemeinen und bei uns Menschen im Besonderen

---

6   Zu Marshalls Bedeutung bezüglich Ökonomik und Evolutionsbiologie sowie der Rezeption seiner Arbeiten siehe Wiederabdruck von Beiträgen in Hodgson 1995, Teil IV sowie zur Bedeutung der mechanischen Analogien in Teil I, siehe insbes. Foss 1991 und Thomas 1991.

7   Zur herausragenden Bedeutung der sogenannten „Malthusepisode" für den Durchbruch Darwins in Richtung seiner späteren Evolutionstheorie siehe Mayr 1979, 9. Kapitel sowie Wiederabdruck einiger Beiträge zum Einfluss von Malthus und insgesamt der Politischen Ökonomie auf Darwin in Hodgson 1995, Teil III.

8   Auf den Missbrauch sozialdarwinistischer Ideen bis hin zu Rassismus und daraus folgender Verfolgung und Völkermord gehe ich nicht ein.

9   Siehe beispielhaft den Beitrag eines prominenten Vertreters der Chicago-Schule, Becker 1976; vergleichbar Hirshleifer 1977, der sich jedoch im Unterschied zu Becker ernsthaft und nicht nur legitimatorisch auf die Evolutionsbiologie aus der Sicht der Ökonomik einlässt und deshalb auch zu interessanten, weiterführenden Überlegungen kommt; beide Beiträge sind wieder abgedruckt in Hodgson 1995, Teil II. Eine sehr ausführliche Übersicht findet sich bei Reisch 1995, S. 293-399. Zu erwähnen ist, dass Darwin selbst sich mit der Thematik von kooperativem, altruistischem Verhalten auseinander setzte, dies aber nicht in seine Theorie integrieren konnte; siehe hierzu Vogel 1989, S. 202ff.

erschwert. Zugleich kann jedoch auch eine Geschichte der langsamen Überwindung dieses *bias* des 19. Jahrhunderts fest gestellt werden. So wurde in der neodarwinistischen „synthetischen Evolutionstheorie" beispielsweise das zunächst enge Fitness-Konzept durch die Einbeziehung von reziprokem Altruismus unter genealogisch Verwandten zu einem Gesamt-Fitness-Konzept weiter entwickelt (Hamilton 1964). Damit konnten zumindest einige der krassen Lücken im Erklärungsprogramm sozialen Verhaltens geschlossen werden. Weiterentwicklungen beziehen weitere Formen von reziprokem Altruismus über Verwandte hinaus gehend mit ein (siehe dazu Vogel 1989, S. 203ff.).

Auch wenn der Ansatz von Margulis zur Bedeutung der Symbiose für die Evolution des Lebens in der vorherrschenden neo-darwinistischen Evolutionsbiologie zunächst auf erbitterten Widerstand stieß, konnte letztlich daran gezeigt werden, dass Kooperation, Parasitismus (als Form asymmetrischer Nutzeninterdepenz) und Symbiose (Form symmetrischer Nutzeninterdependenz) für das Verständnis der Evolution des Lebens so bedeutsam sind wie die Konkurrenz. Immerhin handelt es sich bei der Entdeckung von Margulis um die für die organische Evolution grundlegende Verzweigungssituation von Einzellern ohne Zellkern zu Einzellern mit Zellkern durch Symbiose zunächst unabhängiger Arten (Margulis 1981, 1996).

Aufbauend auf den Erkenntnissen der synthetischen Evolutionstheorie und unter Einbeziehung von Paläontologie, neuen Datierungsmethoden etc. kommen neuere Arbeiten, die den Längsschnitt der Evolution des Lebens, von den Anfängen vor Jahrmilliarden bis heute analysieren, in der Tendenz zum Ergebnis, dass Aspekten wie dem *timing* in Kombination mit Zufällen, im richtigen Moment zur Stelle zu sein, eine sehr große Bedeutung zu kommt. Dies wird insbesondere an den Momenten großer Einschnitte der Artenvielfalt belegt, gilt aber auch allgemein bei der Betrachtung anderer Phasen und Zeitskalen (siehe z.B. Leakey/Lewin 1995, 2. Kapitel sowie van den Bergh/Gowdy 2001, 4. Kapitel): Fernab der Ideologie der überlegenen Erfolgreichen gibt es das Moment der *lucky survivors* (Leakey/Lewin 1995, S. 18). Diese können ihrerseits Ausgangspunkt großer Linien der Evolution des Lebens werden, die erfolgreich die spezifischen Bedingungen von Krisen und neuen Chancen nutzen und zugleich die zukünftigen Entwicklungsmöglichkeiten prägen (Kubon-Gilke 1997, 4. Kapitel). Die *Pfadabhängigkeit*, d.h. die Bedeutung von Einzelereignissen für die weiteren Ereignisketten ist grundlegend zum Verständnis der biologischen Evolution ebenso wie insgesamt der Welt; der Entwicklung der Kontinente auf einer großen Skala ebenso wie der Entwicklung von geographisch isolierten Spezies auf einer anderen Skala wie der Entwicklung von Sprachen, Techniken, Firmen etc., und insbesondere das Zusammenwirken dieser verschiedenen Entwicklungen.[10]

---

10 In der evolutorischen Ökonomik wird dies unter dem Stichwort lock-in-Effekt behandelt. Ich mische diese sehr unterschiedlichen Beispiele ganz bewusst, um auf einen methodologisch wichtigen Punkt aufmerksam zu machen: Es handelt sich dabei nicht

In der Ökonomik ist durch die immer stärkere Beachtung der Ergebnisse der Spieltheorie ein vergleichbarer, langsamer Wandel fest zu stellen. Dabei wird die *a priori* Gleichsetzung eines engen, von in der tatsächlichen Welt nicht realisierbaren Annahmen ausgehenden Verhaltensmodells – typischerweise mit *homo oeconomicus* umschrieben – als „rational" zunehmend hinter sich gelassen und werden die Heurismen, Tendenzen der Gewohnheitsbildung, Regelevolution und dergleichen empirisch untersucht. Unterschiedliche Formen der Kooperation sind dabei so wichtig wie Konkurrenz (siehe Gintis 2000).[11]

Zusammenfassend: Aus allen Strängen der Evolutionsbiologie einschließlich der Anthropologie können interessante Erkenntnisse gewonnen werden, die zum Verständnis der Bedingungen einer Umorientierung in Richtung nachhaltige Entwicklung wichtig sind. Wenn wir nicht versuchen, rezeptartig einige „passende" Ergebnisse der Evolutionsbiologie ab zu rufen, sondern uns auf deren Annahmen und Reichweite einlassen, können wir für die nachhaltige Entwicklung wichtige Impulse bekommen: wichtige Erkenntnisse für einzelne Fragestellungen ebenso wie für die erforderliche evolutionäre Perspektive von *sustainable development*. Von besonderer Bedeutung sind hierfür u.a.: das Zu-

---

einfach um eine Analogie in Form der Übernahme eines Bildes aus der Welt der Naturerklärung in die Welt der davon abgetrennten Ökonomie. Es handelt sich vielmehr strukturell um jeweils gleichartige Effekte der Pfadabhängigkeit (Homologie). Dies ist wichtig zu verstehen, denn große Teile der ökonomischen Literatur, die sich explizit mit der Evolutionsbiologie im Verhältnis zur Ökonomik befassen, gehen typischerweise von Analogien aus. Im ansonsten ausgezeichneten Übersichtsband von Hodgson 1995 prägt dieser Ausgangspunkt beispielsweise seine Einführung, ebenso wie die Strukturierung der Teile des Buchs. Es geht für ihn ganz vorwiegend um die Frage, ob die Analogie, auch als Metaphorik bezeichnet, der klassischen Physik in Form der Mechanik in der Ökonomik durch eine evolutionsbiologische Analogie/Metaphorik abgelöst werden soll. Die Gegenüberstellung von Natur und Kultur inclusive der Wirtschaft wird dabei ohne Diskussion vorausgesetzt; siehe dazu mein nächstes Kapitel.

11   In meiner eigenen Biografie war dieser Sachverhalt der Auslöser, mich mit Evolutionsbiologie zu befassen. Bei empirischen Untersuchungen zu den Determinanten der Verkehrsmittelwahl in den Jahren 1976ff. war bereits in einer sehr frühen Phase der Arbeit markant, dass sich die untersuchten Verkehrsteilnehmerinnen und -teilnehmer nicht an einem einzigen Typ von Entscheidungskalkül – maximierter Erwartungsnutzen – mehr oder weniger angenähert orientierten. Vielmehr war auffällig, dass ein ganzes Set von Heurismen und Gewohnheitsbildung wirksam war, die systematisch in unterschiedlichen Situationen verwendet wurden und diesen Situationen sehr angemessen waren; „rational" im Unterschied zu dem definitorisch als „rational" definierten einzigen Kalkül, das aber nicht realisierbare starke Annahmen voraussetzt. Es lag nahe, dass sich derartige Heurismen und *habits* möglicherweise in der Evolution als vorteilhaft heraus gebildet hatten. Die grundlegende Ursache dafür ist wiederum die *genuine Unsicherheit*. In der Ökonomik war lange Zeit die Tendenz vorherrschend, diese durch immer neue Annahmen „aus zu schalten", um die Existenz eines allgemeinen Gleichgewichts nachweisen zu können. Das Folgeproblem ist, dass das dabei konstruierte Menschen-Modell als „rational" definiert wird, obgleich es in der Realität nicht realisierbar ist.

sammenspiel von Konkurrenz und Kooperation sowie von Individuation und sozialem Feld, die Bedeutung der großen Freiheitsgrade des Menschen und der Potenziale des Lernens, der Kommunikation und Empathie für den Menschen und das Verhältnis von Eigenschaften der Natur des Menschen zur Kultur.

3. Natur versus Kultur – Wildnis versus Zivilisation

Für meine Ausgangsfragestellung ist das Verhältnis von Natur und Kultur von besonderer Bedeutung. Obgleich einerseits, wie angerissen, zwischen der lange Zeit vorherrschenden Strömung der Ökonomik und dem Hauptstrom der Evolutionsbiologie eine starke innere Verwandtschaft über die Grundvorstellung der Antriebskräfte der Evolution des Lebens und in Analogie des Wirtschaftens besteht, war die Ökonomik gleichzeitig durch die dichotome Gegenüberstellung von Natur versus Kultur geprägt.[12] Diese Sichtweise erschwert das Verständnis für die Bedeutung der Erkenntnisse der Evolutionsbiologie sowie insgesamt der Bedeutung der Natur für das Wirtschaften.

In der Ökonomik wurde typischerweise der Mensch sowie die von ihm geschaffene Kultur und das Wirtschaften gänzlich außerhalb „der Natur" angesiedelt, ja dieser dichotom gegen über gestellt. In dieser Sicht wurde die ursprünglich ökonomisch durchaus als bedeutsam angesehene Natur zur „Umwelt" (siehe hierzu verschiedene Beiträge in Biervert/Held 1994). Umweltfragen wurden ausschließlich in Form „externer Effekte" zum Thema. Fragestellungen wie die „optimale Verschmutzung" und dergleichen sind damit für diese Art Ökonomik ganz folgerichtig. Die Natur, ihre Produktivität selbst blieben außerhalb der Betrachtung, sie wurde implizit ausgeklammert. Kurzum, die Ökonomik konnte sich als Wissenschaft einer Wirtschaft der Nicht-Nachhaltigkeit entwickeln einschließlich der Ökonomik als Reparaturbetrieb einer nicht-nachhaltigen Ökonomie. Der größte Teil ihrer Repräsentanten war sich dessen bis zu Beginn der 1970er Jahre kaum bewusst.[13]

---

12 Dies gilt im übrigen selbst für diejenigen Beiträge der Ökonomik ganz überwiegend, in denen ausdrücklich die Erkenntnisse der Evolutionsbiologie für die Ökonomik sowie deren Bezüge zur Theorieentwicklung der Ökonomik analysiert werden. Auch da wird vielfach diese Trennung dichotom vorausgesetzt, ohne sich dessen bewusst zu sein – deshalb ist das Ganze auch ausschließlich unter der Rubrik Analogie bzw. Metapher abhandelbar. Deutlich nachlesbar ist dies bei Hodgson 1995, S. xxii, der zum Schluss seiner Einführung eine Andeutung zur Problematik der konzeptionellen Trennung von Menschheit und der sonstigen natürlichen Welt macht, ohne den Zusammenhang zur methodologischen Frage zu sehen (kurioserweise mit einer Publikation von Capra als einziger Literaturangabe).

13 Die Wirkungsgeschichte von Malthus auf die Evolutionsbiologie mit der nahezu ausschließlichen Fokussierung auf Konkurrenz und der Ausblendung von Kooperation, Kommunikation etc. sowie deren Einwirkung auf die Ökonomik hatte im weiteren Verlauf eine interessante „Pointe" zur Folge: Die von Meadows et al. 1972 vorgelegte

Aus Erkenntnissen der Evolutionsbiologie und insbesondere der Anthropologie lässt sich zeigen, dass dieses dichotome Schema zu vereinfacht ist. Gerade in der Anthropologie war zunächst ebenfalls die Grundtendenz stark, nach der „Besonderheit des Menschen" zu fahnden. Das Ziel war, eine möglichst klare Grenze zur Natur zu finden und zu ziehen und die Sonderstellung des Menschen hervor zu kehren.[14] Aber je mehr man danach fahndete, desto klarer wurde, dass es keine eindeutige Grenze gibt, nur fließende Übergänge. Und desto deutlicher wurde, dass die Kulturfähigkeit des Menschen nichts von der Natur abgetrenntes ist, sondern ihren Ursprung in der Natur und ihrer Evolution hat. Wir können die Fragen nunmehr präzisieren:

–   Was sind wichtige Schritte in der Menschwerdung?
–   Was sind wichtige Prinzipien der kulturellen Evolution, die nicht mehr auf die Prinzipien der biologischen Evolution rückführbar sind?

Zur Beantwortung dieser Fragen sind die Arbeiten zur Herausbildung der Primaten und insbesondere die zur Menschwerdung (Hominisation) von Bedeutung (hierzu etwa Vogel 2000). Die daran anschließenden Arbeiten von Ethnologen und Historikern sind dazu ebenfalls relevant (siehe den Beitrag von Radkau in diesem Band sowie Held 2000).

Vor dem Hintergrund dieser Fragestellungen kann die in der Ökonomik dominante, dichotomisierende Gegenüberstellung „Natur versus Kultur" präzisiert werden: Bei der Herausbildung der Politischen Ökonomie als eigenständiger Disziplin übernahmen Ökonomen wie Adam Smith die sehr unaufgeklärte Vorstellung wichtiger Vertreter der Aufklärung – Hobbes, Locke u.a. –, nach der ein großer Teil der Menschheit als Wilde zur „Wildnis" gehören, denen die kultivierten Menschen gegenübergestellt werden.[15] Damit entstand der „Riss" nicht zwischen dem Menschen/seiner Kultur und der Natur. Vielmehr geht die Trennung durch die Menschheit selbst. Der große Teil der Menschheit wurde als „Wilde" der Natur zu geschlagen, der „moderne Mensch" dagegen der Kultur außerhalb der Natur und dieser entgegen gesetzt.[16]

Publikation zu den Grenzen des Wachstums löste bei Neoklassikern eine heftige Kritik aus. Ein Teil dieser Kritik gipfelte ausdrücklich darin, dass die Studie als pessimistisch, „neo-malthusianisch" abgetan wurde. Die Debatte um *sustainable development* und *sustainable growth* nahm in der Ökonomik in der darauf hin einsetzenden Kontroverse ihren Ausgangspunkt (*weak vs strong sustainability*); siehe dazu Held/Nutzinger 2001a.

14   Auf die stark normativ besetzten, um das Selbstverständnis des Menschen ringenden Auseinandersetzungen in der Anthropologie bzw. Evolutionsbiologie gehe ich nicht ein.
15   Siehe hierzu ausführlich Haubl 1999, Held 1999 und Schröder 1999 mit Ausweis der Literatur zu Smith, Hume, Locke u.a.
16   Bis heute sind wir – nicht nur in der Ökonomik – hinsichtlich unseres Naturverständnisses an entscheidender Stelle ungenau, da gleichsam eine Art Tendenz „eingebaut" zu sein scheint, uns Menschen außerhalb „der Natur" zu stellen; obgleich wir „natür-

Lässt man die Grausamkeiten beiseite, die im Rahmen dieser Selbstverkennung des „modernen" Menschen alles andere als „kultiviert" ausgeübt wurden – wobei die Werke von Hobbes, Locke u.a. ideologisch etwa in Nordamerika die Rechtfertigung bildeten –, steckt dahinter ein tiefer liegendes Problem. Damit wurde die Aufgabe erschwert, uns Menschen selbst und das Verhältnis der Kultur zur Natur angemessen zu verstehen. Obgleich die Selbstreflexivität ein besonderes Merkmal von uns Menschen (und abgeschwächt einiger weniger anderen Primaten) ist, wurde damit das Selbst-Verständnis im eigentlichen Wortsinn behindert. Bis heute. Der „rationale" Mensch wurde und wird in der Ökonomik fern ab unserer tatsächlichen Eigenschaften „konstruiert". Unter den realen Bedingungen genuiner Unsicherheit und positiver Transaktionskosten wäre ein vergleichbares Verhalten keineswegs zielführend, geschweige denn „rational" (Gintis 2000). Erst sehr verspätet setzte mit der Entwicklung der Spieltheorie und anderer empirischer Ansätze der Versuch ein, tatsächliches menschliches Verhalten und die zu Grunde liegenden Eigenschaften des Menschen zu erklären und zu verstehen. Aber noch immer wird tatsächlich beobachtbares Verhalten in der Ökonomik vielfach als „eingeschränkt rational", „nicht perfekt" und dergleichen bis hin zur Deutung von „Anomalien" abgewertet (ausführlicher siehe Held 1997).

Die ideologisch präformierten Debatten über Umwelt und Gene der 60er und 70er Jahre des vergangenen Jahrhunderts[17] waren nicht dazu angetan, etwas an den beschriebenen Dichotomien Natur versus Kultur, Wildnis versus Zivilisation zu ändern. Dazu ist vielmehr ein offenes Herangehen an die Evolution – von der Evolution der Erde über die Evolution des Lebens und der Primaten bis hin zur kulturellen Evolution – erforderlich. *Zusammenfassend* betrachtet stellen die mittels dieser evolutorischen Perspektive gewonnenen Erkenntnisse diese Dichotomien in Frage:

– Die Kulturfähigkeit evolvierte in der biologischen Evolution.
– Zugleich ist die kulturelle Evolution nicht auf deren Prinzipien zu reduzieren.

Die Gegenüberstellung von Natur versus Kultur behindert uns, uns Menschen angemessen als Teil der Natur in unseren Besonderheiten und besonderen Verantwortlichkeiten zu verstehen. Wie dies im Rahmen der ökologischen und evolutorischen Ökonomik zwischenzeitlich behandelt wird, ist ein tieferes Verständnis der Ko-Evolution von uns Menschen und der Kultur mit der

---

lich" wissen, dass wir den Naturgesetzen unterliegen und diese nutzen. Meyer-Abich macht in einem soeben erschienenen Beitrag, Meyer-Abich 2000, darauf aufmerksam, dass diese Ungenauigkeit wesentliche Auswirkungen auf die grundlegende Frage der Wertigkeiten hat, die wir uns Menschen und die wir „der Natur" bei messen. So wird beispielsweise selbst in der Fachdebatte Anthropomorphie und Anthropozentrik vielfach nicht klar unterschieden.

17 Siehe dazu am Beispiel des Positionsverhaltens und des Strebens nach Status die ausführliche Übersicht über die Ansätze in Reisch 1995, S. 293ff.

äußeren Natur eine der Grundvoraussetzungen für nachhaltige Entwicklung.[18] Für die Weiterentwicklung des Konzepts nachhaltige Entwicklung und dessen Umsetzung ist es grundlegend, das Verhältnis der Kultur zur Natur einschließlich zur Natur des Menschen angemessener als bisher zu verstehen.

4.   Die Natur des Menschen

Der evolutorische Blick ist für meine Fragestellung grundlegend: Nur dadurch können wir offen und selbst-aufgeklärt danach fragen, welche Eigenschaften des Menschen aus der biologischen Evolution im Wechselspiel mit der kulturellen Evolution auch heute noch wirken, ohne unangemessen alles menschliche Verhalten auf die Wirkungsweisen der biologischen Evolution zu reduzieren.[19] Übergeordnet ist die „Doppelnatur des Menschen" (Engels 2000, S. 47), einerseits Teil der Natur zu sein und andererseits mit der kulturellen Evolution über die biologische Evolution hinausgehend Eigenheiten zu haben. Die kulturelle Evolution ist dabei nicht einfach zeitlich später kommend, nach einer als „abgeschlossen" zu betrachtenden natürlichen Evolution. Vielmehr ist dabei die Verschränkung das Grundlegende. Wir sind, um Plessners Anthropologie in einer Formulierung Altners als zusammenfassende Kennzeichnung zu verwenden, als Mensch als „umweltgebundenes und weltoffenes Wesen" (Altner 1987, S. 37) zu kennzeichnen.[20]

Im Folgenden diskutiere ich *beispielhaft* einige für Fragen der nachhaltigen Entwicklung relevante menschliche Eigenschaften, der „Natur des Menschen".

---

18   Hierzu sind insbesondere die im Rahmen der ökologischen Ökonomik entstandenen Arbeiten von Noorgard zu nennen, siehe z.B. Noorgard 1992.

19   Interessant sind dazu beispielsweise die Arbeiten des Anthropologen Christian Vogel, der im Rahmen der neo-darwinistischen „synthetischen Evolutionstheorie" die Entwicklung der Primaten und insbesondere der Hominisation untersuchte und dabei den biologischen Grundlagen der Kultur sowie dem Wechselspiel von Faktoren der biologischen und der kulturellen Evolution nach ging. Ich verwende seine Arbeiten insbesondere auch deshalb, da er mich zu Beginn der 1990er Jahre sehr mit seiner Art beeindruckte, an diese Fragestellungen heran zu gehen; siehe Vogel 1989, 1991, 2000. Eine populäre Darstellung der Menschwerdung findet sich bei Reichholf 1990, in der die Pfadabhängigkeit dieser Ereignisabfolge sehr anschaulich dargelegt wird.

20   Das zweite Kapitel aus Altner 1987 „Die Natur im Menschen und der Mensch in der Natur – Anthropologische Erinnerungen" ist sehr gut als Einführung in die philosophische Anthropologie zur Thematik geeignet, einschließlich der geistesgeschichtlichen Grundlagen und Folgen der Dichotomie-Bildungen, die das Verständnis dieser Doppelnatur und des Zusammenwirkens von Natur und Kultur erschweren.

4.1 Die Natur des Menschen – Frauen und Männer

Die Arbeiten, die sich mit der „Natur des Menschen" befassten, hatten und haben bis zum heutigen Tage einen *bias* in Richtung Gleichsetzung Mensch = Mann. Es ist für das Verständnis der Evolutionsbiologie/Anthropologie und deren Ergebenisse wichtig, dies zu beachten.[21]

Die Fixierung auf Konkurrenz war, geprägt durch die bürgerliche Gesellschaft des 19. Jahrhunderts, mit einer sehr eingeschränkten Vorstellung der Geschlechtsrollen (*gender*) kombiniert, die stark asymmetrisch in Richtung Abwertung der Frauen gegenüber den Männern war, um dies betont neutral zu umschreiben. Dies wirkte sich u.a. darin aus, dass in der dem Zeitgeist diesbezüglich eng verhafteten Wissenschaft zunächst die Werkzeugherstellung in den Mittelpunkt der Menschwerdung gestellt wurde. Diese wurde wiederum ganz überwiegend mit der Herstellung von Waffen gleichgesetzt (Schröder 1999). Die Männer waren in dieser Perspektive ganz selbstverständlich maßgeblich für den Schritt zur Menschwerdung und der Entwicklung der Kultur. Die Forschungsergebnisse bestätigten diese Weltsicht jedoch nicht. Die Abläufe der menschlichen Evolution waren dem vielmehr entgegen gesetzt. Tatsächlich zeigte sich nämlich, dass die Evolution der Kommunikation im Hinblick auf die Steigerung der Kompetenzen für soziales Verhalten für die Nutzung der zunehmenden Freiheitsgrade und damit für Lernen, Nutzung der Anpassungsfähigkeit und Flexibilität Grund legend war. Diese ging der gezielten Werkzeugherstellung zeitlich sehr lange voraus (Vogel 2000, S. 33): „Vielseitiges Lernen wird in der Primaten-Evolution zu einer sich immer komplexer gestaltenden Grundbedingung des Lebens. Diese evolutive Entwicklung fördert parallel und gleichermaßen individuelle Innovationsfähigkeit und soziale Abhängigkeit. So werden die höheren Primaten zu den flexibelsten Indivualitäten bei gleichzeitig extremster Sozialabhängigkeit unter den Säugetieren." Die Herstellung von Werkzeugen und Geräten einschließlich von Waffen konnten in der Folge auf die primär im sozialen Bereich entwickelten Fähigkeiten aufbauen, sie waren „sekundärer Natur" (Vogel).

Was bedeuten diese Ergebnisse für die Ökonomik unter dem Blickwinkel der nachhaltigen Entwicklung? Sie machen deutlich, dass die Abwertung der Frauen in der sich entwickelnden Ökonomik (siehe hierzu Mellor 1997)[22] kei-

---

21 Diese Art der *gender*-Perspektive ist weitreichend. Sie wurde und wird u.a. durch die „zwanglose" Gleichsetzung von *man* für Mann und Mensch bzw. *mankind* für Menschheit bis in die Tiefen der Sprachwurzeln abgesichert. Damit werden und wird die Diskriminierung der Frauen gestützt, die sich erst langsam auf zu lösen beginnt.

22 Der Aufsatz von Mellor 1997 ist auch darüber hinaus gehend interessant, da sie die Konstruktion des *economic man* in die oben beschriebene Tendenz zur Dichotomisierung ein ordnet. Subsistenzwirtschaftliche Tätigkeiten, die Körperlichkeit des Menschen als Teil unserer Zugehörigkeit zur Natur und der Naturbezug des Wirtschaftens insgesamt wurden lange Zeit aus dem „eigentlichen Wirtschaften" ausgeblendet, ob-

ne Basis in der Evolutionsbiologie/Anthropologie hat. Die „Methode", passende Versatzstücke daraus zu entnehmen – in diesem Fall die Metaphern von Kampf und Konkurrenz –, verkennen die grundlegende Bedeutung der Sprache, der kommunikativen Fähigkeiten, Empathie, sozialer Bindungsfähigkeit und Teamfähigkeit. Dies sind alles Eigenschaften, für die Frauen in der Menschwerdung wichtige Trägerinnen waren. Dies sind zugleich Fähigkeiten, die für das moderne Wirtschaften und insbesondere für nachhaltiges Wirtschaften gleichfalls überragende Bedeutung haben. Das ist beispielsweise an der zunehmenden Bedeutung von *caring* ablesbar. Wir können und wir sollten, ausgehend vom normativen Leitbild nachhaltige Entwicklung, die genannten Fähigkeiten fördern, bei Frauen ebenso wie bei Männern. Für die nachhaltige Entwicklung ist zu fragen, wie diese Eigenschaften des Menschen, von Frauen und Männern, in einer partnerschaftlich geprägten Gesellschaft lebbar sind und wie die institutionellen Rahmenbedingungen weiter zu entwickeln sind, dass sie diese Fähigkeiten fördern (Biesecker et al. 2000).

4.2   Kommunikation und Sprache

Auf die kommunikativen Fähigkeiten und Sprache gehe ich nochmals etwas ausdrücklicher ein, da diese zum Verständnis des Menschen und seiner kulturellen Evolution ebenso Grund legend sind wie für das Wirtschaften im Allgemeinen und für das Wirtschaften gemäß einer nachhaltigen Entwicklung im Besonderen. Die Entwicklung der *Sprachfähigkeit* war für die weitere Entwicklung des *homo sapiens sapiens*, so die auffällige Selbst-Bezeichnung, ebenso Grund legend wie in einem späteren Stadium der kulturellen Entwicklung die Entwicklung der *Schrift*. Damit konnten die Geschwindigkeit der Informationsweitergabe über das Maß der genetischen Informationsweitergabe hinaus gehend gesteigert, viel differenzierter kommuniziert und die mit den Freiheitsgraden des Menschen verbundenen Potenziale signifikant erweitert werden. Die bereits früher evolvierten sozialen Kompetenzen konnten nunmehr noch viel besser eingesetzt werden.

Der für die Menschwerdung wichtige Schritt der Entwicklung der Sprachfähigkeit sowie der Herausbildung der Sprache ist zugleich ein gutes Beispiel zum Verständnis des *Zusammenspiels* der biologischen und der kulturellen Evolution: Die biologische Entwicklung des Kehlkopfs war die Voraussetzung für die kulturelle Evolution der Sprachen. Diese wurden im Laufe der Entwicklung ihrerseits ein wichtiger Faktor, die Gruppenbildung über die ursprünglichen Kleingruppen hinaus in größere Skalen zu ermöglichen und vermutlich auch zu fördern.

Die Bedeutung von Sprachfähigkeit, Empathie und Kommunikation ist zugleich als Voraussetzung für erfolgreiches Wirtschaften Grund legend

---

gleich all diese Aspekte für das Wirtschaften Grund legend sind und auch in modernen Wirtschaften bleiben.

(Sturn 1997, insbes. S. 228ff.). Dem gegenüber war die Ökonomik lange Zeit entsprechend der mehrfach angesprochenen Tendenz zur Betonung der Konkurrenz nicht in der Lage, diesen an sich trivialen Sachverhalt zu erkennen und entsprechende Konsequenzen zu ziehen. So wurde – und wird zum Teil heute noch – eine Stelle aus Adam Smith's *Wealth of Nations* in der Rezeption an entscheidender Stelle ideologisch verzerrt wieder gegeben; im Wortlaut: „It is not from the benevolence of the butcher, the brewer, or the baker that we expect our dinner, but from their regard to their own interest. We address ourselves, not to their humanity but to their self-love, and never talk to them of our own necessities but of their advantage." (Smith 1973, S. 119/1776) Diese Passage wird typischerweise als Schlüsselbeleg für das Modell kühl kalkulierender, ausschließlich den Eigennutz verfolgender Individuen angeführt. Dabei wird zumeist nur der erste Satz zitiert, der dazu gehörige zweite Satz dagegen nur selten. Der Text selbst hebt dagegen eindeutig auf Austausch und damit die Bedeutung der Kommunikation ab. Er ist gerade zu ein paradigmatisches Beispiel für die Bedeutung des „sich in den Anderen hinein versetzen können" für den Äquivalententausch. Dies wiederum ist ein wichtiges Moment von Empathie.[23]

4.3 Fristigkeit

Die Fähigkeit, sich über die Zeitlichkeit der Welt bewusst zu werden einschließlich der eigenen Sterblichkeit, war für die Herausbildung der Kulturen prägend. Verbunden damit ist für uns Menschen die Möglichkeit zum Erinnern sowie zum vorausschauenden Planen ebenso kennzeichnend.

Gleichermaßen ist jedoch auch die Reichweite dieser Fähigkeiten zu beachten. So ist unsere Denkweise trotz aller Zukunftsoffenheit eher kurzfristig geprägt. Wir sind raum-zeitlich auf den Human-Kosmos (teilweise auch als Meso-Kosmos bezeichnet) hin evolviert, der unseren Sinnen und Lebenserfahrungen direkt zugänglich ist (Bruchteile von Sekunden bis Generation, Lebenszeit sowie maximal einigen wenigen Menschengenerationen). Zeitliche Vorgänge im Mikro-Kosmos sind für uns dagegen ebenso wenig direkt zugänglich und nur erschwert vorstellbar wie Vorgänge im Makro-Kosmos.

In einer Zeit, in der sich die Eingriffstiefe bezüglich der Raum-Zeit-Skalen menschlicher Handlungen atemberaubend schnell ausdehnt, ist dies ein echtes *handicap*. Dieses ist zum Teil durch Hilfsmittel – etwa Mathematik, wissenschaftliche Modelle und Messverfahren – kompensierbar. Aber nur wenn wir uns dessen ernsthaft bewusst werden, kann beispielsweise verstan-

---

23 Ein Beispiel für die gängige verkürzte Zitierweise des Smith-Zitates siehe Becker 1976, FN 1; zur Thematik ausführlicher Held 1997, S. 19f. sowie Gowdy/Seidl in Vorbereitung und die dort angegebene Literatur. Zur Bedeutung von „Einfühlungsvermögen und Mitleid, von Empathie und Sympathie" für die Entstehung von Moral im Wechselspiel biologischer und kultureller Evolution Vogel 1989, S. 213f.

den werden, dass wir heute nach wie vor durch diese Myopie (Kurzsichtig-
keit) geprägt werden.[24] Aus dieser Erkenntnis ist ab zu leiten, dass wir für
nachhaltiges Wirtschaften ein Training in Raum- und Zeitskalen brauchen,
um uns dessen bewusst zu sein und damit besser um gehen zu können. Tatsächlich können wir derzeit jedoch beobachten, dass die Myopie – ökonomisch als *short-termism* gekennzeichnet – noch stärker wird. Unsere institutionellen Arrangements sind in Zukunft so aus zu gestalten, dass sie diese
menschlichen Eigenschaften berücksichtigen. Bezogen auf die normativ
Grund legende Forderung nachhaltiger Entwicklung, die Interessen und Bedürfnisse nachwachsender Generationen in die heutigen Entscheidungen ein
zu beziehen, bedeutet dies, dass wir uns schwer tun, uns dies als unbegrenzten
Zukunftshorizont vor zu stellen („alle kommenden Generationen"). Deshalb
ist eine Konkretion der normativen Forderung plausibel, dass *jede* Generation
die drei bis vier folgenden Generationen ins Entscheidungskalkül ein zu beziehen hat. Dies ist dann über die Zeiten hinweg in jeder Generation zu gewährleisten, um damit durchgängig im Netz des Lebens gewährleistet zu
werden.[25]

     Für die Fragestellung einer normativ geforderten Beachtung der Interes-
sen zukünftiger Generationen als Teil des Leitbilds nachhaltige Entwicklung
ist es wichtig zu untersuchen, in wie weit möglicherweise die gleichfalls früh
evolvierte Eigenschaft des Menschen, im Verhalten wenig fixiert zu sein und
situativ reagieren zu können (hohe Freiheitsgrade und Lernpotenziale) bezüglich der Fristigkeit relevant ist. Aus der Geschichte lassen sich beispielsweise
in frühen Hochkulturen wie im Alten Ägypten und später bei den Mayas auf
Unsterblichkeit hin angelegte Unternehmungen und auf sehr lange Zeitskalen
ausgerichtete Kalendersysteme belegen (für die Mayakultur siehe Aveni
1987). Ebenso interessant und wichtig ist für die Thematik nachhaltige Entwicklung die Grund legende rhythmische Prägung des Menschen
(Held/Geißler 1995; Zulley/Knab 2000).

4.4   Kognition, Emotion, Rationalität

Ein weiteres, aktuell eben so wichtiges Beispiel: In der Diskussion um die
Umsteueuerung in Richtung nachhaltige Entwicklung spielt nunmehr schon
seit vielen Jahren die als „Kluft von Umweltbewusstsein und Umweltverhalten" bezeichnete Metapher eine Rolle (Zusammenfassung UNESCO-Verbindungsstelle 1998).

     Zum einen erklärt sich ein wichtiger Teil dieser Diskrepanz mit den weit
reichenden institutionellen Restriktionen, die einer Umsetzung von Einstel-

---

24 Siehe hierzu auch die differenzierenden Ergebnisse spieltheoretischer Arbeiten zu
     Fristigkeiten und Nicht-Linearitäten bei subjektiven Diskontierungen, Gintis 2000.
25 Diesen Vorschlag verdanke ich Diskussionen mit Ulrich Hampicke, Greifswald.

lungen und Werten in Verhalten entgegen stehen bzw. diese erschweren. Dazu gehören Infrastrukturen, die nicht-nachhaltige Verhaltensweisen in der Tendenz noch immer begünstigen und nachhaltige Lebens- und Wirtschaftsstile nur in eingeschränkten *settings* fördern. Dies ist ein Themenstrang, zu dem die Institutionenökonomik in viel stärkerem Maße, als dies bisher der Fall ist, heran gezogen werden sollte.

Zum anderen können die grundlegenden Erkenntnisse der Evolutionsbiologie und Anthropologie Anteile dieser Diskrepanz aufklären. Es wird in der „Kluft-Metapher" von einem Menschenbild aus gegangen, bei dem die Kognition des Menschen isoliert von Affekten/Emotionen im Vordergrund steht. Die Emotionen sind aber nicht einfach die stammesgeschichtlich älteren Teile des Menschseins und damit irgendwie „vor-rational". Vielmehr sind Menschen ohne Emotionen, z.B. wenn sie entsprechend durch Unfälle geschädigt sind, nicht volle Persönlichkeiten. Emotionen und Kognitionen gehören zusammen: wahrnehmen, be-greifen, Sinne und Sinn haben nicht nur ethymologisch gleiche Wurzeln. Sie sind für die Orientierung, Zielbegründungen, Normen und bewertende Auswahl unter Optionen grundlegend.

Ohne das an dieser Stelle vertiefen zu können, will ich doch zumindest andeuten, dass diese Erkenntnisse zusammen mit weiteren Eigenschaften der Natur des Menschen unmittelbar für die individuellen Verhaltensweisen und gesellschaftlichen Mechanismen erhellend sind: So sind wir auf Grund der bei der Herausevolvierung unserer Vorfahren prägenden Bedingungen eher für den Nahbereich „ausgelegt" und hat der optische Sinn unter den Sinnen eine Vorzugsstellung. In der Informationsverarbeitung wirken wiederum Kognition und Emotion zusammen. Deshalb reagieren wir stark auf Bilder und insbesondere auf personalisierte Bilder. Die aktuelle öffentliche Debatte in Kontinentaleuropa über BSE wurde durch einen Film über einen französischen jungen Mann ausgelöst – die Krankheit bekam „ein Gesicht". Der Zynismus, dass aus Schadenfreude die kranken und gestorbenen Briten sowie Hunderttausende leidender Rinder in Grossbritannien nichts dergleichen aus lösten, sind ein anderes Beispiel für die Wirkungen unseres Erbes. In der sich selbst so bezeichnenden „Moderne" wurde bei der Herausbildung der Nationen versucht, die in kleinen Sippen und Gruppen geprägten Verhaltensmuster auf die Ebene der Nation um zu polen. Auch in „Zeiten der Globalisierung" wirken diese Muster. Die Bedeutung des Nahbereichs, der Bilder und Personalisierung sowie die Erkenntnisse über das Zusammenspiel von Kognition und Emotion sind unmittelbar für die Kommunikation nachhaltiger Lebens- und Wirtschaftsstile sowie für die dafür relevanten Themen und Blickwinkel wichtig. Sie gehen aber offensichtlich auch stark in die Präferenzen der Konsumentinnen und Konsumenten ein, so dass – wie derzeit erlebbar – bisher vordergründig ökonomisch rational erscheinende Wirtschaftsweisen unter enormen Marktdruck geraten.

Mit der Entwicklung der technischen Möglichkeiten des Transports und der Informationsübertragung ändern sich erkennbar zugleich die Interpreta-

tionen dessen, was als nah und vertraut empfunden wird. Möglicherweise ist
auch hier die Plastizität des Menschen so groß, dass dies die Ausbildung von
Werten ermöglicht, die sich auf früher uns sehr fern und fremd Erscheinendes
beziehen kann. Dies ist bezüglich der Herausbildung einer der nachhaltigen
Entwicklung angemessenen Ethik eingehender zu prüfen.

4.5   Konkurrenz und Kooperation

Die Behandlung von Konkurrenz und Kooperation ist ein besonders prägnan-
tes Beispiel dafür, dass wir in der Ökonomik die Ergebnisse der Evolutionsbiologie und insbesondere der Anthropologie (Primatenforschung und Hominisation) nicht einfach direkt nutzen können, ohne uns eingehender mit dieser
Disziplin und deren eigener Entwicklung zu befassen (siehe hierzu oben 2.
Kapitel). Je nach dem, welche Variante wir wählen, kommen uns direkt die
Vorabfestlegungen des ökonomischen *mainstream* entgegen, der *a priori* nur
auf Konkurrenz schaute und alles andere dagegen als „Problem" sieht; einmal
als "problem of altruism" oder ein ander mal als "problem of true altruism"
gekennzeichnet. Wie Vogel und mit ihm viele andere Anthropologen erarbeiteten, ist das aber kein Problem. Vielmehr war und ist die Nutzeninterdepenz in vielen Formen Grund legend, ob innerhalb der Familien, anderer sozialer Verbände, innerhalb der Spezies, zwischen Spezies als Ko-Evolution,
Parasitismus, Symbiose und vielen anderen Formen und Mischformen. So
sind die angeblich selbständigen, isolierten Individuen bzw. isolierten Gene
davon abhängig, dass es in der Kette des Lebens vor ihnen keinen Riss gab.
Sie sind davon abhängig, dass die aggregierten Wirkungen von Ökosystemen
beispielsweise auf das Mikroklima nicht zu stark schwanken, damit etwa die
Feuchtigkeit in tropischen Regenwäldern gehalten wird.

Wenn man näher an die Menschwerdung und die prägenden Eigenschaften des Menschen heran geht, wird deutlich, dass der soziale Zusammenhang
für die Menschwerdung absolut prägend war und soziale Fähigkeiten, Kommunikation etc. Teil des Menschseins sind. Durch die präformierte Perspektive, nach der die Menschen – pointiert zusammen gefasst – als eine Art autisti-
sche, isolierte, sprachunfähige und ausschließlich konkurrierende Einzelwesen vorgestellt wurden, wurde es erschwert, uns Menschen unvereingenom-
men zu verstehen, wie wir sind. Durch die Spieltheorie wird diese Vorab-
Verengung langsam abgelöst. Es erscheint ein Wesen, dessen wichtige
Merkmale erkannt werden, sozusagen ein Wesen aus Fleisch und Blut. Dann
ist es nicht mehr verwunderlich, dass diese Einzelwesen ihre Eigeninteressen
verfolgen und zugleich durch starke Nutzeninterdependenzen geprägt sind: in
der Familie, in Freundschaftsgruppen, in Dorfgemeinschaften, Verbindungen
und in vielen anderen sozialen Gemeinschaften. Dies ist unter modernen Bedingungen nicht weniger rational, wie es unter anders gearteten Bedingungen
in frühen Ackerbaukulturen oder in nomadisierenden Jäger- und Sammlerge-

sellschaften der Fall war (systematische Übersicht zu Kooperation und Konkurrenz Weise 1997).

Für die nachhaltige Entwicklung besonders wichtig ist dabei, dass dies nicht nur auf der Mikroebene jeweils eine Mischung aus Konkurrenz und Kooperation ist, sondern dass die Entwicklung von gesellschaftlichen Institutionen ebenso grundlegend ist (Hirshleifer 1977, S. 8).

4.6 Die Tragödie des freien Zugangs (open access)

Die bereits mehrfach angesprochene Verengung auf Konkurrenz wirkt bis heute nach, auch wenn in der Ökonomik inzwischen Ergebnisse der Spieltheorie Verbreitung finden, die die Bedeutung von Kooperation und strategischen Interaktionen systematisch belegen. Diese Nachwirkung zeigt sich an einem für Fragen der nachhaltigen Entwicklung wichtigen *topos*, dem als „Tragödie der Allmende" bekannten Phänomen. Zu dessen besseren Verständnis ist die Anwendung der Erkenntnisse der Anthropologie nicht erforderlich, da das Grundproblem auch ohne den Zugang dieser Disziplin erkennbar ist. Aber durch deren Einbeziehung wird die Problematik noch klarer. Dieses Beispiel wähle ich u.a. deshalb, da die Herausbildung der Institution *Eigentum* in Ko-Evolution mit der Herausbildung der Institution *Geld* vergleichbar herausragende Bedeutung gewonnen hat wie zuvor die Evolution der *Sprache* und der *Schrift*.[26]

Zunächst die Kennzeichnung der Problemlage mit einem Zitat aus der üblicherweise als Beleg für diese „Tragödie" angeführten Veröffentlichung:

– „The tragedy of the commons develops in this way. Picture a pasture open to all. It is to be expected that each herdsman will try to keep as many cattle as possible on the commons." (Hardin 1968, S. 1244)

Durch die Rezeption in den Eigentumsrechts-Ansätzen wurde dieser Beitrag berühmt. Er wird einerseits vielfach als Begründung von definierten Privateigentumsrechten und andererseits in ökologischen Debatten für die Problematik kollektiver Aktionen angeführt.

Tatsächlich handelt es sich jedoch nicht um eine „Trauerspiel der Allmende", wie dies auch bezeichnet wird. Vielmehr ist der Beitrag von Hardin selbst ebenso wie die Rezeption das eigentlich aufgeführte Stück in der Kategorie „Trauerspiel". Denn wie das Zitat belegt, handelt der Beitrag von Hardin keineswegs von *commons*, sondern bezieht sich auf die Situation freier Güter mit offenem Zugang *(open access)*. Dies ist nun nicht ein nachrangiger,

---

26 Bei der Institution Eigentum handelt es sich qualitativ um etwas Neues gegenüber dem Territorialverhalten. Es sind Nutzungsrechte, die insbesondere bei neueren Formen zunehmend abstrakter werden, handelbar losgelöst von der eigentlichen Nutzung.

„kleinlicher" semantischer Unterschied. Es betrifft vielmehr den Kern der Sache, um die es geht. Die Arbeit von Hardin bezieht sich auf die Missbrauchsmöglichkeiten einer Situation offenen Zugangs *ohne spezifizierte Eigentumsrechte.* Die Allmende ist dagegen eine Form von Eigentumsrechten. Typischerweise handelte es sich früher dabei um eine begrenzte Zahl von Wirtschaftseinheiten, beispielsweise einige Familien einer Dorfgemeinschaft oder Genossenschaftsmitglieder, die gemeinsam spezifizierte Eigentumsrechte an einer Sache haben. Typische Beispiele sind Wälder und Gemeindeanger. Wie die Erfahrungen real existierender Allmenden belegen, die durch Ergebnisse spieltheoretischer Studien gestützt werden, sind dabei die *Sanktionsmöglichkeiten* bei Nicht-Einhaltung der Regeln der Gemeinschaft wesentliche Voraussetzung für ihre Funktionsfähigkeit (Gintis 2000, S. 316ff.).

Markant ist, dass in der Rezeption des Beitrags von Hardin sogar noch bis in einen Teil der neuen Institutionen-Ökonomik hinein, die offenkundige Vermischung der Eigentumsformen interessanterweise nicht kritisiert, sondern unter dem Mythos der „Tragödie der Allmende" vielmehr tradiert wird.[27] Die Arbeiten von Vogel u.a. stützen die Ergebnisse der Spieltheorie und die Erfahrungen der Praxis: Die Herausbildung von Traditionen, mit gemeinsamen Normen, Sanktionen, Reziprozität etc. waren für die erfolgreiche Nutzung der in der Evolution der Primaten und der Menschen zunehmenden Flexibilität zentrale Voraussetzung dafür, dass diese Freiheitsgrade auch tatsächlich wirksam werden konnten (Vogel 2000, Kapitel 3). In der Ökonomik entwickelte sich hierzu über eine geraume Zeit hinweg die Vorstellung aus, dass Tradition, „Sitten und Gebräuche" *(customs)* und andere Austauschformen als der Äquivalententausch vormodern seien und deshalb nicht weiter zu beachten wären. Mit diesem Vorurteil konnte der benannte Mythos trotz offenkundiger Unstimmigkeit so „leicht" weiter verbreitet werden. Dem gegenüber lässt sich zeigen, dass diese Austauschformen keineswegs „vormodern", irrational und dergleichen sind, sondern Reziprozität und Redistribution insgesamt in allen Wirtschaftsformen grundlegend sind (siehe hierzu etwa den Ethnologen Tiemann 1991). Ebenso sind ohne Gebräuche, vereinfachende Habitualisierungen in sozialen Interaktionen die Kosten für formelle Verträge vielfach so hoch, dass viele Wirtschaftstransaktionen gar nicht erst zu stande kämen. Sie sind in einer hoch-komplexen Wirtschaft wichtiger denn je (Schlicht 1998).

Wir können zur Förderung eines geeigneten Mixes der verschiedenen Austauschformen – Äquivalententausch, Reziprozität und Redistribution –

---

27 Siehe als Beispiel das wichtige Übersichtsbuch zur neuen Institutionenökonomik, Richter/Furubotn 1996, S. 109ff.; zur immanenten Inkonsistenz von Hardin und der Rezeption siehe Lerch 1996. Auf die ideologischen Hintergründe des „Missverständnisses" bzw. der Nicht-Unterscheidung von *open access* und Allmende gehe ich nicht näher ein. Diese sind geschichtlich für die Herausbildung der bürgerlichen Gesellschaft und Marktwirtschaft gewichtig und haben unmittelbare Bezüge zu Fragen der nachhaltigen Entwicklung; siehe hierzu Binswanger 1998 und Scherhorn 1998.

und der dazu passenden Vielfalt von Formen der Eigentumsrechte einschließlich von *commons* unterschiedlicher Größenordnungen auf die in Kleingruppen und deren Interaktionen erworbenen Eigenschaften des Menschen zurück greifen, wenn wir durch die institutionellen Arrangements dafür die Potenziale lassen bzw. wieder schaffen. Eine für die nachhaltige Entwicklung zentrale Frage ist es, wie dies auch in den heute erforderlichen, viel größeren Maßstäben möglich ist, von regionalen bis hin zu globalen *commons*. Die Analogie der Herausbildung von Aktiengesellschaften aus Unternehmensformen kleiner Familienunternehmungen und beschränkter Kapitalgesellschaften und damit der neuen Rechtsfigur juristischer Personen (siehe hierzu Binswanger 1998, S. 137ff.) ist darauf hin zu prüfen, ob dies für die Weiterentwicklung der *commons* verwendbare Erkenntnisse erbringen kann. Zur Beantwortung dieser Frage sind dann Erkenntnisse zu Formen der Selbstbindung und deren institutionelle Absicherung wichtig.

4.7 Unersättliche Bedürfnisse

„Economics is the science which studies human behaviour as a relationship between ends and scarce means which have alternative uses." (Robbins 1984, S. 16; Orig. 1932) Diese Definition setzte sich nach langen Diskussionen als die vorherrschende Festlegung des Gegenstandsbereichs der Ökonomik durch. Präzisierend wird damit die Annahme unersättlicher, prinzipiell unbegrenzter Bedürfnisse verbunden. Es ist ein für die nachhaltige Entwicklung entscheidender methodologischer Aspekt, dass eine derartige Annahme bereits in die *Definition* des Gegenstandsbereichs der Disziplin eingeht und nicht, wie es nahe liegender wäre, dies als eine Frage der Empirie behandelt wird.

Aus meiner Sicht ist es eine wichtige Aufgabe, die Evolutionsbiologie und insbesondere die Anthropologie sowie die Ethnologie darauf hin zu prüfen, was aus deren Erkenntnissen zu dieser Themenstellung ab zu leiten ist. Binswanger (1994) vertritt dazu folgende Interpretation, die als Ausgangspunkt für die Behandlung und Diskussion interessant ist. In seiner Abschiedsvorlesung stellte er die antike Erysichthon-Sage in den Mittelpunkt. Kern dieser Überlieferung, beginnend in der vorklassischen Zeit der griechischen Antike über die griechische Klassik, die römische Antike mit Ovid bis hin zu Fortschreibungen in der Neuzeit, ist die Figur des Erysichthon. Dieser holzt in seiner Gier und Grenzenlosigkeit einen heiligen Hain ab, und wird dafür von Demeter, der Erdgöttin, damit bestraft, dass er niemals gesättigt ist. Binswanger deutet die Überlieferung unter Einbeziehung des vorhandenen Wissens über die Herausbildung der Geldwirtschaft so, dass der Mensch nicht schon immer, gleichsam als „anthropologische Konstante" unersättlich ist. Vielmehr ermöglicht erst der Übergang zur Geldwirtschaft mit der neuen Mög-

lichkeit der unbegrenzten Speicherfähigkeit und Ausdehnung des Reichtums
ein unersättliches Gewinnstreben.[28]

Binswanger plädiert nun nicht etwa dafür, das Geld ab zu schaffen. Aus
seiner Interpretation folgt jedoch, dass die Verselbständigung des Geldes die
wesentliche Ursache für die Unersättlichkeit und Grenzenlosigkeit der Bedürfnisse ist, was in der gängigen Definition des Gegenstandsbereichs der
Ökonomik dagegen als anthropologische Konstante vorausgesetzt wird. Es ist
zu prüfen, welche der Deutungen beim derzeitigen Erkenntnisstand zutreffen-
der ist und was sich daraus für die Einsicht in Grenzen als wichtiges Moment
der nachhaltigen Entwicklung ableiten lässt, einschließlich einer der gewonnenen Erkenntnisse angemessenen Weiterentwicklung der institutionellen Arrangements.

5. Wissen – Nicht-Wissen – Nicht-Wissen-Wollen

Das *Ausmaß* der Erkenntnisfähigkeit ist eine der Besonderheiten des Menschen im Vergleich zu den anderen Spezies (nicht die Erkenntnisfähigkeit „an
sich"). Das Grundlagenwissen zur Spezifizierung dieser allgemeinen Erkenntnis über unsere Erkenntnisfähigkeit ist in jüngster Zeit durch die an Bedeutung zunehmende, interdisziplinär arbeitende Hirnforschung deutlich ge-
stiegen. In diesem Zusammenhang spielen Evolutionsbiologie und Anthropologie ebenfalls eine wichtige Rolle, da das Verständnis der Evolution der
verschiedenen Teile des Gehirns und der Wahrnehmungsorgane sowie deren
Zusammenspiel hierfür wichtig sind.

Mit diesen Erkenntnissen wird einerseits besser verständlich, wie und
wozu im Einzelnen der Mensch begabt ist, zu reflektieren. Für eine Umorientierung in Richtung nachhaltige Entwicklung ist ein angemessenes Verständnis und damit *Wissen* um unsere Stellung in der Welt und die Folgen unseres
Handelns wichtig. Ökonomisch formuliert, ist dieser Teil des Humankapitals
bezüglich der nachhaltigen Entwicklung noch erheblich zu verbessern. Damit
gekoppelt sind entsprechende *Fähigkeiten* und *Fertigkeiten* zu entwickeln,
wie am Beispiel der Fristigkeiten illustriert.

---

28 An zu merken ist, dass bei John Locke in seinem grundlegenden Werk zur Begründung privater Eigentumsrechte die Einführung der Geldwirtschaft eine der Argumentation Binswangers vergleichbare grundsätzliche Bedeutung spielt. Nach Locke legi-
timieren sich private Eigentumsrechte zunächst nur in so weit, wie die betreffenden
Böden von den Menschen selbst bearbeitet werden können. In einem zweiten Schritt
hebt er diese restriktive Eingrenzung auf, in dem er die Speicherfähigkeit des Gelds
hinsichtlich der Eigentumsrechtsbildung ebenfalls akzeptiert. Dies ist die Voraussetzung für grenzenlose Akkumulation; siehe Locke 1996/1690, II §§ 36f, 41 und 49.
Interessant ist dabei wiederum der enge Bezug der beiden grundlegenden Institutionen Eigentum und Geld.

Zum für die nachhaltige Entwicklung wichtigen Wissen gehört das *Wissen um die Grenzen des Wissens*, seit langem Thema der Philosophie: Fragen der Informationsverarbeitungskapazitäten ebenso wie Fragen der grundsätzlichen Begrenztheit der Erkenntnisfähigkeit im Sinne prinzipiellen Nicht-Wissens, d.h. Nicht-Wissbarkeit.

Weniger beachtet, aber für das Verständnis unseres Umgangs mit Natur einschließlich unserer eigenen Natur genauso relevant, ist die *Tendenz des Nicht-Wissen-Wollens*. So wichtig das Neugierverhalten anthropologisch bei einem weltoffenem Wesen wie dem Menschen ist, so wichtig ist es zu beachten, dass wir keineswegs einen unbegrenzten Erkenntniswillen haben.

Ein offenkundiges *Beispiel* ist der Umgang mit BSE (*Bovine Spongiform Encephalopathy*). Vorsätzliches Nicht-Wissen-Wollen nahezu aller relevanten Akteure in den meisten Industriestaaten war der Versuch, sich vor der Verantwortlichkeit durch Nicht-Wissen „zu schützen". Selbst in der Phase nach Beendigung dieser Tendenz, in der „Aufklärung" nicht mehr zu vermeiden ist, ist das angemessene Verständnis noch kaum gegeben. Noch immer wird in den Medien bei neuen, positiv getesteten Beispielen vielfach so berichtet, als ob BSE im betreffenden Lande zu nehmen würde. In aller Regel ist aber das Gegenteil davon wahrscheinlich, da Verunreinigungen im Tiermehl aufgrund der Messungen und der Aufdeckung von Erkrankungen weniger leicht möglich sind, da die Akteure in der gesamten Rindfleischkette insgesamt stärker auf mögliche Gefährdungen und Missbräuche achten etc.

Ein bisher noch weniger augenfälliges, aber für Fragen der nachhaltigen Entwicklung nicht minder relevantes *Beispiel*: In extrem kurzer Zeit verbreiten sich das mobile Telephon und andere mobile Informations- und Kommunikationstechniken. Das Wirtschaften und wichtige Lebensstile werden davon abhängig, ermöglichen sie doch zusammen mit den Verkehrsmitteln teilnomadisierende Lebensformen im technischen Zeitalter.[29] Um so auffälliger ist die Entschlossenheit der maßgeblichen Akteure, nicht wissen zu wollen, ob mit der intensiven Anwendung von Mobil-Kommunikationsgeräten schädliche Auswirkungen verbunden sind oder nicht. Studien und gesellschaftliche Debatten dazu müssen ihnen gerade zu abgerungen werden. Was wird passieren, falls sich erste Anhaltspunkte für mögliche Schädigungen, insbesondere bei Kindern und Jugendlichen, aber auch bei erwachsenen Intensiv-Nutzern erhärten sollten?

Im Verkehrssektor, der hinsichtlich unserer Probleme, von einer tendenziell nicht-nachhaltigen Lebens- und Wirtschaftsweise aus gehend in Richtung nachhaltiger Entwicklung um zu steuern, von heraus ragender Bedeutung ist, sind weitere eklatante Beispiele für Verdrängung und Nicht-Wissen-Wollen zu beobachten. Besonders markant, und bisher erstaunlich wenig beachtet, ist die Kennzeichnung der Kraftfahrzeuge für den Personentransport

---

29 Zum nomadisierenden Erbe und späten Sesshaftwerdung des Menschen siehe den Beitrag von Reichholf in diesem Band.

mit Automobil. Dies bedeutet im eigentlichen Wortsinn: selbst, von sich aus mobil. Dies unterstützt die Verdrängung der Tatsache, insbesondere ab Mitte der 1980er Jahre steil ansteigend, dass diese Fahrzeuge keineswegs „von sich aus" fahren, sondern dass dazu enorme Mengen an Kohlenwasserstoffen erforderlich sind, die wir in Jahrmillionen gewachsenen Depots entnehmen. Dazu „passend" ist die gesetzliche Kennzeichnung in Kalifornien sogenannter "zero emission cars". Obgleich allen Beteiligten bewusst ist (oder doch sein könnte), dass naturgesetzlich ein derartiges „Wunder" nicht möglich ist, fällt es uns offenkundig doch nicht schwer, den Blick so zu verengen, dass nur der gewünschte, passende Teil des Wirkens der Naturgesetze beachtet wird.

Allgemein kann formuliert werden: Es herrscht eine Grundtendenz vor, die Folgen der nicht-nachhaltigen Wirtschaftsweisen und Lebensstile nicht wissen zu wollen. Wenn sich eine Befassung in bestimmten Situationen nicht länger vermeiden lässt, werden die Themen zu *issues* stilisiert, um zu vermeiden, die eigentlich anstehenden Fragen ernsthaft an zu gehen. Dann wird beispielsweise Rindfleisch „das Problem", um sich nicht mit der eigentlich anstehenden Frage der angemessenen Ernährung und Nahrungsmittelproduktion einschließlich Fischzucht, Art der Geflügelzucht und -haltung, extremen Bedingungen bei Schweinen etc. befassen zu müssen. Dies klappt nicht immer, aber doch vergleichsweise häufig: Die Medien und große Teile der Öffentlichkeit sind damit mehr als zufrieden. Die ständigen „Überraschungen" als Konsequenz des Nicht-Wissen-Wollens und die darauf folgenden aktivistischen, in der akuten Situation vielfach nicht zielführenden Reaktionen sind ein hoher Preis dafür.

Die Evolutionsbiologie ist ihrerseits – im Längsschnitt betrachtet – dabei, die anfängliche Selbstüberschätzung und mangelnde Selbst-Reflexivität „heraus zu mendeln". Unsere Vorfahren hatten uns in einer der Weisheit entgegen gesetzten Selbstkennzeichnung als die „weisen weisen Menschen", *homo sapiens sapiens*, bezeichnet. Es gilt zu verstehen, dass sich ein angemessenes Selbst-Bewusstsein nur dann heraus bilden kann, wenn die Überheblichkeit abgelegt wird, ohne die Besonderheiten des Menschen einschließlich der damit verbundenen besonderen Verantwortlichkeiten gering zu schätzen.

6.   Fitness und nachwachsende Generationen

Fitness wird in der Evolutionsbiologie am Reproduktionserfolg gemessen und biologisch am Zusammenhang der Generationen fest gemacht. Bei der nachhaltigen Entwicklung geht es ebenfalls um den Generationenzusammenhang, wenn auch in einer anderen Art und Weise. Die Interessen der nachkommenden Generationen sind hierbei zu beachten, aber über die eigene, genealogische Verwandtschaft hinaus in bewusster, intentionaler Entscheidung. Dies umschließt Internalisierungsmechanismen, die diese bewusste Entscheidung zu einer Selbstverständlichkeit machen, und zwar einer Selbstverständlichkeit nicht nur einiger weniger Individuen und kleineren Gruppen, sondern breit kulturell verankert.

Hierfür wichtige Eigenschaften der Menschen zum sozialen Verhalten und zur sozialen Kompetenz haben sich unter Bedingungen kleiner Gruppen heraus gebildet. Es ist zu prüfen, wie diese unter den heutigen Bedingungen bezogen auf Gesellschaften und die ganze Spezies verwendbar sind, und welche Eigenschaften dies zugleich erschweren. Hierbei sind, wie bereits kurz angesprochen, die Erfahrungen aus der Phase der sich vergrößernden Bezugsgruppen, Herausbildung von Städten, der Institution des Rechts etc. mit ein zu beziehen. Es ist nicht so, dass mit der anstehenden Aufgabe der nachhaltigen Entwicklung erstmalig über Kleingruppen-Verbände hinaus gehend Institutionen zu entwickeln und zu gestalten wären. Dies wäre nach meiner Einschätzung eine Überinterpretation der Prägung des Menschen in der Phase der Hominisation und vernachlässigt die kulturelle Evolution, die auf den hohen Freiheitsgraden des Menschen, eine Besonderheit der biologischen Evolution, aufruht. So entwickelten sich bereits vor vielen Jahrtausenden Städte, in denen Menschen weit über Kleingruppenverbände hinaus gehend das Zusammenleben lernten.

Es ist „kein neuer Mensch" mit gänzlich anderen Eigenschaften möglich. Was aber ansteht ist, die in der Herausentwicklung des Menschen und der Kultur sich evolvierenden Werte und Normen, die funktional zur Nutzung der zunehmenden Freiheitsgrade Voraussetzung waren, so weiter zu entwickeln, dass sie sich in die angedeutete neue Qualität hinein entwickeln. Prozesse dieser Art laufen in ganz anderen Zeitskalen ab, als die heutigen Aufgeregtheiten und vielfach durch Tagesaktualität bestimmten Debatten typischerweise im Blick haben (siehe oben zu Myopie und Zeitskalen). Dies dauert zumindest einige Generationen. Zu beginnen ist aber hier und heute. Jetzt. Die Reichweite der Aufgabe ebenso wie deren Dringlichkeit wird damit angedeutet.

7. Nachhaltige Entwicklung in evolutorischer Perspektive

Zusammenfassend kann als Antwort auf meine Ausgangsfragestellung formuliert werden: Wir können aus der Auseinandersetzung mit den Erkenntnissen der Evolutionsbiologie einschließlich der Anthropologie dann etwas für die Arbeiten der Ökonomik hinsichtlich einer nachhaltigen Entwicklung lernen, wenn wir nicht einfach legitimatorisch „passend" erscheinende Versatzstücke auswählen, sondern uns auf deren Eingrenzungen und Entwicklungen einlassen:

- Die dichotome Gegenüberstellung „Natur versus Kultur" wird durch die vorliegenden Erkenntnisse nicht bestätigt, sondern es finden sich fließende Übergänge.
- Die kulturelle Evolution ruht auf der biologischen Evolution auf. Sie ist nicht auf diese reduzierbar.
- Wichtig ist es, deren Zusammenspiel zu verstehen.[30]
- Wichtige Eigenschaften bezüglich unserer eigenen Natur lassen sich bei aller Vorläufigkeit der Erkenntnisse tendenziell ausweisen: Zusammenspiel von Konkurrenz und Kooperation, Bedeutung von Kognition, Emotion und deren Zusammenspiel, Freiheitsgrade und deren Grenzen, Lernpotenziale etc.
- Da die Zeitskalen der biologischen Evolution sehr viel langsamer sind, als die der kulturellen Evolution, ist dies bei dem Versuch der Selbst-Aufklärung zu beachten. Dies belegt jedoch kein statisches Bild der Art, dass die Eigenschaften des Menschen gleichsam auf dem „Stand eingefroren" wären, in dem sich der *homo sapiens sapiens* heraus bildete. Dies ist ein statisches, nicht-evolutorisches Verständnis der Entwicklung. Die Evidenz der seitherigen Entwicklung mit sich radikal ändernden Bedingungen – etwa Sesshaftwerdung, Entwicklung großer Städte, großer Unternehmungen etc. – ist diesbezüglich eindeutig.
- Besondere Bedeutung haben die Entwicklung der Sprache sowie der Schrift. Im weiteren Verlauf ist die Herausbildung grundlegender Institutionen wie Recht, Eigentumsrechte und Geld hervor zu heben.

Auf einen Aspekt, den ich bisher nicht näher ansprach, möchte ich noch gesondert eingehen. Auf der Mikroebene der biologischen Evolution ist das Zusammenspiel von Variation und Selektion neben Gendrift, Migration etc. wichtig. Der zufälligen Variation kommt dabei ebenso eine wichtige Rolle zu wie gerichteten Variationen (Kubon-Gilke/Schlicht 1998). Dies gilt nicht nur in der biologischen Evolution sondern gleichermaßen auf allen Ebenen von Entwicklungspfaden. Überall können wir *Pfadabhängigkeiten* beobachten. Deshalb kommt beispielsweise der Diversität – biologisch ebenso wie kulturell, wirtschaftlich etc. – eine so große Bedeutung zu, wenn man normativ das Leitbild der nachhaltigen Entwicklung vertritt.[31]

Die Erkenntnisse der Evolutionsbiologie unterstreichen, dass die Evolution des Lebens nicht mechanistisch zu verstehen ist, eindeutig durch die Ausgangsbedingungen determiniert. Vielmehr entwickelte sich ein Netzwerk des Lebens, das aus sich selbst heraus Neues hervorbrachte, ebenso wie es durch externe Schocks und dadurch evozierte Katastrophen – beispielsweise Artensterben in großem Maßstab in sehr kurzer Zeit – auf neue Pfade geführt wur-

---

30 Siehe dazu nachfolgende kurze Hinweise zu den aktuellen Fragen bezüglich der Anwendung der Gentechniken.
31 An dieser Stelle wären in einem weiteren Schritt die Arbeiten der evolutorischen Ökonomik näher ein zu führen. Dies ist jedoch für einen Beitrag zu viel des Guten.

de (siehe ausführlich Leakey/Lewin 1995). Dies gilt ebenso für die Nutzung neuer Chancen durch veränderte Umweltbedingungen, beispielsweise auf großer Skala betrachtet den Anstieg des Sauerstoffgehalts in der Atmosphäre. Als *Leitsatz* lässt sich formulieren:

– Für die Umorientierung in Richtung nachhaltige Entwicklung wird es darauf ankommen, neben der Verwendung relevanter Einzelerkenntnisse der Evolutionsbiologie insgesamt eine evolutorische Perspektive zu gewinnen.

Dies meint insbesondere, dass wir die immer noch stark wirksame mechanistische Welt-Vorstellung zu überwinden haben, die interessanterweise selbst in der Evolutionsbiologie noch virulent ist, die ja „eigentlich" in ihrer Perspektive evolutorisch ausgerichtet ist.[32]

Die Bedeutung dieser Perspektive kann konkret für derzeit anstehende Fragen der gesellschaftlich-wirtschaftlichen Entwicklung am Beispiel des Einsatzes der Gentechnik illustriert werden; ein Beispiel das unmittelbar zum Thema passend ist, da es sich dabei ja um die Frage der Anwendung von Erkenntnissen zu den Grundbausteinen des Lebens handelt mit Konsequenzen für die Umorientierung in Richtung nachhaltiger Entwicklung (siehe bereits früh Altner 1987, S. 26ff.). Noch immer dominiert in der Öffentlichkeit bezogen auf diese Frage eine mechanistische Vorstellung. Fast täglich finden sich Meldungen, die der Hoffnung Ausdruck verleihen, dass eine Entschlüsselung der Gene direkt in einer Art 1:1-Beziehung praktisch verwendbar sei: das Gen X gegen die Krankheit K_x an zu wenden, das Gen Y ein zu bauen in Nutzpflanze Z, um Schädling S aus zu schalten. Das Wissen über die Grundbausteine des Lebens verstärkt dem gegenüber die Erkenntnis, dass das Geheimnis des Lebens auf *Vernetzung* beruht. Das Wissen um die Gene ist eine Sache. Dazu gehört aber ebenso das Wissen um die funktionellen Zusammenhänge des Wirkens der Gene. Gleiche Gene können höchst unterschiedliche Aktivitäten mit entsprechend sehr verschieden artigen Wirkungen aufweisen, sie können lange Zeit latent sein, um dann unter ganz bestimmten Situations-

---

32 Bezogen auf die Evolutionsbiologie ist an zu merken, dass etwa E.O. Wilson in dem Teil seiner Arbeiten, in dem er die Bedeutung der Biodiversität herausarbeitet, ausgesprochen evolutorisch denkt und argumentiert, siehe etwa Wilson 1992, im Unterschied zu seinen der klassischen Mechanik näher liegenden frühen Arbeiten zur Begründung der Soziobiologie. In der Ökonomik wurde vergleichbar die Orientierung an der Mechanik der klassischen Physik dominant. Andere Versuche, wie etwa die von Marshall vorgeschlagene Orientierung an der Evolutionsbiologie als Lebenswissenschaft konnten sich nicht durchsetzen, trotz der angesprochenen Nähe von Kampf und Konkurrenz; denn Irreversibilität und die damit untrennbar verbundene Unsicherheit ist grundlegend. Die Zeiten sind nicht alle gleich – homogen, linear und beliebig teilbar. Marshall ist zum Verständnis der dominant gewordenen Ökonomik grundlegend, denn er kämpfte gleichsam mit dieser Problematik der Zeit, ohne die daraus resultierende Komplexität meistern zu können; siehe dazu Biervert/Held 1995 sowie Thomas 1991.

bedingungen wirksam zu werden.[33] Dies ist nach den derzeit vorliegenden Erkenntnissen so komplex, dass das prinzipielle Nicht-Wissen für die Anwendung des biologischen Grundlagenwissens wahrhaft Grund legend ist. Wir können das Leben nicht „im Griff haben". Aus der evolutorischen Perspektive folgt vielmehr eine Strategie der Einbettung der Kultur/Wirtschaft in die Netze des Lebens, nicht eine Potenzierung der Kontrollorientierung aus der Zeit der Mechanik.

Für die Ökonomik bedeutet die evolutorische Perspektive darüber hinaus: Es wird die Tragweite unterstrichen, die die Umorientierung einer grundsätzlich nicht-nachhaltigen Wirtschaftsweise zu einer nachhaltigen Entwicklung bedeutet. Diese ist in der Reichweite der „Großen Transformation" (Polanyi 1990/1944) von Wirtschaften in Marktgesellschaften vergleichbar. Das hat eine wichtige Konsequenz: Wir stehen vor der Aufgabe, vergleichbar zur Analyse der Transformation ehemals staatswirtschaftlich verfasster Wirtschaften des ehemaligen Einflussbereiches der Sowjetunion in Marktgesellschaften, diese Art der großen Transformation zu verstehen. Dies beinhaltet die Einsicht, dass wir erst am *Beginn eines Über*gangs sind, der eine *eigenständige Qualität als Phase der Menschheitsgeschichte* hat. Diese nächste große Transformation wird uns heute Lebende und die nächsten Generationen in Atem halten.

Literatur

Altner, Günter (1987): *Die große Kollision. Mensch und Natur.* Graz/Wien/Köln: Styria.
– (1999): Die Kraft des Lebens – Vitalität. Von Tieren und Untieren, Kraut und Unkraut. *Laufener Seminarbeiträge* 2/99, 43-46.
Aveni, Anthony (1991): *Rhythmen des Lebens. Eine Kulturgeschichte der Zeit.* Stuttgart: Klett-Cotta (Orig. 1989).
Becker, Gary S. (1976): Altruism, Egoism, and Genetic Fitness: Economics and Sociobiology. *Journal of Economic Literature* XIV (3), 817-826 (wieder abgedruckt in Hodgson 1995, 77-86).
Bergh, Jeroen C.J.M. van den und John M. Gowdy (2001 im Druck): The Microfoundations of Macroeconomics: An Evolutionary Perspective. *Cambridge Journal of Economics.*

---

33 In diesem Zusammenhang ist auch der Strang der Evolutionsbiologie relevant, der sich mit *heterochrony* befasst. Dort wird die Bedeutung von Variationen in der zeitlichen Entwicklung der Embryos für die Evolution behandelt. Minimale Variationen in den Zeiten der Ontogenese – Verfrühung einzelner Organe bzw. Verspätung – können extrem starke Veränderungen in der weiteren Entwicklung der Arten und deren Ausdifferenzierung zur Folge haben. Als Übersichten eignen sich McNamara 1995, 1997. Ebenso ist auf die Bedeutung der Hormone im Wechselspiel der Wirkungen von genetischen Anlagen und Umweltbedingungen hin zu weisen. Diese können sich im Zeitablauf wiederum direkt auf die folgenden Generationen, deren Verhaltenspotenziale einschließlich ihrer Fortpflanzungsfähigkeit auswirken. Bekannt wurde dies durch das Buch von Colborn et al. 1996 über endokrine Wirkungen.

Biervert, Bernd und Martin Held (Hg.) (1991): *Das Menschenbild der ökonomischen Theorie. Zur Natur des Menschen*. Frankfurt/New York: Campus.
– (1994): *Das Naturverständnis der Ökonomik*. Frankfurt/New York: Campus.
– (1995): *Zeit in der Ökonomik*. Frankfurt/New York: Campus.
Biesecker, Adelheid, Maite Mathes, Susanne Schöne und Babette Scurrell (Hg.) (2000): *Vorsorgendes Wirtschaften. Auf dem Weg zu einer Ökonomie des Guten Lebens*. Bielefeld: Kleine.
Binswanger, Hans Christoph (1994): Der Frevel Erysichthons als Ursprung der ökologischen Krise. *Conturen* 10 (IV), 32-44.
– (1998): Dominium und Patrimonium – Eigentumsrechte und -pflichten unter dem Aspekt der Nachhaltigkeit. In: Martin Held und Hans G. Nutzinger (Hg.): *Eigentumsrechte verpflichten. Individuum, Gesellschaft und die Institution Eigentum*. Frankfurt am Main/New York: Campus, 126-142.
Colborn, Theo, John Peterson Myers und Dianne Dumanoski (1996): *Our Stolen Future. How Man-made Chemicals are Threatening our Fertility, Intelligence and Survival*. Boston/New York/Toronto/London: Little, Brown & Co.
Costanza, Robert (Hg.) (1991): *Ecological economics: The science and management of sustainability*. New York/Oxford: Columbia University Press.
Engels, Eva-Marie (2000): Von der naturethischen Einsicht zum moralischen Handeln. Ein Problemaufriss. In: Hans-Peter Mahnke und Alfred Treml (Hg.): *Total global. Weltbürgerliche Erziehung als Überforderung der Ethik?* Edition ethik kontrovers 8. Frankfurt am Main: Moritz Diesterweg, 43-50.
Foss, Nicolai Juul (1991): The Suppression of Evolutionary Approaches in Economics: The Case of Marshall and Monopolistic Competition. *Methodus* 3 (2), 65-72 (abgedruckt in Hodgson 1995, 291-298).
Gintis, Herbert (2000): Beyond *Homo economicus*: evidence from experimental economics. *Ecological Economics* 35, 311-322.
Gowdy, John und Irmi Seidl (in Vorbereitung): Economic Man and Selfish Genes: The Relevance of Recent Advances in Biological Theory to Valuation and Economic Policy. Paper Rensselaer Polytechnic Institute/University of Zürich, derzeit eingereicht bei Fachzeitschrift.
Hardin, Gerret (1968): The Tragedy of the Commons. *Science* 162, 1243-1248.
Haubl, Rolf (1999): Angst vor der Wildnis – An den Grenzen der Zivilisation. *Laufener Seminarbeiträge* 2/99, 47-56.
Held, Martin (1997): Norms matter – Folgerungen für die ökonomische Theoriebildung. In: Martin Held (Hg.): *Normative Grundfragen der Ökonomik*. Frankfurt/New York: Campus, 11-38.
– (1999): Wildnis ist integraler Bestandteil der nachhaltigen Entwicklung. Naturdynamik zulassen – Kultur der Wildnis fördern. *Laufener Seminarbeiträge* 2/99, 93-105.
– (2000): Geschichte der Nachhaltigkeit. *Natur und Kultur* 1 (1), 17-31.
Held, Martin und Karlheinz A. Geißler (Hg.) (1995): *Von Rhythmen und Eigenzeiten. Perspektiven einer Ökologie der Zeit*. Stuttgart: Hirzel.
Held, Martin und Hans G. Nutzinger (Hg.) (2001): *Nachhaltiges Naturkapital. Der Beitrag nachhaltiger Entwicklung zur Ökonomik*. Frankfurt/New York: Campus.
– (2001a): Nachhaltiges Naturkapital – Perspektive für die Ökonomik. In: Martin Held und Hans G. Nutzinger (Hg.): *Nachhaltiges Naturkapital*. Frankfurt/New York: Campus, 11-49.
Hirshleifer, J. (1977): Economics from a Biological Viewpoint. *Journal of Law and Economics* XX (1), 1-52 (wieder abgedruckt in Hodgson 1995, 87-138).
Hodgson, Geoffrey M. (Hg.) (1995): *Economics and Biology*. Aldershot: Edward Elgar.
Leakey, Richard und Roger Lewin (1995): *The Sixth Extinction. Patterns of Life and the Future of Humankind*. New York u.a.: Anchor Books Doubleday.

Lerch, Achim (1996): Die Tragödie des Gemeineigentums. Zur Fragwürdigkeit eines berühmten Paradigmas. *Hamburger Jahrbuch für Wirtschafts- und Gesellschaftspolitik* 41, 255-270.

Locke, John (1996): *Two Treatises of Government.* Cambridge Texts in the History of Political Thought, Ed. P. Laslett. Cambridge: Cambridge University Press (Original 1690).

Kubon-Gilke, Gisela (1997): *Verhaltensbindung und die Evolution ökonomischer Institutionen.* Marburg: Metropolis.

Kubon-Gilke, Gisela und Ekkehart Schlicht (1998): Gerichtete Variationen in der biologischen und sozialen Evolution. *Gestalt Theory* 20 (1), 48-77.

Margulis, Lynn (1981): *Symbiosis in Cell Evolution.* San Francisco: W.H. Freeman.

– (1996): Gaia ist ein zähes Weibsstück. In: John Brockman (Hg.): *Die dritte Kultur. Das Weltbild der modernen Naturwissenschaft.* München: btb Taschenbuch, 177-202.

Marshall, Alfred (1922[8]): *Principles of Economics.* London: MacMillan (1. Auflage 1890).

Mayr, Ernst (1979): *Evolution und die Vielfalt des Lebens.* Berlin/Heidelberg/New York: Springer (Orig. 1978).

McNamara, Kenneth J. (Hg.) (1995): *Evolutionary Change and Heterochrony.* Chichester u.a. Orte: John Wiley & Sons.

– (1997): *Shapes of Time. The Evolution of Growth and Development.* Baltimore/Londlon: The John Hopkins University Press.

Meadows, Dennis L. et al. (1972): *The Limits to Growth.* New York: Universe Books (dtsch. *Die Grenzen des Wachstums.* Bericht des Club of Rome zur Lage der Menschheit. 1972).

Mellor, Mary (1997): Women, nature and the social construction of 'economic man'. *Ecological Economics* 20, 129-140.

Meyer-Abich, Klaus Michael (2000): Hat die Natur einen Eigenwert? Die Abhängigkeit der ökologischen Ethik vom Menschenbild. *GAIA* 9 (4), 248-256.

Noorgard, Richard (1992): Coevolution of economy, society and environment. In: P. Ekins und M. Max-Neef (Hg.): *Real-Life Economics.* London/New York, 76-88.

Pearce, David, Anil Markandya und Edward B. Barbier (1989): *Blueprint for a Green Economy.* London: Earthscan Publications.

Polanyi, Karl (1990[2]): *The Great Transformation. Politische und ökonomische Ursprünge von Gesellschaften und Wirtschaftssystemen.* Frankfurt am Main: suhrkamp (Orig. 1944).

Reichholf, Josef H. (1990): *Das Rätsel der Menschwerdung. Die Entstehung des Menschen im Wechselspiel mit der Natur.* Stuttgart: Deutsche Verlagsanstalt (und München: dtv).

Reisch, Lucia (1995): *Status und Position. Kritische Analyse eines sozioökonomischen Leitbildes.* Wiesbaden: Deutscher Universitäts Verlag.

Richter, Rudolf und E. Furubotn (1996): *Neue Institutionenökonomik.* Tübingen: Mohr (Paul Siebeck).

Robbins, Lionel (1984[3]): *An Essay on the Nature and Significance of Economic Science.* Londo/Basingstoke: MacMillan (erste Auflage 1932).

Scherhorn, Gerhard (1998): Privates and Commons – Schonung der Umwelt als kollektive Aktion. In: Martin Held und Hans G. Nutzinger (Hg.): *Eigentumsrechte verpflichten. Individuum, Gesellschaft und die Institution Eigentum.* Frankfurt am Main/New York: Campus, 184-208.

Schlicht, Ekkehard (1998): *On Custom in the Economy.* Oxford: Oxford University Press.

Schröder, Inge (1999): Wildheit in uns – evolutives Erbe des Menschen. *Laufener Seminarbeiträge* 2/99, 29-34.

Siebenhüner, Bernd (2000): *Homo sustinens* – towards a new conception of humans for the science of sustainability. *Ecological Economics* 32, 15-25.

Smith, Adam (1973): *The Wealth of Nations*. Ed. by Andrew Skinner. Harmondsworth: Pinguin (Orig. 1776).

Sturn, Richard: Moral, Normen und ökonomische Rationalität. In: Martin Held (Hg.): *Normative Grundfragen der Ökonomik. Folgen für die Theoriebildung*. Frankfurt/New York: Campus, 213-237.

Thomas, Brinley (1991): Alfred Marshall on economic biology. *Review of Political Economy* 3 (1), 1-14 (abgedruckt in Hodgson 1995, 259-272).

Tiemann, Günter (1991): Reziprozität und Redistribution: Der Mensch zwischen sozialer Bindung und individueller Entfaltung in nicht-industrialisierten Gesellschaften. In: Bernd Biervert und Martin Held (Hg.): *Das Menschenbild der Ökonomik. Zur Natur des Menschen*. Frankfurt/New York: Campus, 173-191.

UNESCO-Verbindungsstelle für Umwelterziehung im Umweltbundesamt (1998): Angewandte sozialwissenschaftliche Umweltforschung. Konzeptionelle Überlegungen und Forschungsfragen. *Papier*. Berlin: Umweltbundesamt.

Vogel, Christian (1989[2]): Gibt es eine natürliche Moral? Oder: wie widernatürlich ist unsere Ethik? In: Heinrich Meier (Hg.): *Die Herausforderung der Evolutionsbiologie*. München/Zürich: piper, 193-219.

– (1991): Evolutionsbiologie im kulturellen und sozioökonomischen Kontext des Menschen. In: Bernd Biervert und Martin Held (Hg.): *Das Menschenbild der ökonomischen Theorie. Zur Natur des Menschen*. Frankfurt/New York: Campus, 205-222.

– (2000): *Anthropologische Spuren. Zur Natur des Menschen*. Aufsätze aus den Jahren 1975-1995, Hg. von Volker Sommer. Stuttgart/Leipzig: Hirzel.

Weise, Peter: Konkurrenz und Kooperation. In: Martin Held (Hg.): *Normative Grundfragen der Ökonomik. Folgen für die Theoriebildung*. Frankfurt/New York: Campus, 58-80.

Wilson, Edward O. (1992): *The Diversity of Life*. New York/London: Norton.

World Commission on Environment and Development (1987): *Our Common Future*. Oxford/New York: Oxford University Press (deutsch Volker Hauff Hg.: *Unsere gemeinsame Zukunft*. 1987).

Zulley, Jürgen und Barbara Knab (2000): *Unsere innere Uhr. Natürliche Rhythmen nutzen und der Non-Stop-Belastung entgehen*. Freiburg/Basel/Wien: Herder.

Ich danke Sabine Hofmeister, Lüneburg, Gisela Kubon-Gilke, Darmstadt und Irmi Seidl, Zürich, für wertvolle Hinweise zu meinem Beitrag.

Joachim Kahlert

Zukunftsperspektiven der didaktischen Vernetzung in der Umweltbildung

Wenn, wie seit einiger Zeit im Bereich des Umwelthandelns, das Missverhältnis zwischen potenzieller Einsichtigkeit und realem Verhalten besonders deutlich auffällt, finden Grundsatzfragen nach der Beschaffenheit der menschlichen Natur verstärkt Aufmerksamkeit. Triumphiert letztlich doch Triebhaftigkeit über Einsichtsfähigkeit? Ist Kultur kaum mehr als der Firnis über eine ehedem das Überleben sichernde aggressive Grundausstattung? Sind angesichts der evolutionsbiologischen Erblast Bildungs- und Erziehungsbemühungen letztlich zum Scheitern verurteilt, wenn sie sich von Vorstellungen vernunftorientierten Zusammenlebens leiten lassen?

In dem vorliegenden Beitrag soll, vielleicht ein wenig gegen den Strom des Zweifels am Nutzen einer aufklärungsorientierten Umwelterziehung, auf das Potenzial einer Re-Didaktisierung der Umweltbildung eingegangen werden. Dazu werden zunächst mit Blick auf verschiedene Erwartungen an die Umwelterziehung einige Überlegungen über die Regulation menschlichen Handelns angestellt (1). Dann werden Argumente für eine stärkere Beachtung des Wissens im Rahmen umweltpädagogischer Theorie und Praxis angeführt (2). Daran schließt sich der Versuch an, Ansprüche an die Wissensvermittlung mit Hilfe neuerer Ergebnisse der Lehr-Lern-Forschung für die Umweltbildung zu konkretisieren (3). Und schließlich wird ein Modell vorgestellt, das helfen soll, diesen Anforderungen gerecht zu werden (4).

1. Zwischen biologischer Erblast und Einsichtigkeit. Zur Regulation menschlichen Handelns

Die viel zitierte Kluft zwischen der potenziellen Vernunft, die jemand aufgrund von Wissen in seinen Handlungen zeigen könnte, und tatsächlichem Handeln fällt nicht nur bei der Inanspruchnahme von Umweltressourcen auf. Es gibt Ärzte, die rauchen, Theologen, die sündigen, Notare, die betrügen. Auch in anderen Handlungszusammenhängen erweisen sich Aufklärung, gut gemeinte Erziehung und die Vermittlung moralischer Orientierungen häufig als nur begrenzt wirksame Mittel, um das Handeln Einzelner so zu orientieren, dass sozial erwünschte Effekte in einem zufrieden stellenden Ausmaß erreicht und, umgekehrt, unerwünschte Folgen des Handelns vermieden werden.

Zwar hat es der sozialisierte Mensch (mehr oder weniger) gelernt, den latenten Egozentrismus des individuellen (Über)lebenswillens kulturell zu zügeln. Doch verlassen kann man sich darauf nicht. Und so sind dort, wo Handlungen Einzelner sozial nicht erwünschte Folgen mit sich bringen können, neben dem unverzichtbaren Vertrauen in Vernunft, Moralität und Einsichtsfähigkeit des Einzelnen auch handlungsregulierende externe Bedingungen wirksam. Zum Beispiel verlässt man sich bei der Regulation des Straßenverkehrs nicht nur auf Regeln (die man lernt und die man dann befolgen soll), sondern auch auf Kontrolle und abgestufte Sanktionen für die Regelübertretung. Kein Kaufhausmanager vertraut allein auf die Anständigkeit der Kunden, sondern trifft Vorkehrungen gegen Ladendiebstahl. Und im Sport verlässt man sich nicht nur auf Fairness der Akteure, sondern Schiedsrichter und andere Kontrolleure sichern die Einhaltung der Regeln.

Je nach Weltanschauung, bevorzugtem Lebensstil, moralischen Überzeugungen und Menschenbildern werden die regulativ orientierten externen Handlungsbedingungen mal als zu restriktiv und mal als nicht ausreichend, mal als zweckmäßig und mal als kontraproduktiv angesehen. Historisch, sozial und individuell prägen sich unterschiedliche Vorstellungen davon aus, wieweit man auf Einsicht und Moral des Einzelnen vertrauen kann und wo Rahmenbedingungen mit Verbindlichkeitsanspruch das Handeln Einzelner begrenzen sollten. Erforderlich für ein sozial verträgliches Zusammenleben, das hinreichend die individuellen Freiräume des Einzelnen respektiert und schützt, ist beides: Ohne Vertrauen in Einsicht und Moral droht die Hölle eines allmächtigen Leviathans. Und ohne Kontrollinstanzen kommt man wohl nur im Paradies aus – unter Auserwählten und Geläuterten.

Auch Erziehung und Bildung bewegen sich in diesem Spannungsfeld zwischen eher innen- und eher außengesteuertem Handeln des einzelnen[1], was sich unter anderem im nie enden wollenden Räsonieren über den Stellenwert

---

1   Die Unterscheidung zwischen Innen- und Außensteuerung ist nur idealtypisch in reiner Form zu denken und eher ein Ergebnis der Zurechnung von Handlungsbedingungen durch einen Beobachter als eine real wirksame Differenz. Zwar scheint es der alltäglichen Erfahrung zu entsprechen, dass sowohl Moral, Überzeugung, verinnerlichte Normen und Werte als Handlungsmotive wirksam sind als auch Anpassung an Erwartungen von außen. Aber so lange jemand bewußt Umweltreize wahrnehmen und verarbeiten kann, ist die Kontrolle des Handelns immer innengesteuert. Selbst in Situationen mit hohem Nötigungsdruck bleibt immer noch die Wahl zwischen Folgsamkeit und Inkaufnahme der angedrohten Schäden. Märtyrertum, aber auch ein aristokratischer Ehrbegriff sind Beispiele dafür: Die Handlungsumstände scheinen aussichtslos, aber sie dominieren nicht über individuelle Motive.

von Einsicht und Sanktion, Gewährenlassen und Lenken, Aushandeln und Bestimmen ausdrückt.

Die Umweltpädagogik ist diesem Spannungsverhältnis zwischen interpretierter Außensteuerung und Innensteuerung menschlichen Handelns entsprungen. Sie verdankt ihre Entstehung, ihr rasantes Wachstum und ihre Ausdifferenzierung der Annahme, menschliches Handeln sei über die Einflussnahme auf Wissen, Einsicht, Moral, Kompetenzen so beeinflussbar, dass der sozial erwünschte Effekt einer geringeren Belastung der Umwelt erreicht wird, so dass andere Zugriffe auf die Freiheit des Einzelnen weniger beansprucht werden müssen. Mit Bezug auf dieses Spannungsverhältnis lassen sich drei grundlegende Erwartungen unterscheiden, die sich auf die Umweltpädagogik richten, und zwar die sozial-regulative Erwartung, die aufklärend-orientierende Erwartung und die utopisch-innovationsorientierte Erwartung.

zur sozial-regulativen Erwartung:

Diese ist mit der Hoffnung verbunden, Umwelterziehung und -bildung könne zu einer geringeren Inanspruchnahme von Umweltressourcen beitragen. Zwar lässt sich die Schonung von Umweltmedien auch mit ökonomischen sowie ordnungsrechtlichen Maßnahmen erreichen. Doch die Bereitschaft, gewohntes Verhalten zu ändern und Verzicht in Kauf zu nehmen, muss weniger strapaziert werden, wenn es gelingt, dass der Einzelne quasi freiwillig, auf Grund von Wissen, Moral oder Einsicht, sein Handeln so umstellt, dass es dem gerecht wird, was als umweltfreundlich, ökologisch wünschenswert und im Sinne einer nachhaltigen Entwicklung als erforderlich gilt. Unter diesem Blickwinkel wird Umweltbildung als Teil der Umweltpolitik angesehen (Mehl 1997) und hervorgehoben, alle politisch-strukturellen Maßnahmen müssten auf Dauer wirkungslos bleiben ohne subjektive Bereitschaft der Einzelnen zur Um- und Mitgestaltung (Rat von Sachverständigen für Umweltfragen 1994, 156). Erwartet wird, *Umweltbildung könne eine sozial-regulative Funktion der Senkung von Kosten*[2] übernehmen, und zwar sowohl der Kosten einer weiteren Inanspruchnahme von Umweltressourcen als auch derjenigen Kosten, die mit einer Umstellung von Gewohnheiten einhergehen.

---

2   So ist auch die vom Rat von Sachverständigen für Umweltfragen geforderte „stärkere Dynamisierung von Umweltpflichten des einzelnen" (Rat von Sachverständigen für Umweltfragen 1994, 14) zu verstehen. Gerade weil die Politik mit regulativen Vorgaben in der Regel nie einen optimalen Ausgleich zwischen ökologischem Risikoabbau und sozial-ökonomischen Risiken fixieren kann, sondern stetig an neue Erkenntnisse und Erfahrungen anpassen muß, sind die Steuerungen über reine Regulation begrenzt. Um Mißverständnissen und dem heute rasch erhobenen Vorwurf ökonomistischen Denkens wenigstens als Versuch entgegenzutreten, sei betont, dass mit Kosten nicht nur monetär zu erfassende Aufwendungen gemeint sind, sondern alles, was jemand als entgangenen Nutzen ansieht, der mit einer von ihm für notwendig erachteten oder von ihm geforderten Tätigkeit verbunden ist.

zur aufklärend-orientierenden Erwartung:

Diese ist eher subjektorientiert und zielt darauf, den Einzelnen zu befähigen, sich an der „ökologischen Kommunikation" (Luhmann 1986) der modernen Gesellschaft zu beteiligen, die Ursachen und Entwicklungsrichtungen der Krise zu verstehen, die dahinter liegenden Menschen- und Gesellschaftsbilder zu erkennen, begründet den umweltpolitischen Handlungsbedarf zu beurteilen sowie Risiken eines zu geringen Umweltschutzes, aber auch unerwünschte Nebenwirkungen von Umweltschutzmaßnahmen und -strategien beurteilen zu können.

zur utopisch-innovationsorientierten Erwartung:

Diese geht davon aus, dass im Rahmen pädagogischen Handelns ohne den Druck der in anderen Praxisfeldern der Gesellschaft wirksamen Handlungsregulative (wie Gewinnorientierung in der Wirtschaft, Wählerzuspruch in der Politik, kostengünstiges Haushalten im Alltag) Alternativen zur Gegenwart gesucht, durchdacht, entwickelt und in Ansätzen erprobt werden. Die pädagogisch orientierte Auseinandersetzung mit Realität gibt die Möglichkeit, Werte und Erwartungen, die einen leiten, bewusst zu durchdenken und Erfahrungen zu suchen, zum Teil auch zu machen, die in anderen Praxisfeldern zwar erwünscht sind, aber wegen der in ihnen herrschenden Handlungsbedingungen dort nicht zu Stande kommen. Pädagogisches Handeln kann so Irritationen in anderen Praxisfeldern erzeugen und das business as usual stören: Wer in der Schule über Konsumgewohnheiten aufgeklärt worden ist, funktioniert nicht wie der Idealverbraucher aus der Sicht des Anbieters. Wer gelernt hat, dass Grenzwerte nicht Ausdruck objektiv richtiger Erkenntnis, sondern politischer Bewertungen von Wissensgrenzen sind, der stört mit seinem Anspruch, mitzureden, eingefahrene Legitimationskartelle für politisches Handeln. Und hat sich Umwelterziehung im Bildungs- und Erziehungssystem erst einmal hinreichend etabliert, dann bleibt die Umweltkrise auch dann im öffentlichen Bewusstsein, wenn, aus welchen Gründen auch immer, Medien, Politik und Ökonomie ihr weniger Bedeutung zumessen. So wird Aufmerksamkeit erhalten, die in anderen gesellschaftlichen Praxisfeldern größeren konjunkturellen Schwankungen unterliegt.[3]

Die verschiedenen Erwartungen an die Umweltpädagogik sind weder gleichsinnig zu optimieren, noch sind sie konfliktfrei untereinander. Wer zu

---

3   Diese Funktion der Umweltbildung wird oft unterschätzt. Der heute viel zitierte Zweifel vieler Umweltpädagogen am Sinn ihre pädagogischen Bemühungen (z.B. Apel 1997, 43) hängt auch damit zusammen, dass sich die Erwartungen hauptsächlich auf eine enge Kopplung zwischen pädagogischen Intentionen und Handlungsfolgen richten.

sehr die sozial-regulative Funktion verfolgt, läuft Gefahr, die individuellen Entfaltungsmöglichkeiten einzuschränken und die nachwachsende Generation auf Handlungsmuster festzulegen, ehe sie überhaupt eigenständige Entscheidungen treffen konnte. Damit würde sich umweltpädagogische Kommunikation auflösen in Politik, Propaganda oder Manipulation. Wer zu sehr der Utopie frönt, läuft Gefahr, Lernenden Illusionen über die Gestaltbarkeit des sozialen Zusammenlebens zu machen. Und wer die aufklärend-orientierende Funktion in den Vordergrund stellt, dem wird man vorhalten können, vor lauter Problemorientierungen das umweltpraktische Handeln aus dem Auge zu verlieren.

Wie jede Erziehung, so ist auch Umwelterziehung als intentionale Einflussnahme auf die Entwicklung des Einzelnen pädagogisch nur zu rechtfertigen, wenn sie, eingebettet in Bildungsvorstellungen, dazu beiträgt, den Einzelnen zu befähigen, zunehmend selbständig, einsichtig, eigenverantwortlich und in einer dem Zusammenleben mit anderen dienlichen Weise zu handeln. Umwelterziehung darf daher nicht die direkte Manipulation von Verhalten, sondern nur die Befähigung zu einem Verhalten anstreben (vgl. Rost 1999, 214). Dazu gehört, Lernenden zu helfen, sich ein reflektiertes und altersangemessenes Urteil über Umweltrisiken, deren Ursachen sowie über erwünschte und unerwünschte Folgen von Umweltschutzmaßnahmen zu bilden und nach Maßgabe dieses Urteils zu handeln.

Versteht man unter Umweltbildung den Versuch, auf eine pädagogisch vertretbare Weise die Entwicklung von Wissen, Moral, Bedürfnissen und Fähigkeiten Lernender so zu beeinflussen, dass sie bereit und in der Lage sind, in ihrem gegenwärtigen und zukünftigen Handeln auch Anforderungen zu berücksichtigen, die als ökologisch wünschenswert gelten, dann gehört dazu auch die Auseinandersetzung mit Vorstellungen und Wissen über den Handlungsbedarf, über die Handlungsmöglichkeiten, über Erfolgsbedingungen des Handelns sowie über unerwünschte Nebenwirkungen des Handelns. Unbeschadet von Überlegungen über die Effektivität des Wissens für Veränderungen des Handelns ist diese aufklärende Dimension der Umweltbildung unverzichtbare Forderung einer pädagogischen Ethik.

2. Auch anthropologisch legitimierbar – belastbares Wissen anbieten

Wissen gilt heute als eine zunehmend bedeutsame Ressource sowohl für gesellschaftliche Innovationen (vgl. Deutsche UNESCO-Kommission 1997; Stock u.a. 1998, 65ff.) als auch für die Erhaltung und Erweiterung persönlicher Handlungsspielräume (vgl. Stehr 1991, 13ff.; ders. 1994, 520ff.). Ihm wird ein, für die evolutionsbiologische Perspektive ja nicht unwichtig, anthropologischer Rang zugeschrieben, wenn Wissen als die Weise angesehen wird,

„in der sich der Mensch orientiert" (Mittelstrass 1996, 12) oder, entsprechend, der Mensch als das Wesen gilt, „das sich Wissen schafft und in seiner Lebensform auf Wissen angewiesen ist" (ebd.; vgl. auch Nassehi 2000, 98).

Obwohl bereits frühe Veröffentlichungen Wissen als notwendige Komponente von Umwelterziehung herausgestellt haben (vgl. Eulefeld u.a. 1980), war es zeitweise schwierig, für die wissensorientierten Aufgaben der Umweltbildung hinreichend Gehör zu finden. Eine Ursachenanalyse dafür steht noch aus. Aber sicherlich dürfte dies mit der Einsicht zusammenhängen, dass bloße Fakten- und Sachverhaltskenntnisse und allgemeine Einsichten in den ökologischen Handlungsbedarf noch kein Umwelthandeln freisetzen. So besetzten zeitweise Konzepte das umweltpädagogische Handlungsfeld, die vor allem die Schulung der Sinne, Naturerlebnisse, emotionale Orientierungen und Werte- und Normenerziehung betonten.

Möglicherweise hat es mit der Ernüchterung über die mangelnde Wirksamkeit der Umwelterziehung, unter anderem auch der naturerlebnisbezogenen Ansätze, zu tun (vgl. Lange 2000, 52), dass sich eine Renaissance des Wissensbegriffs auch in der umweltpädagogischen Kommunikation abzeichnet.

Außerdem gewinnt die Einsicht Raum, dass die Unterschätzung des Wissens für Umwelthandeln auch mit einer unzureichenden Konzeption des Zusammenhangs von Wissen und Handeln einher ging. Dabei wurde der Wissensbegriff eher auf lexikalisch abrufbares Wissen reduziert; die Qualität des Wissens und der Kontexte, in denen es erworben wurde, fand dabei weniger Beachtung (vgl. Kaiser/Fuhrer 2000).

Dass die Fähigkeit, Abfallarten aufzusagen, Nadelbäume zu identifizieren, die Gewässergüte zu bestimmen oder auch das Wissen über den Schadensstand am deutschen Wald nicht dazu führen, im Alltag anders als gewohnt zu handeln, ist eigentlich nicht überraschend. Zwar soll hier soll nicht behauptet werden, Wissensorientierung sei eine Direttissima zum Umwelthandeln. Aber zu zeigen ist, dass Umweltbildung, die die Rolle des Wissens für Handeln unterschätzt, ihre Potenziale (2.2) nicht optimal ausschöpft.

Zugrunde gelegt wird dabei ein Verständnis von Wissen, das – mit Pöppel (2000) – zwischen implizitem, explizitem und bildlichem Wissen unterscheidet.

2.1   Verschiedene Arten des Wissens

„Implizites Wissen" (Pöppel 2000, 25) entspricht dem, was man auch als prozedurales Wissen, Know-how oder Handlungswissen (vgl. auch Reinmann-Rothmeier/Mandl 2000, 276) bezeichnet. Bewegungsabläufe, die man kaum beschreiben und die man durch Beschreiben nicht lernen kann, gehören ebenso dazu wie das „Gewohnheitswissen des Tages" (Pöppel 2000, 25), auf das man zur Bewältigung alltäglicher Aufgaben beiläufig zurückgreift.

Dieses Wissen, das sich im gekonnten Handeln ausdrückt, ist „Ich-nah" (ebd., 29). Es lässt sich durch Retrospektion teilweise erschließen, aber nur begrenzt kommunizieren und einem anderen mitteilen. Es sorgt dafür, dass wir an die individuelle Vernünftigkeit unserer Handlungsvollzüge glauben können: Man tut, was man kann und so, wie man es kann.

Von diesem Wissen lässt sich ein Wissen unterscheiden, das als begriffliches, explizites (ebd., 23) oder auch als deklaratives Wissen bezeichnet wird (auch: know-that, knowing what). Über dieses Wissen lässt sich Auskunft erteilen. Man kann es katalogisieren, in Bücher schreiben, auf anderen Trägern speichern und es sich von dort wieder zurückholen, wenn man es vergessen hat. Es bezieht sich auf das, was allen bekannt ist oder im Prinzip bekannt gemacht und in der Form von Information kommuniziert werden kann. Dies gelingt deshalb, weil und sofern explizites Wissen eher „Ich-fern" ist (ebd., 28).

Die intersubjektive Gültigkeit des expliziten Wissens macht die Möglichkeit gemeinsam geteilter Konstrukte erfahrbar. Sie ist damit Grundlage sowohl für Vertrauen in die an sich unwahrscheinliche Verlässlichkeit einer mit anderen geteilten Welt als auch für die Unterstellbarkeit einer für alle gültigen Vernunft.

Neben dem impliziten und expliziten Wissen führt Pöppel noch das bildliche Wissen (Sehen, Erkennen) mit den Unterkategorien Anschauungswissens, Erinnerungswissens und Vorstellungswissen an. Anschauungswissen wird aktiviert, wenn man Objekte bereits mit der Wahrnehmung als etwas Bestimmtes erkennt. So weiß man oft schon im Vollzug des Hörens und Sehens, um was es sich handelt, also was das Geräusch oder den optischen Eindruck verursacht. Ohne zu überlegen, identifiziert man zum Beispiel das geräuschvoll herannahende Objekt als ein Auto. Man ist sich dieses Objektes gewiss und man kann auch davon ausgehen, dass im Prinzip alle anderen (verständigen) Menschen dieses Objekt als das wahrnehmen, was es für einen selbst ist.

Voraussetzung für die erkennende Wirkung des Anschauungswissens ist wiederum Erinnerungswissen: Objekte der als Auto identifizierten Art kommen einem nicht als abstraktes Muster oder als Oberbegriff in den Sinn, sondern eingelagert in Ereignisse, Szenen, Abläufe. Und schließlich gehört zu dem bildlichen Wissen noch „Vorstellungswissen", das sich auf die topologischen Strukturen bezieht, mit denen man Objekte der Anschauung in Beziehung zueinander setzt, also geometrische Anordnungen, Raumaufteilungen usw. (vgl. ebd., 27f.).

Während die Komponenten Anschauungswissen und Erinnerungswissen eher Ich-nah eng an die persönlichen Erfahrungen und Assoziationen gebunden sind, ist Vorstellungswissen eher Ich-fern. Man kann davon ausgehen, dass auch andere die räumlichen Strukturen so wahrnehmen wie man selbst: vor, hinter, über, unter, weiter, näher etc. sind Eindrücke, von denen wir gewiss sind, dass wir sie mit anderen teilen. Daher setzt Vorstellungswissen uns „ins Bild" (ebd., 29).

Es ist sicherlich nicht allzu vereinfachend, bildliches Wissen mit seinen drei Komponenten dem nahe zu sehen, was andere als „Reflexionswissen" (Janich 2000, 119) oder als „Orientierungswissen" (Mittelstrass 1996, 123) bezeichnen. Dieses bezieht sich auf jenes Wissen, das hilft zu entscheiden, unter welchen Umständen, also wie, wann, für wen das, was man kann (implizites Wissen) und/oder ausdrücklich weiß (explizites Wissen), sinnvoll eingesetzt werden kann. Dazu sind nicht nur eigene Erfahrungen (Erinnerungswissen) und Anschauungswissen, sondern auch Vorstellungen über das, was man mit anderen gemeinsam hat (Vorstellungswissen), notwendig.

2.2   Zur Bedeutung des Wissens für die Umwelterziehung

a)   (explizites) Wissen dient der Verständigung

Wenn in einer Gesellschaft nachhaltige Produktionsweisen, Konsummuster und Distributionsmöglichkeiten nicht nur diskutiert, sondern auch faktisch vorangetrieben werden sollen, dann differenziert sich das Spektrum der Themen und Inhalte, die öffentlich Aufmerksamkeit finden, weiter aus. Neue Risiken fallen auf oder werden überhaupt erst geschaffen. Vertraute Orientierungen stehen in Frage, Eingriffe in gewohnte Lebensweisen sind zu rechtfertigen oder abzuwehren.

Jeder Mensch mag dabei Konstruktionen von der Welt aufgrund seines impliziten und bildlichen Wissens für sich alleine *haben*, aber niemand *ist* mit seinen Konstruktionen in einer Welt für sich allein. In den konstruierten Welten kommen andere vor, die ebenfalls ihre Welt konstruieren und mit gleichem Recht wie man selbst Entwürfe von der Welt hervorbringen.

Wohl kann man in seinen Realitätsentwürfen die Belastungen der Umwelt ignorieren und sich vorstellen, die Belastungen, die man selbst erzeugt, würden anderen nicht schaden. Aber wenn diese anderen die Vorstellung haben, sie würden doch davon beeinträchtigt, dann konkurrieren unterschiedliche Realitätsentwürfe um praktische Geltung, und dies in der Regel nicht unter den Bedingungen für herrschaftsfreie Diskurse. Soll die Konkurrenz verschiedener Konstrukte nicht durch Sozialdarwinismus, Zufall oder Schicksal entschieden werden, bleibt gar nichts anderes übrig, als sich mit den Realitätsinterpretationen anderer auseinander zu setzen. „Die einzige Chance für Koexistenz ist also die Suche nach einer umfassenderen Perspektive, einem Existenzbereich, in dem beide Parteien in der Hervorbringung einer gemeinsamen Welt zusammenfinden." (Maturana/Varela 1987, 264)

Zu Recht gelten daher die Auseinandersetzung mit den Vor- und Nachteilen unterschiedlicher Positionen, die man als Wissen über diese Positionen und ihre Menschen- und Gesellschaftsbilder zur Kenntnis nehmen kann, sowie die damit verbundene Fähigkeit zur „Übelabwägung" in Konfliktsituationen als eine Voraussetzung für „moralisch verantwortliches Handeln" (Rat von Sachverständigen für Umweltfragen 1994, 13; vgl. auch Baier 1999, 23f.).

Allerdings ist immer weniger damit zu rechnen, dass sich Verständigung über wünschenswerte Veränderungen ohne besondere Anstrengung quasi von selbst einstellt, gleichsam als Ergebnis einer versteckten Rationalität von Diskursen. Dazu ist die Basis kollektiv geteilten Wissens, gemeinsamer Werte sowie der Vorstellungen vom gelingenden Leben und der dazu notwendigen Voraussetzungen nicht (mehr) tragfähig genug. Das implizite und das bildliche Wissen ist zu breit gestreut – und diese Differenz nährt sich selbst:

Der gesellschaftliche Trend zur Individualisierung auf der einen Seite und die sachliche Komplexität von Umweltfragen auf der anderen Seite schaffen Kommunikationsvoraussetzungen, die sehr viel wahrscheinlicher Differenzen hervorbringen als Gemeinsamkeiten. Es gibt keine „in der Natur der Sache" liegende Verständigungsbasis über Schadensbewertungen, Handlungsnotwendigkeiten, Aufwand und Ertrag, weil bei der Beurteilung von handlungsrelevanten Risiken unter anderem Wahrnehmungsgewohnheiten, Interessen, gesellschaftspolitische Überzeugungen, Annahmen über die eigenen Einflussmöglichkeiten auf drohende Schäden sowie Kosten-Nutzen-Kalküle zum Ausdruck kommen (Luhmann 1991, 30f.; Wildavsky 1993, 207f.). So öffnet sich eine Schere zwischen wachsendem Verständigungsbedarf über den Einsatz knapper Ressourcen und abnehmender Wahrscheinlichkeit von Verständigung.

Entsprechend groß ist die Nachfrage nach Verständigung (*Bundesministerium für Umwelt, Naturschutz und Reaktorsicherheit* 1997, V; *Wissenschaftlicher Beirat der Bundesregierung Globale Umweltveränderungen* 1997, 316-322), die sich nicht zuletzt im wachsenden Interesse an diskursorientierten Verfahren auch zur Ermittlung und Bewertung von Umweltbeeinträchtigungen ausdrückt (van den Daele/Neidhardt 1996; Rat von Sachverständigen für Umweltfragen 1996, 65). Umweltbildung kann dabei die wichtige Rolle übernehmen, die Bereitschaft und Fähigkeit zur Verständigung zu erproben und zu fördern. Dafür sind *Lernarrangements* zu entwickeln, die dazu anregen, implizites und bildliches Wissen zu kommunizieren und deklarative Komponenten des Wissens zu stärken:

–   Gütekriterien für die Beurteilung der Umweltqualität verfügbar machen (ökologische Zusammenhänge, kurz- und langfristige Risikolagen, ästhetische Ansprüche)
–   Rahmenbedingungen erkennbar werden lassen, unter denen Umweltressourcen zu knappen Gütern und zum Gegenstand bewusster, vorsorgender Gestaltung werden (z.B. soziale und individuelle Voraussetzungen für die Entwicklung von Umweltbewusstsein, Wertewandel, Medieneinfluss)
–   die Fähigkeit zur Beurteilung umweltverbessernder Maßnahmen entwickeln (z.B. Kriterien für nachhaltige Entwicklung; Nutzen und Kosten von Umweltmaßnahmen, Nutzungskonflikte gegenüber der Umwelt)

– die Voraussetzungen für eine realistische Beurteilung individueller Handlungsmöglichkeiten verbessern (u.a. Reflexion und Prüfung von Wünschen und Bedürfnissen; Rahmenbedingungen für Konsum, Arbeit, Verkehrsmittelwahl; Erkundung und Reflexion eigener Gestaltungsmöglichkeiten in Verbänden, Parteien, Bürgerinitiativen, informellen Gruppen sowie im Alltag).

Diese Aufgaben zielen darauf, eine belastbare Basis für Verständigung zu schaffen: Wissen, auf das man sich einigen kann, weil es über den Moment hinaus Gültigkeit hat.

b)   verlässliches Wissen als Voraussetzung für dauerhaft erfolgreiches
       Handeln

Jedes [Umwelt]handeln beruht auf Vorstellungen von erwünschter Umweltqualität und auf Vorstellungen darüber, wie diese zu erreichen und welcher Aufwand dafür erforderlich sei. Solche Vorstellungen integrieren explizites, implizites und bildliches Wissen auf eine je individuelle Weise. In ihrer Summe, also umfassend bezogen auch auf andere Handlungsbereiche, die Orientierung verlangen, sind sie Ausdruck und Grundlage zugleich für die Selbstwahrnehmung des Handelnden als eine in Ansichten, Urteilen, Meinungen von anderen verschiedene Person. Allerdings können solche Vorstellungen mit Blick auf das angestrebte Ziel unterschiedlich zuverlässig sein.

Die bewusste Reflexion des eigenen Wissens in Auseinandersetzung mit dem, was man wissen könnte (explizites Wissen), ist zwar keine hinreichende Voraussetzung für Handeln, aber das Bemühen um zuverlässiges Wissen ist eine notwendige Voraussetzung, wenn die Erfolgschancen des Handelns erhöht werden sollen. Daher gilt belastbares Wissen als eine Ressource, die angemessenes Handeln zwar nicht garantiert, aber ermöglicht bzw. wahrscheinlicher macht, zum Beispiel im Bereich des Gesundheitsverhaltens (Renner/ Schwarzer 2000, 45f.) oder im Umweltschutz (Kaiser/Fuhrer 2000, 67).

c)   Wissen gegen Manipulierbarkeit

Nicht zuletzt erfordert Verständigung über Umweltrisiken auch deshalb zunehmend Aufwand, weil die Qualität der in den Massenmedien angebotenen Informationen recht unterschiedlich ist. Angesichts des Wettbewerbs um Marktanteile ist nicht damit zu rechnen, dass die kritisch-abwägende Analyse über die heute zu beobachtende Tendenz zur sensationellen, dabei vereinfachenden Aufbereitung von Umweltthemen Oberhand gewinnen wird. Das Bemühen um belastbares Wissen kann helfen, in einem zur effekthaschenden Vereinfachung neigenden Kommunikationsklima eine Basis für Verständigung zu sichern.

d)   Wissen gegen Ängste und Emotionalisierung

Stabiles und belastbares Wissen scheint den Umgang mit Ängsten zu erleichtern. Die Vermittlung kompetenten Wissens kann Ängste verringern und verunsicherten Personen Verhaltenssicherheit geben (Aurand/Hazard/Tretter 1993; Hurrelmann 1996, 89f.). Daher gilt die Vermittlung gründlichen Wissens, zum Beispiel über die Begründung von Grenzwerten, in der Angstprävention als „didaktische Aufgabe ersten Ranges" (Tretter 1993, 293). Und tatsächlich dürfte es für das individuelle Wohlbefinden nicht gleichgültig sein, ob jemand von Schadstoffen in der Nahrung gehört hat und Ungefähres über mögliche Schäden weiß oder ob jemand über ein belastbares Wissen verfügt, das auch Wahrscheinlichkeiten möglicher Schäden berücksichtigt.

e)   Weiteres Lernen grundlegen

Nicht zuletzt die Einsicht, Umwelthandeln werde ein dauerhaftes Erfordernis und eine lebenslange Anpassungsleistung bleiben, lässt einen frühen Aufbau von Wissen sinnvoll erscheinen. Wie die Lernforschung zeigt, hängt es von der Verfügbarkeit von Wissen in bestimmten Gebieten ab, wie gut es gelingt, auf einem Gebiet neues Wissen zu erwerben (vgl. Helmke/Schrader 1998, 25), sich neue Informationen zu merken (vgl. Weinert 1984, 12; Weinert 1994, 196ff.; Duit 1997, 233) und sie für die Lösung von Aufgaben produktiv zu verarbeiten (vgl. Weinert 1998, 115). Da es auch in Zukunft erforderlich sein wird, sich mit neuem Wissen über Umweltbelastungen, deren möglichen Folgen sowie Vorschlägen zur Reduzierung auseinander zu setzen, ist eine frühzeitige – lernende – Beschäftigung mit entsprechenden Wissensdomänen eine gute Voraussetzung, um den Einzelnen auf den zukünftigen Erwerb neuen Umweltwissens vorzubereiten.

3.   Problemlagen didaktisch verfügbar machen

Weil Umwelterziehung es mit Problemlagen zu tun hat, die zahlreiche Dimensionen des Zusammenlebens berühren, könnte eine auf Reflexion vorhandenen und Förderung weiteren Wissens orientierte und didaktisch entsprechend gestaltete Umwelterziehung viele andere Aufgaben von Bildung und Erziehung unterstützen. Umwelterziehung würde so weiter Kontur und didaktisches Gewicht gewinnen. Daher solle es als wichtige Zukunftsaufgabe und -perspektive der Umwelterziehung angesehen werden, die *Komplexität der von ihr aufgegriffenen Problemlagen didaktisch verfügbar zu machen.*
    Mit einer Ausarbeitung modellhafter, fächerübergreifender Unterrichtseinheiten ist diese Aufgabe nicht zu lösen, wie ein Rückblick auf knapp dreißig Jahre Umwelterziehung zeigt.

Trotz vielfältiger Vorschläge, praxiserprobter Anregungen und zahlreicher Modellversuche zur Umweltbildung ist es auch nach knapp drei Jahrzehnten umweltpädagogischer Kommunikation nicht zufrieden stellend gelungen, die Komplexität der mit Umweltfragen zusammenhängenden Sachverhalte in der Bildungspraxis zufrieden stellend abzubilden. Bemängelt wird zum Beispiel, es fehle in der Praxis bei einem Übergewicht eher naturbezogener Inhalte an ökonomischen und sozialwissenschaftlichen Inhalten (de Haan 1999, 78f.). Auch ein Mangel an technischen Inhalten wird konstatiert (vgl. Duismann/Plickat 1999, 199ff.).

So mag die Vernetzung von Umweltthemen mit vielfältigen Dimensionen des Zusammenlebens „im Alltag überall erfahrbar" (Reichel 1997, 28) sein, der „ökologische Diskurs" sich längst zu einem „gesellschaftspolitischen Diskurs" gewandelt haben (Rat von Sachverständigen für Umweltfragen 1996, 50). – Die Ausschöpfung *dieses didaktischen Potentials* scheitert weiterhin an fehlenden, in der Bildungspraxis ohne größeren Aufwand einsetzbaren Verfahren zur Bewältigung der sachlichen Komplexität von Umweltfragen.

Kausalattributiv inspirierte Verbesserungsstrategien scheinen sich als ungeeignet zu erweisen, dieses offenkundig hartnäckige Defizit (vor allem der schulischen) Umweltbildung abzubauen. Man kann, wie es häufig mit Bezug auf schulische Umweltbildung geschieht, die mangelnde fächerübergreifende Ausbildung von Lehrerinnen und Lehrern, den 3/4-Stunden-Rhythmus schulischen Lernens, fachdidaktische Egoismen und vieles mehr als Ursache dafür diagnostizieren, dass es nicht in ausreichendem Maße gelingt, den fächerübergreifenden Anspruch in die Praxis umzusetzen. An diese Diagnosen lassen sich dann jeweils entsprechende Therapieangebote anschließen: angehende Lehrerinnen und Lehrer schon in der frühen Phase des Studiums mit fächerübergreifenden Arbeitsweisen vertraut machen, das Fachstundenprinzip zugunsten projektorientierter oder anderer offenerer Rahmenbedingungen für Unterricht zurückdrängen, Schule und Unterricht öffnen usw.

Solche auf die Rahmenbedingungen zielende Kritik übersieht allerdings, dass Bildungspraxis (und zwar allgemein, nicht nur Schul- und Unterrichtspraxis) in ein Praxissystem eingebunden ist, das sich, wie andere Systeme auch, in seiner Umwelt durch spezifische Funktionen, Strukturen und Prozesse reproduziert. Die im Rahmen umweltpädagogischer Theoriebildung gut begründbaren Konzepte können in der Praxis nur dann erfolgreich sein, wenn Resonanzbedingungen des jeweiligen Praxissystems (hier Schul- und Unterrichtspraxis) ausreichend berücksichtigt werden.[4] Anderenfalls ist mit einer unendlichen Fortsetzung des immer gleichen Themas in Variationen zu rechnen: Die Kommunikation *über* die Praxis der Umweltbildung adressiert Ansprüche an die Praxis, die dort als unrealistisch und als Überforderung wahr

---

4   Erhellend dazu grundsätzlich, aus systemtheoretischer Sicht, immer noch Luhmann 1986, 40ff., und aus pädagogischer Sicht Berchtold/Stauffer 1997, vor allem 16ff. und 281ff.

genommen werden und zu den hinreichend bekannten Erscheinungsformen einer unproduktiven Theorie-Praxis-Kontroverse führen: trotziger Selbstbehauptungsanspruch gegenüber den als praxisfern wahrgenommenen „Theoretikern", Selbstüberforderung, Desinteresse auf Seiten der „Praktiker" und Kritik an mangelnder Innovationsbereitschaft und an fehlendem Engagement auf Seiten der „Theoretiker". Für die Weiterentwicklung der Umweltbildungspraxis sind derartige Kontroversen nicht dienlich.

Benötigt wird ein Planungs- und Entwicklungskonzept, das

- flexibel genug ist, um Umweltbildung auf die motivationalen, inhaltlichen und situativen Lernvoraussetzungen der jeweiligen Lerngruppe abzustimmen und so auch die impliziten und bildlichen Wissensbestände ansprechen kann
- es ermöglicht, erste Impulse, Einfälle, thematische Ideen sachangemessen zu verzweigen und so deklaratives Wissen fördert.

Es geht darum, das *didaktische Potential* der in der Umweltbildung kommunizierten Inhalte vielperspektivisch zu erschließen, ohne die beteiligten Lehrerinnen und Lehrer schon von Beginn an mit hohen Ansprüchen an fächerübergreifende Kompetenzen und an ihre Kooperationsbereitschaft und –fähigkeit zu konfrontieren.

Dafür wurde an anderer Stelle und bezogen auf die grundlegenden Bildungsaufgaben des (ebenfalls komplexen) Sachunterrichts das Modell der didaktischen Netze begründet und entwickelt (vgl. Kahlert 1998a,b).

4. Didaktische Netze knüpfen

Das Instrument eines didaktischen Netzes soll helfen, Sachverhalte und erste Ideen im Blickwinkel *belastbarer*, das heißt im umweltpädagogischen Kontext, *an den Erfordernissen von Nachhaltigkeit orientierter* Perspektiven zu entfalten.

Die Perspektiven grenzen sich weder scharf voneinander ab, noch können sie garantieren, einen Sachverhalt vollständig zu erschließen – und dies ist auch nicht ihre Funktion. Es geht nicht um die saubere Kategorisierung aller möglichen Aspekte, sondern darum, der Aufmerksamkeit bei der Entfaltung eines Themas verschiedene, theoretisch begründbare Richtungen zu geben und so „multiple Kontexte" (Gerstenmaier/Mandl 1995, 879) zu erschließen.

Ausschlaggebend für die Auswahl der Perspektiven, die in Zukunft noch weiter zu operationalisieren sind, ist ihre focussierende Wirkung auf Dimensionen des Zusammenlebens, die zur Beurteilung der Nachhaltigkeit von Entwicklungen bedeutsam sind.

- So focussiert die *naturwissenschaftliche Perspektive* die Aufmerksamkeit auf stoffliche und energetische Merkmale von Umweltbelastungen und auf die Definition von Schutz- und Gestaltungszielen (Informationen über Schadstoffe und andere Beeinträchtigungen wie Lärm und energiereiche Strahlung; gesundheitliche Auswirkungen; Stoff- und Energieströme in Ökosystemen; Reproduktionsraten für Ressourcen und Umweltmedien; Ökobilanzen, Leistungen und Grenzen von Verfahren zur Ermittlung von Schadens- und Risikopotentialen).
- Eng verbunden mit der naturwissenschaftlichen sowie mit der ökonomischen Perspektive ist die auf Herstellungs-, Distributions- und Entsorgungsverfahren gerichtete *technische Perspektive* (Belastungen durch heutige Technologien; Stoff- und Energiesparmöglichkeiten neuer Technologien; Bedingungen technologischer Innovationen; Kriterien für nachhaltige Technikentwicklung).
- Die (sozial-)*geographische Perspektive* zielt auf unterschiedliche lokale und regionale Entwicklungsbesonderheiten (klimatische Bedingungen; Boden- und Vegetationseigenarten; Siedlungsformen, Transportwege, regionale Stoff- und Wertkreisläufe).
- Unter der *ökonomischen Perspektive* rückt der Umgang mit knappen Ressourcen in den Horizont der Aufmerksamkeit (Zusammenhänge zwischen Wirtschaftswachstum und Umweltbelastung; Anreize zur Begünstigung umweltgerechterer Produktion, Transport und Konsum; Modelle zur Bewertung des Wirtschaftswachstums; Methoden und Berechnungen zur Erfassung der externen Kosten für Produktion und Distribution; Instrumente zur Internalisierung der Kosten).
- Die *soziologische Perspektive* focussiert die gesellschaftlichen Rahmenbedingungen sowie die sozialen Folgen individuellen Handelns (Ursachen der Umweltkrise; Merkmale für Lebensqualität; Leitbilder nachhaltiger Entwicklung; kulturelle und interkulturelle Eigenheiten der Risikowahrnehmung; Lebensstile; psycho-soziale Kosten der Umweltbelastung; Entwicklung von Wünschen und Bedürfnissen; Bedingungen und Folgen der Bedürfnisbefriedigung, Rolle der Medien).
- Die *politische Perspektive* fragt nach Strategien und Möglichkeiten der zielbezogenen Gestaltung des gesellschaftlichen Zusammenlebens (Möglichkeiten und Grenzen der Einflussnahme auf andere über Parteien, Bürgerinitiativen, Verbände, Einzelaktionen; freiwillige Maßnahmen und Verordnungen; Gesetze und andere administrative Zugriffe auf das Handeln umweltwirksamer Akteure; Interessenskollisionen; Möglichkeiten von Kompromissen für eine dauerhafte Entwicklung).
- Die *geschichtliche Perspektive* stellt Einsichten über Problemlösungen sowie über die Folgen unzureichenden Problembewusstseins in der Vergangenheit heraus (Beispiele für Umweltbelastungen in der Geschichte; kulturelle Traditionen, die eine nachhaltige Entwicklung begünstigen oder erschweren).

– Unter einer *ethisch-philosophischen Perspektive* wird die Frage nach der Sinnhaftigkeit des Lebens und nach der Verantwortung für das, was Menschen tun und lassen, gestellt (Verantwortung des Einzelnen vor Gott, anderen Menschen, anderen Lebewesen, späteren Generationen, vor sich selbst; inter- und intragenerationelle Gerechtigkeit; Grundsatzfragen der anthropozentrischen und ökozentrischen Ethik; Bedeutung von Freiheit, Toleranz, Gleichheit und Gerechtigkeit für ein Zusammenleben, das Ansprüchen der Nachhaltigkeit gerecht wird).

– Schließlich trägt die *ästhetische Perspektive* der Einsicht Rechnung, dass Menschen Umweltgegebenheiten auf unterschiedliche Weise wahrnehmen (Vergleich von Wahrnehmungsgewohnheiten; Ausdrucksformen für Unbehagen, für Sehnsüchte, Träume, Wünsche, Ängste; Auseinandersetzungen mit dem Einfluss technischer Medien auf die Wahrnehmung der Umwelt und des anderen Menschen).

Wie sich ein Themengebiet unter diesen Perspektiven ausdifferenzieren *kann*, zeigt exemplarisch Übersicht I. Betont sei, dass das didaktische Netz nicht darauf zielt, alle möglichen Aspekte zu bearbeiten oder gar eine „objektive" thematische Struktur offen zu legen. Vielmehr kommt es darauf an, das *didaktische Potential*, also die inhaltlichen Möglichkeiten eines interessierenden Themenbereichs zu erschließen. Damit wächst die Chance, die umweltpädagogische Kommunikation in multiple Perspektiven einzubinden, die teilnehmerorientiert vertieft werden können.

Unter dem Gesichtspunkt der Nachhaltigkeit berührt der Themenbereich „Wasser und Wasserversorgung" zum Beispiel unter anderem die Nutzung von Wasser. Aus einer soziologischen Perspektive kommen dabei unterschiedliche Nutzungsweisen ins Spiel (vgl. Übersicht I, Punkt 1). Von dort aus könnten aus einer geographischen Perspektive die meterologischen und geologischen Bedingungen für Wasservorräte angesprochen werden (Übersicht I, Punkt 2). Dann ließen sich ethische Fragen anstoßen wie zum Beispiel über die mit der Nutzung von Wasser verbundenen Beeinträchtigungen für andere Menschen (Punkt 3). In einer anderen Lerngruppe mit einem anderen Interessens- und Erfahrungshintergrund (also auch mit einem anderen impliziten und bildlichen Wissen) wäre es möglicherweise eher sinnvoll, im Anschluss an die aus naturwissenschaftlicher Perspektive behandelte Verdunstung (Übersicht I, Punkt a) auf die Bereitstellung von Trinkwasser einzugehen (technische Perspektive, Übersicht I, Punkt b) und dann die Versorgung mit Wasser als eine kommunale Aufgabe zu bearbeiten (vgl. Übersicht I, Punkt c).

Denkbar wären viele andere Entwicklungen der umweltpädagogischen Kommunikation zum Thema Wasser. Was sinnvoll und ergiebig ist, hängt von den konkreten Lernvoraussetzungen in der Lerngruppe ab. Eine objektive Sachstruktur gibt es für multiperspektivisch aufbereitete Themen ohnehin nicht. Und es ist auch nicht erforderlich, die gesamte Komplexität zu erfassen.

Wichtigstes Ziel ist die Entfaltung der Vielperspektivität von Problemen, mit
denen man es zu tun bekommt, wenn man über Umweltfragen kommuniziert.

5. Ausblick

Das Konzept der didaktischen Netze kann helfen, Basisanforderungen an die
Umweltbildung umzusetzen und ist für umweltpolitische sowie für lern-, pro-
fessions- und schultheoretische Überlegungen anschlussfähig. Die letzten drei
Eigenschaften könnten dazu beitragen, der Umweltbildung in der gegenwärtigen Diskussion um den Nutzen von (nicht nur schulischen) Bildungsein-
richtungen (Stichwort: Evaluation) neues Gewicht zu verschaffen.

Umweltpolitische Begründung: Didaktische Netze machen ein Themengebiet für „multiple Perspektiven" (Gerstenmaier/Mandl 1995, 879) verfügbar. Damit erleichtern didaktische Netze die Beachtung des Retinitätsprinzips
in der umweltpädagogischen Kommunikation, ein Prinzip, das als „entschei-
dende umweltethische Bestimmungsgröße" (Rat von Sachverständigen für
Umweltfragen 1994, 12) für den politischen Diskurs über Nachhaltigkeit be-
wertet wird. Sie machen zudem die „Netzwerke der Handlungsverflechtun-
gen" (Joas 1992, 343), in die Menschen in einer sich um Nachhaltigkeit be-
mühenden Gesellschaft eingebunden sind, didaktisch interpretierbar. Diese
Verflechtungen werden erfahrbar und bearbeitbar.

Professionalisierung des Lehrerhandelns: Didaktische Netze wirken als
Generierungsinstrument für Unterrichtsideen und als *Verfahren zur Unterstützung fächerübergreifender* Zusammenarbeit in Einrichtungen der institutionalisierten Bildung, vor allem in der Schule. Die Sachstruktur eines Thema
steht nicht fest, sondern wird mit Hilfe der jeweiligen Perspektiven von der
Kommunikationsgemeinschaft der Lehrenden und Lernenden konstruiert, abhängig vom impliziten, expliziten und bildlichen Wissen, den Interessen und
Erfahrungen, der jeweils Beteiligten. Die einzelnen Perspektiven erlauben den
am pädagogischen Prozess Teilnehmenden, ihre spezifischen Kompetenzen
und Sichtweisen zum Thema einzubringen. Sowohl in der Lehreraus- und -fort-
bildung als auch für die Entwicklung schulspezifischer Vorhaben bietet das
didaktische Netz eine Grundlage für die Absicherung der Zusammenarbeit,
nicht zuletzt auch deshalb, weil es durch die schrittweise Komplexi-
tätssteigerung dem Gefühl der Überforderung vorbeugen kann. Man beginnt
mit einzelnen Perspektiven und sammelt nach und nach, welche Inhalte unter
den anderen Perspektiven noch einzubeziehen sind. Dies kann zunächst als
perspektivenorientiertes Brainstorming beginnen, bei dem die Teilnehmenden
ihre individuellen fachlichen Kompetenzen und Interessen einbringen. Je nach
Bedarf und Notwendigkeit lassen sich dann einzelne Aspekte gezielt vertiefen.

Berücksichtigung umweltpädagogischer Anforderungen: Weil sich im didaktischen Netz zunächst einzelne Aspekte des Themas sammeln, ohne dass bereits eine verbindliche Struktur bei der Behandlung vorgegeben ist, kann dieses Planungsinstrument den in der Umweltbildung verbreiteten Anforderungen wie Problemorientierung, Situations- und Handlungsorientierung Impulse geben. Die Entfaltung des Netzes zeigt, wie ein situativ entstandenes Interesse oder eine problemorientierte Fragestellung weitergeführt werden kann und welche Handlungsmöglichkeiten mit dem Thema eröffnet werden.

Lerntheoretischer Bezug: Die Behandlung einzelner Sachverhalte ist in „multiple Kontexte" (Gerstenmaier/Mandl 1995, 879) eingebettet, was die Chance erhöht, dass das jeweils erworbene Wissen nicht träge bleibt, sondern auch auf andere Bereiche übertragen werden kann (ebd.; siehe auch Gräsel 1999).

Schultheoretischer Bezug: Didaktische Netze können die Zusammenarbeit mit außerschulischen Einrichtungen fördern und geben somit Impulse für eine Vernetzung schulischer Umweltbildung mit anderen Institutionen. Die Erschließung des Themas im didaktischen Netz wirft Fragen auf, zu deren Behandlung unterschiedliche Experten herangezogen werden. Damit schaffen didaktische Netze Anknüpfungsmöglichkeiten für die gezielte Suche nach Kooperationspartnern und für die Öffnung von Schule.

Auch didaktische Netze als Instrument zur Förderung der Zusammenarbeit und zur Entfaltung von Perspektiven garantieren nicht, dass Umweltbildung gelingt. Aber sie erhöhen die Chance, dass Perspektiven des Einzelnen sich erweitern, neue Gesichtspunkte in den Horizont gelangen und Wissen situiert und unter Berücksichtigung sozialer, ökonomischer und ökologischer Dimensionen erworben wird. So ist mit ihnen die Hoffnung verbunden, dass sie dazu beitragen das eingangs diskutierte Spannungsfeld zwischen außen- und innengeleiteten Handlungsregulationen zu Gunsten von Einsicht und Vernunft zu beeinflussen.

Nicht zuletzt eröffnet das Instrument für die umweltpädagogische Forschung neue Perspektiven:

Zum einen wird es darum gehen, in Zusammenarbeit mit einschlägigen Fachdisziplinen die im didaktischen Netz verknüpften Perspektiven weiter zu klären. Hier ließe sich an ein Delphie-Verfahren denken, an dem sowohl Experten aus Fächern, aus Fachdidaktiken und aus der Umweltpädagogik beteiligt wären. Ziel des Delphie-Verfahrens wäre es, die Bedeutung der Perspektiven für eine angemessene Entfaltung von Umweltthemen zu prüfen und ggfs. die Perspektiven zu konturieren, zu modifizieren und zu ergänzen.

Ein zweiter Forschungsstrang zielt auf Evaluation des Modells. Dabei würde eine eher formativ orientierte Evaluation (vgl. Bortz/Döring 1995, 106f.) Bildungspraktiker (z.B. Lehrerinnen und Lehrer) als Experten ansprechen, die die Implementierung in den Planungsalltag begleiten und vor allem die Nützlichkeit einzelner Perspektiven sowie die Handhabbarkeit des Modells im (schulischen) Bildungsalltag beurteilen würden. Denkbar und machbar ist aber auch eine hypothesenprüfende Evaluation: Bei Bildung geeigneter Kontroll- und Experimentalgruppen ließe sich prüfen, ob die mit dem didaktischen Netz erarbeiteten Projekte, Planungsergebnisse und Unterrichtsideen die heute für wichtig gehaltenen Kriterien für nachhaltiges Lernen, wie multiple Kontexte, Situationsbezug, Bedeutungsnähe, stärker entsprechen als andere Planungen. Damit wäre ein wichtiger Schritt getan, didaktische Entwicklung mit begleitender Forschung zu verknüpfen.

Literatur

Apel, Heino (1997): Ein neues Konzept zur falschen Zeit. Bildung zur Nachhaltigkeit. In: Politische Ökologie, Nr. 51, 41-45.

Aurand, Karl/Hazard, Barbara/Tretter, Felix (Hrsg.) (1993): Umweltbelastungen und Ängste, Westdeutscher Verlag: Opladen.

Baier, Hans (1999): Die Schule im Schulgarten. Zum Verhältnis Umwelterziehung, Schule und Schulgarten. In: Baier u.a., a.a.O., 15-33.

Baier, Hans/Gärtner, Helmut/Marquardt-Mau, Brunhilde/Schreier, Helmut (Hrsg.) (2000): Umwelt, Mitwelt, Lebenswelt im Sachunterricht. Klinkhardt: Bad Heilbrunn.

Berchtold, Christoph/Stauffer, Martin (1997): Schule und Umwelterziehung. Eine pädagogische Analyse und Neubestimmung umwelterzieherischer Theorie und Praxis. Lang: Bern.

Bortz, Jürgen/Döring, Nicola (1995): Forschungsmethoden und Evaluation. Berlin u.a.: Springer

Bundesminister für Umwelt, Naturschutz und Reaktorsicherheit (Hrsg.) (1997): Aktionsprogramm Umwelt und Gesundheit, Bonn.

Daele van den, Wolfgang/Neidhardt, Friedhelm (Hrsg.) (1996): „Regierung durch Diskussion" – Über Versuche, mit Argumenten Politik zu machen. In: dies. (Hrsg.): Kommunikation und Entscheidung. Politische Funktionen öffentlicher Meinungsbildung und diskursiver Verfahren. Edition Sigma: Berlin, 9-50.

Deutsche UNESCO-Kommission (Hrsg.) (1997): Lernfähigkeit: Unser verborgener Reichtum. Luchterhand: Neuwied u.a.

Duismann, Gerhard H./Plickat, Dirk (1999): Umwelt und Lebenswelt ohne Technik? In: Baier u.a., a.a.O., 195-212.

Duit, Reinders (1997): Alltagsvorstellungen und Konzeptwechsel im naturwissenschaftlichen Unterricht – Forschungsstand und Perspektiven für den Sachunterricht in der Primarstufe. In: Köhnlein, Walter /Marquardt-Mau, Brunhilde /Schreier, Helmut (Hrsg.): Kinder auf dem Weg zum Verstehen. Klinkhardt: Bad Heilbrunn, 233-246.

Eulefeld, Günter/Bolscho, Dieter/Puls, Werner/Seybold, Hansjörg (1980): Umweltunterricht in der Bundesrepublik Deutschland 1980. Stand im Primarbereich und in der Sekundarstufe I. Aulis: Köln.

Gerstenmaier, Jochen/Mandl, Heinz (1995): Wissenserwerb unter konstruktivistischer Perspektive. In: Zeitschrift für Pädagogik 41, 867-888.

Gräsel, Cornelia (1999): Die Rolle des Wissens beim Umwelthandeln – oder: Warum Umweltwissen träge ist. In: Unterrichtswissenschaft 27, Nr. 3, 196-212.

Hahn de, Gerhard (1999): Von der Umweltbildung zur Bildung für Nachhaltigkeit. In: Baier u.a., a.a.O., 75-102.

Helmke, Andreas/Schrader, Friedrich-Wilhelm (1998): Entwicklung im Grundschulalter. In: Pädagogik, Nr. 6, 24-28.

Hurrelmann, Klaus (1996): Angstbesetzte Risikowahrnehmung bei Kindern und Jugendlichen. In: de Haan, Gerhard (Hrsg.): Ökologie Gesundheit Risiko. Perspektiven ökologischer Kommunikation. Akademischer Verlag: Berlin, 79-93.

Janisch, Peter (2000): Was ist Erkenntnis? München.

Joas, Hans (1992): Die Kreativität des Handelns. Suhrkamp: Frankfurt am Main.

Kahlert, Joachim (1998a): Didaktische Netze knüpfen. Ideen für die thematische Strukturierung fächerübergreifenden Unterrichts. In: Duncker, Ludwig/Popp, Walter (Hrsg.): Über Fachgrenzen hinaus, Band II. Dieck: Heinsberg, 12-34.

Kahlert, Joachim (1998b): Grundlegende Bildung im Spannungsfeld zwischen Lebensweltbezug und Sachanforderungen. In: Marquardt-Mau, Brunhilde/Schreier, Helmut (Hrsg.): Grundlegende Bildung im Sachunterricht. Klinkhardt: Bad Heilbrunn, 67-81.

Kaiser, Florian/Fuhrer, Urs (2000): Wissen für ökologisches Handeln. In: Mandl, Heinz/Gerstenmaier, Jochen (Hrsg.): Die Kluft zwischen Wissen und Handeln. Empirische und theoretische Lösungsansätze. Hogrefe: Göttingen u.a., 52-71.

Lange, Hellmuth (2000): Das Leitbild der Nachhaltigkeit als Schlüssel zum Umwelthandeln. In: Heid u.a., a.a.O., 51-66.

Luhmann, Niklas (1986): Ökologische Kommunikation. Westdeutscher Verlag: Opladen.

Luhmann, Niklas (1991): Soziologie des Risikos. De Gruyter: Berlin/New York.

Maar, Christa/Obrist, Hans Ulrich/Pöppel, Ernst (Hrsg.) (2000): Weltwissen, Wissenswelt. DuMont: Köln.

Mandl, Heinz/Gerstenmaier, Jochen (Hrsg.) (2000): Die Kluft zwischen Wissen und Handeln. Empirische und theoretische Lösungsansätze. Hogrefe: Göttingen.

Maturana, Humberto/Varela, Francisco (1987): Der Baum der Erkenntnis. Scherz: Bern/München/Wien.

Mehl, Ulrike (1997): Gesamtkonzept fehlt. Ohne Umweltbildung keine nachhaltige Entwicklung. In: Politische Ökologie, a.a. O., 58f.

Mittelstrass, Jürgen (1996): Leonardo-Welt. Über Wissenschaft, Forschung und Verantwortung, 2. Auflage. Suhrkamp: Frankfurt am Main.

Nassehi, Armin (2000): Von der Wissensarbeit zum Wissensmanagement. Die Geschichte des Wissens ist die Erfolgsgeschichte der Moderne. In: Maar u.a., a.a.O., 97-106.

Pöppel, Ernst (2000): Die Welt des Wissens – Koordinaten einer Wissenswelt. In: Maar u.a., a.a.O., 21-39.

Rat von Sachverständigen für Umweltfragen (SRU) (1994): Umweltgutachten 1994. Stuttgart.

Rat von Sachverständigen für Umweltfragen (SRU) (1996): Umweltgutachten 1996. Zur Umsetzung einer dauerhaft-umweltgerechten Entwicklung. Metzler/Poeschel: Stuttgart.

Reichel, Norbert (1997): Agenda 21 als Impuls. Von der Umweltbildung zur Bildung für nachhaltige Entwicklung. In: Politische Ökologie, 15, Heft 51, 27-32.

Reinmann-Rothmeier, Gabi/Mandl, Heinz (2000): Wissensmanagement im Unternehmen. Eine Herausforderung für die Repräsentation, Kommunikation und Nutzung von Wissen. In: Maar u.a., a.a.O., 271-282.

Renner, Britta/Schwarzer, Ralf (2000): Gesundheit: Selbstschädigendes Handeln trotz Wissen. In: Mandl/Gerstenmaier, a.a.O., 26-50.

Reusser, Kurt/Reusser-Weyeneth, Marianne (Hrsg.) (1994): Verstehen. Psychologischer Prozess und didaktische Aufgabe. Huber: Bern u.a.

Rost, Jürgen (1999): Was motiviert Schüler zum Umwelthandeln. In: Unterrichtswissenschaft 27, Nr. 3, 213-231.

Stehr, Nico (1991): Praktische Erkenntnis. Suhrkamp: Frankfurt am Main.

Stehr, Nico (1994): Arbeit, Eigentum und Wissen. Suhrkamp: Frankfurt am Main.

Stock, J. u.a. (1998): Potentiale und Dimensionen der Wissensgesellschaft – Auswirkungen auf Bildungsprozesse und Bildungsstrukturen. Prognos AG und Infratest Burke: München/Basel.

Tretter, Felix (1993): Ängste um Umwelt und Gesundheit. In: Aurand/Hazard/Tretter, a.a.O., 271-297.

Weinert, Franz E. (1984): Metakognition und Motivation als Determinanten der Lerneffektivität: Einführung und Überblick. In: Weinert/Kluwe a.a.O., 9-23.

Weinert, Franz E. (1994): Lernen lernen und das eigene Lernen verstehen. In: Reusser/Reusser-Weyeneth, a.a.O., 183-206.

Weinert, Franz E. (1998): Neue Unterrichtskonzepte zwischen gesellschaftlichen Notwendigkeiten, pädagogischen Visionen und psychologischen Möglichkeiten. In: Bayerisches Staatsministerium für Unterricht, Kultus, Wissenschaft und Kunst (Hrsg.): Wissen und Werte für die Welt von morgen. München, 101-125.

Weinert, Franz E. /Kluwe, Rainer H. (Hrsg.) (1984): Metakognition, Motivation und Lernen. Kolhammer: Stuttgart u.a.

Wildavsky, Aaron (1993): Vergleichende Untersuchung zur Risikowahrnehmung: Ein Anfang. In: Bayerische Rück (Hrsg.): Risiko ist ein Konstrukt. Wahrnehmungen zur Risikowahrnehmung. München, 191-212.

Wissenschaftlicher Beirat der Bundesregierung Globale Umweltveränderungen (Hrsg.) (1997): Welt im Wandel. Wege zu einem nachhaltigen Umgang mit Süßwasser. Jahresgutachten 1997, Heidelberg.

Übersicht I: Beispiel eines didaktischen Netzes

naturwissen-schaftliche Perspektive

- Verdunstung, Kondensation, Niederschläge (a)
- feste, flüssige und gasförmige Stoffe
- Wasser als Lebens-grundlage
- Verschmutzungen von Wasser
- Wirkungen ausgewählter Schadstoffe ...

technische Perspektive

- Bereitstellung von Trink-wasser (b)
- einfache Reinigungs-verfahren
- Exkursion zu einem Was-serwerk ...

soziologische Perspektive

- Nutzung von Wasser (als Trink-wasser, Abwasser, Freizeit, Transport, Lebensraum) (1)
- Nutzungskonflikte
- Versorgung mit Wasser als kommunale Aufgabe (c)
- Zugänge zu Ufern und Gewäs-sern
- soziales Leben am Wasser ...

wirtschaftliche Perspektive

- Kosten der Wasserversorgung
- Preise für Trinkwasser und Ab-wasser im Vergleich
- Wasserverschmutzung als soziale Kosten
- Bedürfnis nach Wasser und Bedürfnisse nach Getränken ...

Themenschwerpunkt:

Wasser und Wasserbelastung

politische Perspektive

- Regeln für die Wassernutzung
- Vereinbarungen und Kontrollen
- Einflussmöglichkeiten zur Ver-besserung der Wasserqualität ...

ästhetische Perspektive

- Erlebnisse mit Wasser
- Stimmungen am Wasser
- Musik über/zum Wasser
- Wasserszenen malen, gestalten ...

geographische Perspektive

- Klimazonen und Niederschläge (2)
- Wasserknappheit in ausge-wählten Regionen der Erde
- Lebensbedingungen in ausge-wählten Regionen
- geologische Bedingungen für Quellen und Wasservorräte ...

geschichtliche Perspektive

- Wasserversorgung früher
- Fallstudien über Wasserver-schmutzungen
- Umweltbelastungen durch Färber und Gerber
- Bewässerungskulturen ...

ethische Perspektive

- Nutzung von Wasser und Stö-rungen anderer Menschen (3)
- Bedrohung anderer Lebewesen
- Wasserreichtum hier und Wasserknappheit anderswo ...

Thomas Mohrs

*Un*fit für Nachhaltigkeit?
„Bildung für nachhaltige Entwicklung" und die „Erblast unserer Gene"

„Nachhaltigkeit" – wozu eigentlich?

Versteht man unter „Nachhaltigkeit" „eine Entwicklung, bei der die natürlichen Grundlagen so erhalten bleiben, dass die Lebensverhältnisse der heutigen Generation zumindest qualitativ auch für die kommenden Generationen als Angebote bestehen bleiben" (vgl. Küng, 1999, 361; entspr. Luks, 2000, 13; van Dieren, 1995, 105ff.; Bolscho/Seybold, 1996, 64ff.)[1], dann stellt sich in der Tat die Frage, *wieso* dies eigentlich der Fall sein soll oder muss. Eine Selbstverständlichkeit ist dies nämlich keineswegs. Jedenfalls „folgt" aus dem Faktum, dass dann, wenn es nicht zu einem wirklichen Umdenken in der Umweltpolitik und einem echten Bewusstseinswandel vor allem in den hochindustrialisierten Staaten der Erde kommen sollte, mit ökologischen Katastrophen ungeahnten Ausmaßes zu rechnen ist, man also davon ausgehen kann, dass der Verzicht auf „Nachhaltigkeit" zumindest mit massiven Einschränkungen der Lebensqualität zukünftiger Generationen einhergehen wird, wenn nicht sogar mit der Zerstörung ihrer Lebensgrundlagen, *logisch* keineswegs per se ein Zwang oder eine moralische Pflicht zur Nachhaltigkeit. Eine solche „Folgerung" wäre logisch nichts weiter als ein naturalistischer Fehlschluss. Außerdem, was soll's: „Nach uns die Sintflut!"[2]

Offensichtlich hat man es also bei der Forderung nach Nachhaltigkeit – und damit auch bei derjenigen nach einer auf ein Nachhaltigkeits-Bewusstsein

---

1   Zur kritischen Diskussion des Begriffs als „Plastikwort, als Passepartout- oder gar Scharlatanvokabel" siehe Vorholz, 2000, 32.

2   Vgl. die Argumentation bei Küng, 1999, 362: „Soll ich mich hier und heute um das Schicksal zukünftiger Generationen sorgen? Oder habe ich nicht schon der Sorgen genug und ist es mir deshalb egal, wie es späteren Generationen ergeht: ‚Was kümmern mich verödete Landschaften – anderswo? Was der Artenschwund – solange mein Garten und mein Hund am Leben bleiben? Was die klimatischen Veränderungen – die doch erst im Jahre 2000 plus x die Ozeane steigen lassen?' Warum soll dies kein Standpunkt sein: ‚Hauptsache, ich lebe gut und treibe, was mir Spaß macht.' Dies entspricht doch durchaus dem Standpunkt heutiger psychologischer ‚correctness': ‚Auf die Selbstverwirklichung kommt alles an! Warum sich kümmern um die anderen und erst recht die Nachgeborenen?'"

abzielenden Umweltbildung – primär nicht mit einer Frage der Logik oder der empirischen Wissenschaft zu tun, sondern mit einer höchst originären Frage der Ethik oder aber einer Politik, die bereit ist, sich an ethischen Maßstäben zu orientieren – etwa am ethischen „Leitbild der intergenerativen Gerechtigkeit" (Luks, 2000, 14). Hans Küng stellt also völlig zurecht fest: „Nachhaltigkeit ist ,weder ein ökonomisches, noch ein ökologisches, nicht einmal ein wissenschaftliches Konzept, sondern eine *ethische Forderung*'" (Küng, 1999, 361). Doch wenn dies so ist, dann stellt sich unweigerlich auch „die Frage nach der Begründung dieser ethischen Forderung" (Küng, 1999, 361). Aber mit dieser Frage nach der Begründung ethischer Forderungen und Normen stehen wir ganz unmittelbar vor einem weiteren fundamentalen Problem, mit dem jede Ethik unweigerlich konfrontiert wird (und dem hier mein Hauptaugenmerk gelten soll) – nämlich mit dem Adressaten-Problem. Ethische Forderungen und Normen sind nun einmal adressiert an real existierende Menschen, die diesen Forderungen Folge leisten, die Normen in ihrem Planen, Handeln und Verhalten beachten *sollen*. Und für jeden, der nicht nur an der Begründung einer *in sich* schlüssigen und auch sachlich angemessenen, sondern darüber hinaus an der Begründung einer *praktikablen* Ethik interessiert ist, muss es daher von größtem Interesse sein, wie dieser Adressat beschaffen ist, an den sich die ethischen Forderungen und Normen richten sollen. Mit anderen Worten: Eine praktikable – und insofern auch „realistische" – Ethik setzt eine möglichst solide anthropologische Fundierung voraus. Denn was nützt es, Menschen mit „eigentlich" vernünftigen Forderungen und Lösungsvorschlägen zu konfrontieren, die jedoch praktisch von ihnen nicht lebbar sind, weil sie nicht menschen-gerecht sind, ihre Adressaten und Adressatinnen überfordern, so dass diese sich beengt und bedroht fühlen? Was Menschen in aller Regel tun, wenn sie solchen hypertrophen Forderungen und Ansprüchen ausgesetzt werden, ist schließlich hinlänglich bekannt: Diese werden ignoriert, missachtet, verwässert oder „durch Korruption unterlaufen" (Mohr, 1993, 22).[3] Der Gedanke des „ultra posse nemo obligatur" impliziert also gewissermaßen eine ökonomische Mahnung an den praktischen Ethiker oder die praktische Ethikerin, stets genau darauf zu achten, auf welchem „Material" er oder sie das fragliche Ethik-Gebäude errichten wollen.[4]

---

3   Vgl. entspr. Voland, 2000, 145: „Wir Alltagsmenschen verfügen einfach nicht über die Gelassenheit der Heiligen, große persönliche Opfer in Kauf zu nehmen, wenn deren Nutzen von anderen unbeschwert genossen wird".

4   Die Forderung nach der möglichst soliden anthropologischen Fundierung einer (Umwelt-)Ethik stellt meines Erachtens keinen naturalistischen Fehlschluss von einem gegebenen Sein (nämlich dem „So und so"-Sein des Ethik-Adressaten) auf ein Sollen (dieses „So und so"-Sein bei der Ethik-Begründung und -Ausarbeitung zu berücksichtigen) dar. Denn es handelt sich hier nicht um einen logischen Schluss, sondern um eine Klugheitserwägung, die keinen anderen epistemologischen Anspruch erheben kann als den der konzeptuellen Überzeugungskraft bzw. der Plausibilität. Es bleibt

In diesem Sinne möchte ich im Folgenden einige der Grundannahmen der modernen Soziobiologie im Sinne von theoretischen Prämissen oder Arbeitshypothesen vorstellen und deren Konsequenzen für die Idee der „Bildung für nachhaltige Entwicklung" vor dem Hintergrund der einfachen Feststellung diskutieren, dass „naturethische Einsichten allein [nicht] genügen ..., um vom Erkennen der Wünschbarkeit oder Notwendigkeit des Naturschutzes auch zu verantwortlichem Handeln gegenüber der Natur zu gelangen" (Engels, 2000, 43).

Grundannahmen des soziobiologischen Menschen-Modells

1. Die wichtigste Grundhypothese der Soziobiologie lautet, dass die Evolutionstheorie – zumindest in ihren Kernaussagen – „wahr" ist, was nicht zuletzt heißt, dass schlechterdings *alle* auf der Erde lebenden Organismen unter der Regie der „großen Baumeister" Mutation und Selektion im Verlaufe eines vollständig natürlichen und vollständig natürlich erklärbaren Prozesses der *Selbstorganisation ohne übergeordneten Macher* entstanden sind. Und die allermeisten Eigenschaften der Organismen stellen mehr oder minder adaptive Anpassungsleistungen an die Überlebensbedingungen der jeweils bewohnten ökologischen Nische dar. Auch die Spezies „homo sapiens" ist mit all ihren Systemeigenschaften wie Sprache, Vernunft, Moralität und Sittlichkeit nicht mehr und nicht weniger als alle anderen irdischen Organismen ein *Produkt der Evolution*. Auch Sprache, Vernunft und das, was wir „Moral" nennen, stellen demzufolge Anpassungsleistungen dar, die (zumindest bisher) zum Erfolg unserer Spezies im evolutionären Seinskampf, dem berühmt-berüchtigten darwinschen „struggle for survival" beigetragen haben.

2. Dabei ist besonders hervorzuheben, dass wir aufgrund der Langsamkeit, mit der evolutionäre Prozesse auf der biogenetischen Ebene stattfinden, davon ausgehen können – oder besser: müssen –, dass sich die genetische Ausstattung des heute lebenden Menschen von der seiner Vorfahren im Neolithikum praktisch nicht unterscheidet. Plakativer ausgedrückt: Wir sind genetische Steinzeitmenschen, und dementsprechend sind auch unsere genetisch implementierten Verhaltensdispositionen steinzeitlich, sind strategische Anpassungsleistungen an Lebens- und Überlebensbedingungen, wie sie vor 30.-40.000 Jahren herrschten (vgl. Vollmer, 2000, 6).

3. Die soziobiologische These vom *Gen-Egoismus* besagt, dass nicht die Individuen und auch nicht die Art oder die Gruppe die ihren Nutzen ma-

---

dem Ethiker oder der Ethikerin selbstverständlich unbenommen, Ethiken ohne jede Berücksichtigung des Adressaten-Problems zu begründen.

ximierenden „Subjekte" im großen Evolutions"spiel" sind, sondern letztlich nur die Gene, da diese im Gegensatz zu Individuen und auch Gruppen wesentlich langlebiger sind und sich über hinreichend lange Zeiträume mit ausreichender Genauigkeit replizieren. Wenn also Eltern für ihre
Kinder sorgen, Geschwister einander helfen, Verwandte sich unterstützen
(der Nepotismus ist wohl nicht von ungefähr ein in aller Welt verbreite-
tes, kulturinvariantes Phänomen), so handeln sie aus soziobiologischer
Sicht nur in einem uneigentlichen Sinne altruistisch, da alle diese Verhaltensweisen insofern „egoistisch" – nämlich gen-egoistisch – sind, als
sie dem Nutzen der Gene dienen, die Verwandte in unterschiedlichen
Graden gemeinsam haben. Und der Gesamtnutzen, der aus den verschiedenen, teilweise egoistischen, teilweise aber eben auch prosozialen oder
„altruistischen" Verhaltensweisen der Mitglieder eines Gen-Pools resultiert, wird als „inclusive fitness" bezeichnet.

4. Mit diesen Vorstellungen vom Gen-Egoismus und der inclusive fitness
geht eine weitere Einsicht der Soziobiologen einher, die für Fragen der
Ethik von höchster Relevanz ist. Diese Einsicht lautet, dass der Mensch
von seiner Natur her als familiares und Kleingruppenwesen ursprünglich
für ein Leben und Überleben in individualisierten face-to-face-Verbänden
geschaffen ist. Dies bedeutet zwar zum einen, dass jeder Mensch ein soziales Lebewesen ist, genetisch ausgestattet mit der Fähigkeit und der
Neigung zu prosozialem, „altruistischem" Verhalten gegenüber den Mitgliedern der „Ingroup". Denn Mitglieder meiner „Ingroup" sind – jedenfalls bei der ursprünglichen familiären Lebensweise der Menschen – zugleich Träger meiner Gene, so dass jede „altruistische" Tat, die ich einem
Mitglied meiner Ingroup angedeihen lasse, zugleich meinen Genen zu-
gute kommt, also letztlich gar nicht selbst-los ist, sondern eben gen-
egoistisch. Genau deshalb neigen wir aber – dies ist die Kehrseite der
Medaille – gegenüber den Angehörigen von „Outgroups", sofern sie uns
irgendwie ins Gehege kommen, natürlicherweise zu Misstrauen, Ableh-
nung und verschiedensten Formen der Aggressivität, wenn wir eigene
Interessen durch die „Fremden" bedroht oder gefährdet sehen. Ansonsten
sind diese Outgroups in sozialer oder gar moralischer Hinsicht für uns
nicht relevant – deren Mitglieder gehen uns schlechterdings nichts an.

5. Dem naheliegenden Einwand, dass wir Menschen uns doch evidenterma-
ßen auch gegenüber genetisch nicht-verwandten Angehörigen unserer
Spezies „altruistisch" verhalten können, begegnen die Soziobiologen mit
dem Argument des sogenannten „reziproken Altruismus". Dieses besagt
zum einen, dass die Grenzen unserer ursprünglichen Ingroups, die dek-
kungsgleich mit den Grenzen unserer *natürlichen* „Moral"fähigkeit sind,
dehnbar sind, wir also in diesem Sinne den „sozialen Mesokosmos"[5] sehr
wohl verlassen und dementsprechend auch genetisch nicht verwandte

---

5   Vgl. zu diesem zentralen Begriff der Evolutionären Ethik Vollmer, 2000, 6f.

Menschen in den Geltungsbereich unserer „Altruismus"-Bereitschaft ein-beziehen können. Allerdings sind hier zwei wesentliche Einschränkungen zu beachten: Erstens sind die ursprünglichen Ingroup-Grenzen nicht im beliebigen Ausmaß und nicht in beliebiger Weise dehnbar, und zwar we-der in räumlicher noch in zeitlicher Hinsicht. Vielmehr müssen wir davon ausgehen, dass wir auch in puncto Sozialverhalten und Moral *nahbe-reichsorientiert* bzw. *-fokussiert* sind und bleiben. Anders formuliert: Der Mensch ist ein natürliches oikos-Wesen, jedoch kein natürliches polis-Wesen, kein „zoon politikon" – und erst recht ist er kein geborener Kos-mopolit und kein geborener moralischer Universalist. Oder mit den Worten David Humes: Innerhalb des Binnenbereichs von Familienver-bänden gelten „bestimmte Normen als unentbehrlich". Kommt es, aus welchen Gründen auch immer, zum Zusammenschluss von Familien, so erweitert „sich der Bereich der Regeln, die Frieden und Ordnung sichern, bis an die äußerste Grenze jener Gemeinschaft, sie verlieren aber ihre Geltung einen einzigen Schritt darüber hinaus, da sie dann gänzlich nutzlos werden" (Hume, 1972, S. 29). Und zweitens gilt für den rezipro-ken Altruismus, dass der Aufwand, der für die „altruistische" Tat gegen-über einem genetisch Fremden erbracht wird, nicht größer sein darf als der Gewinn (also die Steigerung der eigenen „inclusive fitness"), den der „Altruist" mittelfristig in Form von Gegenleistungen aus seinem Verhal-ten zu erzielen hofft. Das bedeutet aber nicht zuletzt, dass „reziproker Altruismus" wirklich gut nur in relativ stabilen und relativ homogenen bzw. „geschlossenen" Gesellschaften funktionieren kann, die dem einzel-nen eine zuverlässige Kosten-Nutzen-Kalkulation ermöglichen. Umge-kehrt heißt dies aber, dass die Bereitschaft zu rein egoistischem, „unmo-ralischem" Verhalten (vor allem) gegenüber genetisch Fremden oder gar gegenüber der „Gemeinschaft" in anonymisierten Großverbänden zu-nimmt, je höher die Wahrscheinlichkeit ist, „anonym" zu bleiben, nicht „erwischt", und dementsprechend für das „Fehlverhalten" nicht sanktio-niert zu werden. Echter Altruismus oder moralisches Verhalten in dem Sinne, dass sie selbstlos zugunsten Dritter, zukünftiger Generationen oder gar zugunsten der nichtmenschlichen Mit- und Umwelt völlig auf die Wahrnehmung und Durchsetzung der eigenen Interessen verzichten, ist jedenfalls demnach von den Angehörigen dieser Spezies *natürlicherweise* nicht zu erwarten.

Zwischenbilanz: Wir sind „*un*fit für Nachhaltigkeit"

Soviel also zu einigen Grundannahmen der soziobiologischen Lehre vom Menschen. Nehmen wir nun einmal an, diese Anthropologie sei im Wesentli-chen zutreffend, so dass wir sie als geeignetes Fundament für unsere „realistische" Umwelt-Ethik betrachten können – bzw. betrachten *müssen*. Denn offenbar legt uns diese Anthropologie den Schluss unmittelbar nahe, dass die Aussichten für eine „Bildung für nachhaltige Entwicklung" als äußerst trübe einzuschätzen sind. Schließlich zeigen uns die Soziobiologen doch sehr nachdrücklich, wieso den Menschen „entweder die Motivation oder die Fähigkeit bzw. Möglichkeit [fehlt], ihre kurzfristigen Interessen zugunsten einer Perspektive zurückzustellen, die global und weitsichtig genug ist, das Wohl der heute und in Zukunft existierenden Lebewesen im Auge zu behalten" (Engels, 2000, 44). Denn eine solche Perspektive nicht nur als gedankliche Option durchzuspielen, sondern sie auch tatsächlich zu leben, geht uns einfach gegen die Natur, genauer: gegen unsere Steinzeit-Natur. Wir sind in räumlicher wie vor allem auch in zeitlicher Hinsicht auf das Wahrnehmen, Erkennen und Urteilen im Nahbereich programmiert (Voland, 2000, 145; ebs. Vollmer, 2000, 10). Deshalb fällt es uns zum einen unendlich schwer, langfristige und komplexe Folgen unserer jetzigen Verhaltensweisen in unseren Handlungskalkül einzubeziehen; und es fällt uns erst recht schwer, die Belange zukünftiger Generationen (Voland, 2000, 147f.) oder gar Belange der nichtmenschlichen „Umwelt" in unserem „moralischen" Kalkül mit zu berücksichtigen. Was soll's: „Nach uns die Sintflut!"

Das alles heißt für eine „realistische" Umwelt-Ethik, die ihren Adressatinnen und Adressaten gerecht werden will, nicht zuletzt: Sie hat zur Kenntnis zu nehmen, dass wir „hohe psychische Hürden überwinden [müssen], wenn wir ökologische Belange (wie stark auch immer diese durch eine Beförderung des zukünftigen Gemeinwohls begründbar wären) berücksichtigen sollen, wenn dies mit der Inkaufnahme eigener Nachteile verbunden ist" (Voland, 2000, 143). Und der Grund hierfür liegt eben im Wesentlichen in unserer genetisch implementierten räumlichen und zeitlichen Nahbereichs-Beschränktheit. Wir bilanzieren die Konsequenzen und Kosten unseres Verhaltens in aller Regel innerhalb dieses eng begrenzten Nahbereichs. Und umgekehrt gilt, um auch dies noch einmal in aller Deutlichkeit festzustellen: „Bilanzen der Menschheit oder gar der Biosphäre insgesamt bleiben irrelevant" und das „Gemeinwohl ist ... keine Bilanzgröße des Evolutionsgeschehens" (Voland, 2000, 144).

Die festzustellende Diskrepanz zwischen dem Gedanken der „Nachhaltigkeit" ebenso wie den damit einhergehenden „naturethischen Einsichten" einerseits und der tatsächlich bestehenden menschlichen Neigung zur und Praxis der Naturausbeutung andererseits ist daher letztlich auch *nicht* auf das Wissenschaftsverständnis der Aufklärung zurückzuführen – wie etwa die „postmoderne" Kritik an der Aufklärung behauptet (Saage, 1990, 85f.) –, sondern diese Diskrepanz verdanken wir unserer „ersten Natur".

Genau deshalb sind auch jegliche umweltethischen Forderungen nach einem „Zurück zur Natur" im Sinne der Rousseauschen „Guten Wilden", also den angeblich mit ihrer Umwelt und den natürlichen Ressourcen nachhaltig-schonend-weise umgehenden Naturvölkern, mit größter Skepsis zu betrachten. Eckart Voland hat in einer seiner jüngsten Publikationen ebenso eindringlich wie desillusionierend gezeigt, dass der Mythos von diesen „Guten Wilden" in aller Regel nichts weiter ist als der idealisierende Wunschtraum westlicher Umwelt-Prediger. Statt dessen lautet die ernüchternde Feststellung: „Indigene Völker sind keine Naturschützer!" (Voland, 2000, 140; Reichholf, 2002, 105). Und der Umstand, dass traditionelle und rezente Wildbeutergesellschaften „die sie umgebende Natur nicht wirklich nachhaltig gestört [haben]" bzw. stören, ist demnach ausschließlich auf die „[m]angelnde technische Kompetenz in Verbindung mit einem Mangel an Märkten und geringen Bevölkerungsdichten [zurückzuführen] – und nicht etwa [auf] eine edle Gesinnung" (Voland, 2000, 141). Und völlig zurecht gibt Voland daher zu bedenken, dass die Forderung nach einem geistig-moralischen „Zurück zur Natur" im Sinne einer den „guten Wilden" analogen Lebensweise eher ein kontraproduktiver Schuss in den Ofen wäre, „eher einer opportunistisch-kurzsichtigen Rücksichtslosigkeit gegen die Natur den Weg bereitet, als einer den langfristigen Nutzen maximierenden Nachhaltigkeit" (ders., ebd.; vgl. entspr. Vollmer, 2000, 7).

Nach alledem fällt meine Zwischenbilanz denkbar klar und eindeutig aus und lautet: Machen wir uns nichts vor: Was unsere natürliche Ausstattung anbelangt, sind wir schlicht und einfach „*un*fit für Nachhaltigkeit".

Was folgt aus alledem für die Umwelt-Ethik?

Wenn von einer Zwischenbilanz die Rede ist, dann heißt dies natürlich, dass jene „*Un*fit für Nachhaltigkeit"-Formel nicht das letzte Wort sein soll. Und das aus mehreren Gründen. Zunächst kann aus der soziobiologischen Beschreibung und Erklärung beliebiger menschlicher „Systemeigenschaften" kein normativer Schluss dahingehend gezogen werden, dass diese Eigenschaften in der beschriebenen Weise bestehen bzw. bewahrt werden *sollen*, etwa deshalb, weil sie in ethischer Hinsicht wertvoll oder einfach deshalb, weil sie eben „natürlich" und deshalb „gut" sind. Der naturalistische Fehl- oder Kurzschluss ist insofern bereits auf der theoretischen Ebene strikt zu vermeiden – und erst recht darf er keine praktischen Konsequenzen haben.[6]

Denn zweitens „folgt" aus der bloßen Beschreibung und Erklärung von noch so tief in unseren Genen verankerten Wahrnehmungs-, Urteils- und Ver-

---

6   Natürlich könnte man auch hier völlig zurecht wieder die Frage stellen, *wieso* denn diese praktischen Konsequenzen (z. B. umweltethische Resignation und Fatalismus) vermieden werden *sollten*. Aber diese Frage würde zu tief in die ethische Begründungsproblematik (und in das „Münchhausen-Trilemma") führen und damit den Rahmen dieses Beitrags sprengen. Für die Bildungs*praxis* ist die Beantwortung dieser Frage freilich von größter Wichtigkeit, möglicherweise sogar entscheidend, da sie auf die *moralische Einsicht* der Schülerinnen und Schüler (auf allen Ebenen des Bildungssystems) abzielt, wieso sie im Sinne einer nachhaltigen Entwicklung zugunsten räumlich und zeitlich fern gelegener „Dinge" auf die Durchsetzung kurzfristiger Nahbereichs-Interessen verzichten *sollen*.

haltensmustern auch nicht unmittelbar, dass wir diesen Mustern stets entsprechen *müssen*, uns also sozusagen jederzeit der „normativen Kraft des Genetisch-Faktischen" unterzuordnen haben, ob wir wollen oder nicht. Gerhard Vollmers These, wonach wir ethischen Forderungen, die „den Genen widersprechen", schlechterdings nicht folgen *können*, „selbst dann nicht, wenn die Vernunft sie empfiehlt" (Vollmer, 2000, 10), ist daher eindeutig zu stark. Denn wenn diese These zutreffen würde, dann müssten wir uns prinzipiell die Möglichkeit zu vernünftigem Überlegen, Entscheiden und vor allem Handeln „gegen die Gene" absprechen, da uns die Vernunft – wie Vollmer selbst ausführt – „zu mittel- und langfristigem Planen [mahnt], zur Nachhaltigkeit", während unsere Gene uns in die *„Falle des Kurzzeitdenkens"* (Eibel-Eibesfeldt, 1998) tappen lassen. Und die Vernunft – die wir doch aus soziobiologischer Perspektive konsequenterweise ebenfalls als mehr oder weniger adaptives Produkt der humanen Phylogenese zu betrachten haben – wäre gegenüber der tyrannischen Macht der Gene ebenso zahn- wie funktionslos; ihr evolutiver Nutzen bliebe völlig im Unklaren. Deshalb ist auch der bekannte resignativ-biologistische Schluss (zumindest als kategorischer) zurückzuweisen, universalistische Ethiken, die von ihren Adressatinnen und Adressaten mittel- und langfristiges Denken und die Berücksichtigung komplexer, letztlich globaler Belange fordern, seien allesamt zu verwerfen, da sie „gegen die Gene" und mithin „nicht lebbar", nichts als „fernethischer Illusionismus"[7] seien. So einfach können bzw. müssen wir es uns nicht machen – und zwar nicht zuletzt deshalb, weil auch aus soziobiologischer Sicht der „Rückgriff auf soziobiologisches Wissen ... die Gesellschaft ganz sicher nicht von der Notwendigkeit ethischer Reflexion und Verantwortlichkeit [entlastet]" (Voland, 1996, 172).

Statt dessen ist die Frage zu stellen, wie eine Umweltethik zu begründen und mittels welcher (Erziehungs- und Bildungs-) Strategien sie so in der Gesellschaft zu implementieren ist, dass Aussicht auf eine nachhaltige Akzeptanz ihrer Prinzipien und praktische Befolgung der daraus abgeleiteten Regeln und Normen besteht, die *trotz* der geschilderten anthropologischen „hard facts" (und diesen Rechnung tragend) gleichzeitig den globalen Notwendigkeiten gerecht werden kann. Und genau in dieser Hinsicht kann die Soziobiologie alleine deshalb sehr hilfreich sein, weil sie uns erlaubt, „Widerstände und Konflikte zu verstehen, die die Befolgung moralischer Normen erschweren" (Pieper, 1998, 258; vgl. entspr. Rößler, 2000, 57f.)[8] – zumal dann, wenn uns diese Normen eine nachhaltige und signifikante Änderung unserer Lebensweise zumuten, etwa im Hinblick auf unseren Fleischkonsum, unseren

---

7 Vgl. zu diesem Begriff und der damit verbundenen Kritik universalistischer Ethiken Becker, 1989, 3ff.

8 In einem sehr ähnlichen Sinne spricht Stojanov (2000, 31) vom „Verdienst der evolutionstheoretischen Pädagogik ..., dass sie auf die Gefahr einer normativen Überforderung der Pädagogik durch die Weltgesellschaft hingewiesen hat".

Energieverbrauch oder unsere Mobilität und Verkehrsmittelwahl (vgl. dazu Vorholz, 2000, 32; de Haan/Harenberg, 1999, 72f.).

Zwei (widersprüchliche) Strategien für die Umwelt-Fitness: Moralische Anpassung *und* Erziehung zur Mündigkeit

Im zweiten Teil meines Beitrages möchte ich daher – ohne pädagogisch anmaßend erscheinen zu wollen! – zwei mögliche strategische Ansätze der Umweltethik zur Sprache bringen, die mir aus meiner Perspektive als soziobiologisch „infizierter" Moralphilosoph im Hinblick auf unsere (fehlende bzw. mangelhafte) Nachhaltigkeits-Fitness noch am ehesten sinnvoll und zielführend zu sein scheinen – wobei ich mir durchaus dessen bewusst bin, dass diese beiden Ansätze sich prima facie zu widersprechen scheinen. Diese beiden Strategieansätze lauten: A) Moralische Anpassung und B) Erziehung zur Mündigkeit. Dabei knüpft Strategieansatz A) an Überlegungen Wittgensteins an und Strategieansatz B) wurzelt in einer der zentralen anthropologischen und moralphilosophischen Thesen Immanuel Kants.

A) *Moralische Anpassung oder Was Wittgensteins Metapher vom „Flußbett der Gedanken" mit Erziehung zur Nachhaltigkeit zu tun haben könnte*

In seinen „Philosophischen Untersuchungen" schreibt Ludwig Wittgenstein im Rahmen der Entwicklung seiner Theorie von den „Sprachspielen", das „Lehren der Sprache" in der frühkindlichen Phase des Spracherwerbs sei eigentlich „kein Erklären, sondern ein Abrichten" (Wittgenstein, 1984, 1, 239; PU § 5). Doch während dieser Phase der bloßen sprachlichen „Abrichtung" (und im Zuge der weiteren Sozialisation und Enkulturation) erwirbt das Kind nicht nur Sprache, sondern es erwirbt zugleich durch dieses völlig vorrationale Einüben des korrekten Gebrauchs der Sprache eine Fülle von Regeln, Normen, Gebräuchen und Sitten, ein ganzes set an „Selbstverständlichkeiten", die das jeweilige soziale Umfeld des Kindes prägen, bestimmen, konstituieren. Und diese ganzen „Selbstverständlichkeiten" sind für das Kind zunächst in keiner Weise ein Gegenstand der Reflexion, des bewussten Erlernens oder gar der kritischen Prüfung, sondern es ist – so Wittgenstein – schlicht das „Hinzunehmende, Gegebene", oder kurz: seine „*Lebensform*[]" (Wittgenstein, 1984, 1, 572). Und all dies gilt uneingeschränkt auch für das moralische Sprachspiel. Auch dieses lernt das Kind erst sicher und zuverlässig zu spielen auf der Grundlage des *jeweils* schlicht Hinzunehmenden, Gegebenen.[9]

---

9   Vgl. zur ausführlicheren Darstellung Lütterfelds, 2000, 58ff.

In seinen späten Reflexionen „Über Gewißheit" veranschaulicht Wittgenstein diesen Grundgedanken seiner Sprachphilosophie in einer nach meinem Empfinden ebenso treffenden wie schönen Metapher zum Begriff des „Weltbildes":

„94. Aber mein Weltbild habe ich nicht, weil ich mich von seiner Richtigkeit überzeugt habe; auch nicht, weil ich von seiner Richtigkeit überzeugt bin. Sondern es ist der überkommene Hintergrund, auf welchem ich zwischen wahr und falsch unterscheide.

95. Die Sätze, die dieses Weltbild beschreiben, könnten zu einer Art Mythologie gehören. Und ihre Rolle ist ähnlich der von Spielregeln, und das Spiel kann man auch rein praktisch, ohne ausgesprochene Regeln, lernen.

96. Man könnte sich vorstellen, daß gewisse Sätze von der Form der Erfahrungssätze erstarrt wären und als Leitung für die nicht erstarrten, flüssigen Erfahrungssätze funktionieren; und daß sich dies Verhältnis mit der Zeit änderte, indem flüssige Sätze erstarren und feste flüssig würden.

97. Die Mythologie kann wieder in Fluß geraten, das Flußbett der Gedanken sich verschieben. [...]

[...]

99. Ja, das Ufer jenes Flusses besteht zum Teil aus hartem Gestein, das keiner oder einer unmerkbaren Änderung unterliegt, und teils aus Sand, der bald hier bald dort weg- und angeschwemmt wird." (Wittgenstein, 1984, 8, 139f.)

Die Verbindung zu unserem Thema liegt auf der Hand: Mit dem Erlernen der Sprache – in der Familie wie auch in der Schule – und während des Prozesses des Erlernens der „Kulturtechniken" (also Schreiben, Rechnen, Lesen), erwerben wir zugleich ein ganzes „Weltbild", dessen Sätze für uns die Funktion einer Mythologie haben, begründungs- und rechtfertigungsneutral sind und für uns zunächst einfach so da stehen, „wie unser Leben" (Wittgenstein, 1984, 8, 232; ÜG § 559; vgl. dazu Lütterfelds, 2000, 62f.). Aber diese „Mythologie" ist nicht statisch, und zwar in keiner Hinsicht, so dass wir auch im Hinblick auf die Moral und das moralische „Sprachspiel" davon ausgehen können, dass die jeweilige Mythologie wieder in Fluss geraten kann und „man immer mit einer Bedeutungsveränderung der moralischen Paradigmen rechnen muss" (Lütterfelds, 2000, 61) – bzw. rechnen *kann* und *darf*. Denn die „Verflüssigung" von Weltbild-Sätzen und damit auch die Veränderung der jeweiligen Lebensform und dieser und jener „Selbstverständlichkeit" kann zwar – aus „wertkonservativer" Sicht – sehr wohl als „Bedrohung" verstanden werden, sie kann jedoch zugleich auch als Reaktion auf veränderte Bedingungen und damit als Chance aufgefasst werden, diesen veränderten Bedingungen besser gerecht zu werden.

Angewandt auf unsere Thematik kann man also im Anschluss an Wittgenstein sagen, dass auch „moderne Mythen" wie etwa der Mythos von der „unendlichen Umwelt mit einem unendlichen Fassungsvermögen", der von den „einmal geschaffenen Nationalstaaten" als „[der] einzig wirklich souveräne[n] Größe", der vom „natürlichen" Vorrang der nationalen Interessen vor inter-nationalen oder globalen, der von den *„Selbstregulierungskräfte[n] der Märkte"* oder auch der „Geld regiert die Welt"-Mythos (vgl. Laszlo, 1998, 50ff.), in keiner Weise als „essentielle" Bestandteile unserer Kultur verstanden werden müssen, sondern dass auch sie, sofern sie als „obsolet" oder gar als kontraproduktiv und selbstzerstörerisch erkannt werden, sehr wohl wieder in Fluss geraten und durch neue Mythen als „Orientierungen" ersetzt werden können (und sollen).

Diese Wandlungsfähigkeit der menschlichen Weltbilder steht durchaus im Einklang mit einer der Kernthesen der soziobiologischen Anthropologie: Demnach zählt nämlich die Anpassungsflexibilität an unterschiedlichste Lebensbedingungen in unterschiedlichsten ökologischen Nischen zu den wichtigsten menschlichen „Systemeigenschaften" (vgl. Verbeek, 1994, 10). Der Mensch ist *der* Anpassungskünstler der Evolution, *das* konditionale Lebewesen schlechthin, was der Soziobiologe Eckart Voland auf die einfache Formel reduziert: „Ändern sich die Bedingungen, ändert sich das Verhalten" (Voland, 1996, 103; vgl. ders., 1999, 170). Und von ganz entscheidender Bedeutung ist in diesem Zusammenhang, dass Verhaltensänderungen beim Menschen ganz gezielt durch Erziehung, Unterweisung, Bildung herbeigeführt werden können.[10]

Dennoch darf diese Formel natürlich auf keinen Fall dergestalt naiv-mechanizistisch missverstanden werden, dass es dem Menschen jederzeit problemlos oder konfliktfrei möglich war, ist oder jemals sein wird, sich veränderten, neuen Bedingungen anzupassen. Wir müssen immer noch das „harte Gestein" einkalkulieren, das sich gar nicht oder nur sehr langsam ändert. Und aus soziobiologischer Sicht handelt es sich bei diesem „harten Gestein" vor allem eben um bestimmte genetische „settings", Steinzeit-Verhaltensmuster, denen bei allen Versuchen, neue, zeitgemäße und „adaptive" Weltbilder zu etablieren, entsprechend Rechnung zu tragen ist. Und das bedeutet im Hinblick auf unser Thema konkret: Rückbindung umwelterzieherischer Maßnahmen zur Nachhaltigkeits-Fitness an den (inklusiven) Eigennutz. Denn mit der Frage konfrontiert, was uns als nahbereichsorientierte Kleingruppenwesen mit unserem höchst beschränkten Horizont dazu motivieren sollte, uns entsprechend den dazu prinzipiell völlig inkompatiblen Zielen der Umweltbildung und somit auch entsprechend den Normen einer Ethik der Nachhaltigkeit zu verhalten, muss die Antwort aus soziobiologischer Sicht zunächst denkbar einfach lauten: *nichts!* – es sei denn, es gelingt, jene auf Nachhaltigkeit zielenden umweltethischen Normen innerhalb unseres beschränkten Nahbereichs-Horizontes zu verankern und sie mit der mächtigsten motivationalen Basis des menschlichen Handelns zu verkoppeln – eben dem (inklusiven) Eigennutz.

---

10 Voland, 1996, 102f.; vgl. aus evolutions-pädagogischer Sicht Treml, 1995, 246ff.

„Fitness für Nachhaltigkeit" wird demnach nicht durch den abstrakten Appell an die „Verantwortung für zukünftige Generationen"[11] erreicht; vielmehr müssen wir den kids in den Schulen (weiterhin) klar machen, eindringlich bewusst machen, dass *sie selbst*, ihre Freundinnen und Freunde sowie *ihre* konkrete Umwelt mit hoher Wahrscheinlichkeit über kurz oder lang „schlechte Karten" haben werden, wenn in Sachen Umwelt kein klares und konsequentes Um-Denken und Um-Verhalten stattfindet; und wir müssen den Leuten in den Volkshochschulen und sonstigen Institutionen der Erwachsenenbildung klar machen, dass zumindest *ihre eigenen* Kinder und Enkelkinder trübe Aussichten haben, wenn der umweltethische Wandel nicht möglichst bald stattfindet. In diese Richtung zielt Hans-Peter Dürrs Hinweis, der Begriff „Naturschutz" sei nicht nur „arrogant", sondern auch irreführend, da es beim „Naturschutz" doch *eigentlich* darum gehe, „uns vor uns selbst [zu] schützen, denn wir zerstören ja *unsere eigene* Lebensgrundlage" (Dürr, 2000, 23; Hervorhebung T. M.).

Doch das ist selbstverständlich nur ein erster Schritt, eine notwendige, jedoch keine hinreichende Bedingung für den gewünschten Wandel. Denn bekanntlich bedeutet „Das Gute wissen" keineswegs bereits per se, dass das Gute auch wirklich getan wird, sondern dass zwischen Erkenntnis und Einsicht einerseits und der (moralischen) Handlungspraxis andererseits nach wie vor eine schwer zu überbrückende Lücke klafft (vgl. Kohlberg/Candee, 1997, 380ff.) und deshalb die Gefahr besteht, dass sämtliche Maßnahmen zur Bewusstseinsbildung letztlich „nicht viel bringen".[12] Dieses Phänomen kann aus soziobiologischer Sicht z.B. auf das subjektive Empfinden der Überforderung durch die schieren Dimensionen der ökologischen Zusammenhänge und Herausforderungen zurückgeführt werden, auf die dann mit entsprechenden Verdrängungsmechanismen, Verharmlosungsstrategien („So schlimm wird's

---

11 Was nicht heißt, dass diese Verantwortung nicht *faktisch* besteht! Deshalb ist es nicht ganz korrekt, dass „globale ökologische Problem- bzw. Krisensituationen ... über die Verantwortung des Einzelnen ... weit hinaus [gehen]", sondern richtig ist nur, dass diese globalen Belange natürlicherweise über „die *Möglichkeit* individueller Verantwortungsübernahme weit hinaus [gehen]" (Engels, 2000, 50; Hervorhebung T. M.). Genau hier liegt die große Hypertrophie-Gefahr einer auf Nachhaltigkeit zielenden Umwelt-Ethik und -Erziehung.

12 Damit soll die Bedeutung des Wissens über ökologische Zusammenhänge bzw. die „Rolle des Wissens beim Umwelthandeln" keineswegs bestritten oder auch nur relativiert werden. Denn wenn es Ziel der Umwelterziehung sein soll, die Schülerinnen und Schüler zu „absichtsvolle[m] (intentionale[m])" Umwelthandeln aus (moralischer) *Einsicht* zu befähigen und sie nicht nur zu „habituellem oder konditioniertem umweltrelevantem Verhalten" anzuleiten (vgl. Rost, 1999, 213), ist das entsprechende Wissen – bzw. das „‚konvergente Zusammenwirken' verschiedener Wissensformen" – als *notwendige* Bedingung zu betrachten (aber eben nicht als *hinreichende*). Siehe dazu den Beitrag von Gräsel, 1999, insbes. 200ff.

schon nicht werden!") oder auch Abstumpfung[13] reagiert wird. Und ein zweiter wichtiger „Grund" dafür, der umweltethischen Einsicht keine entsprechenden Handlungen folgen zu lassen, ergibt sich aus der Überlegung, dass man als „nachhaltig" Handelnder „der Dumme" sein könnte, da das moralische Handeln gemäß den Regeln der Nachhaltigkeit mit Kosten verbunden ist, die „die anderen" nicht tragen, so dass – entsprechend dem soziobiologischen Modell des „reziproken Altruismus" – Aufwand und Ertrag selbst für den prinzipiell Nachhaltigkeits-Willigen (zu schweigen von den Unwilligen) in einem nicht akzeptablen Verhältnis stehen (bzw. zu stehen *scheinen*). Erst wenn der einzelne Umwelts- und Nachwelts-"Altruist" sicher sein kann, dass auch alle anderen – einschließlich derjenigen, die keinerlei ethische Ambitionen haben – entsprechend handeln (müssen), geht die Rechnung auf und er kann, zusätzlich belohnt durch ein „gutes Gewissen", „Nachhaltigkeit" praktizieren. Solange dies nicht der Fall ist, wird sich auch der umwelt*bewusste* Jugendliche – zukünftige Vorteile wie Nachteile gleichermaßen „diskontierend" – sein Moped kaufen, weil der Anpassungsdruck der Nahbereichs-Gruppe schwerer wiegt als der „abstrakte" Nachhaltigkeits-Kalkül.

Genau deshalb wären derartige eher rationale Ansätze der „Bewusstseinsbildung" letztlich wohl nicht viel mehr als wohlfeiler, von Praktikerinnen und Praktikern zurecht als „naiv" belächelter Idealismus, würde man sie nicht durch weitere, für den einzelnen „spürbarere" Maßnahmen ergänzen. So erscheint es aus soziobiologischer Hinsicht beispielsweise als sehr sinnvoll, neben weiteren Negativ-Anreizen (sprich: sämtlichen „äußeren Sanktionen" einer Ethik wie etwa Strafandrohung oder Strafe) auf allen Ebenen deutlich zu machen, „dass Engagement für Nachhaltigkeit gesellschaftlich erwünscht [ist] und entsprechende Belohnungen [erfährt]", so dass, wer sich nachhaltig verhält, „daraus einen persönlichen Vorteil ziehen [kann]" (Scheunpflug, 2002, 121; vgl. entspr. Landsberg-Becher, 1995, 2ff.).

Wir kommen jedenfalls bei alledem nicht um die Einsicht herum, dass es auch in der Umwelterziehung aus ganz pragmatischen Gründen nicht völlig ohne „moralische Anpassung" oder „Abrichtung" im Sinne Wittgensteins zugehen kann, die als *ein* (früher) Baustein einer umfassenden „Bildung für

---

13 So erscheint etwa eine umwelterzieherische „Heuristik der Furcht" aus entwicklungspsychologischer Perspektive nur bedingt sinnvoll, da zwar „Kinder und Jugendliche stärker als Erwachsene unter der Umweltbedrohung leiden" bzw. von dieser „vital getroffen werden" (Dollase, 1994, 4), so dass auch stärker mit einer handlungsmotivierenden „Betroffenheit" gerechnet werden kann (vgl. ebd., 7). Allerdings muss man sich – so Dollase (ebd., 5) – vor dem „erzieherischen Holzweg" hüten, „durch Angstmachen ohne Lösungsanbieten Katastrophismus zu erzeugen", da dieser „Katastrophismus in der Umwelterziehung ein Weg in die Abstumpfung von Kindern und Jugendlichen ist" (vgl. entspr. Rost, 1999, 228). Demnach kann der „psychologisch richtige Weg" nur derjenige der „ehrlichen Aufklärung über den realen Gefährdungsgrad" sein, jedoch untrennbar verbunden mit der „Benennung von Maßnahmen zur Bewältigung der bedrohlichen Situation" (ebd.).

nachhaltige Entwicklung" angesehen werden kann und sollte. Aus soziobiologischer Sicht ist dies schlicht deshalb der Fall, weil in einer frühkindlichen
Phase der Entwicklung bis hin zur Ausbildung der eigenen Reflexionsfähigkeit gar keine andere Wahl bleibt als die ökologisch-moralische Anpassung
der Kinder im Sinne einer „prägungsähnliche[n] Internalisierung neuer ökologischer Spielregeln".[14] Das heißt unter anderem: „Werte" müssen als verbind-
lich geltend *vorgegeben* werden und bestimmte Verhaltensmuster müssen als
„selbstverständlich" eintrainiert werden.

Zugegeben: Das klingt alles ganz und gar nicht „moralisch", aber aus soziobiologischer Perspektive erscheint es schlicht und einfach zumindest *fürs
Erste* der einzig wirklich gangbare Weg zu sein, „mit Hilfe einer anthropozentrischen Öko-Moral bestmöglich unseren biologisch verankerten Selbster-
haltungsinteressen nach[zu]gehen" (Voland, 2000, 138). Was das wiederum
konkret heißen kann, macht Peter Hennicke, (zu diesem Zeitpunkt noch) Di-
rektor der Abteilung „Klima" beim Wuppertal Institut für Klima, Umwelt,
Energie, anhand einiger Reflexionen zur bekannten Öko-Formel „Global denken, lokal handeln" deutlich, die in der Formel münden: „Dabei sollten die
Anreizstrukturen so organisiert werden, daß möglichst ein konkreter lokaler
und akteursspezifischer *Nutzen* mit einem angemessenen Lösungsbeitrag zum
globalen Klimaschutz verbunden wird" (Hennicke, 1998, 82; Hervorhebung
T. M.).

Wer aber derartige Forderungen nach expliziter Werte-Erziehung und
moralischer „Abrichtung" entrüstet (und aus ehrenwerten Motiven!) als antiliberale Bevormundungs-Pädagogik bzw. wegen des Verdachts einer „ideologisch bedingten Manipulation des Verhaltens der nachfolgenden Generation"
(Rost, 1999, 214) von sich weist, sei an die alte philosophische Einsicht erin-
nert, dass auch Nichthandeln Handeln ist. Konkret: Auch der Verzicht auf
moralische „Abrichtung" *ist* – wenn auch nicht explizit – moralische Abrichtung! Und ob der dadurch vermittelte Wert der radikal-individualistischen
Werte-Beliebigkeit, das dadurch entstehende „ethische Vakuum" (vgl. Rößler,
2000, 57f.) und die aus diesem resultierende Ego-Gesinnung im Sinne einer
„Bildung für nachhaltige Entwicklung" wünschenswert und zielführend sein
kann, wage ich ebenso zu bezweifeln wie die These, dass es eine „wertfreie"
„Wissensvermittlung als einzig legitime[m] Ziel pädagogischer Einflußnah-
me" (Rost, 1999, 214) gibt oder geben könnte.

Und um einem weiteren möglichen Einwand zu begegnen: Es ist natürlich klar, dass „Erziehung zur Nachhaltigkeit" bzw. Fitness-Training für um-
weltethisches Bewusstsein nicht isoliert betrachtet werden kann, also nicht

---

14 So der Zoologe Verbeek, 1991, 999. Das Grundprinzip der ökologischen Ethik soll
    dabei nach Verbeek lauten: „Wenn du nichtgenerierbare Ressourcen verbrauchst,
    muß du dafür unvermeidbar sehr viel zahlen, bei exzessiver Inanspruchnahme wo-
    möglich in steiler Progression. Eine Hypothek auf die Zukunft wird keinesfalls ge-
    währt" (ebd.).

nur eine „Sache der Schule" sein kann und darf, sondern – sofern sie wirklich selbst „nachhaltig" sein will – notwendig mit gesamtgesellschaftlichen Aspekten verkoppelt bzw. gesamtgesellschaftlich eingebunden werden muss. Denn es geht letztendlich nicht (nur) um spezielle Belange der ökologischen Ethik oder der intergenerationellen Gerechtigkeit, sondern vielmehr um sehr grundsätzliche Fragestellungen im Sinne der seit jeher bestehenden Ich-Wir-Problematik (vgl. Scheunpflug, in diesem Band, 121). Wilhelm Lütterfelds weist demnach völlig zurecht darauf hin, in unseren modernen Gesellschaften sei „die Selbstverständlichkeit des Erlernens und Einübens des moralischen Sprachspiels [nicht zuletzt] dadurch massiv erschwert, dass der Individualisierungsdruck der Moderne das eigene Bewusstsein bereits von Anfang an in eine Konfrontation mit den kulturellen Normen einer Gesellschaft, ihrer Lebensform und ihres Weltbildes zwingt, wodurch die Einstellung des Zweifels, der Kritik, aber auch der Nötigung zur Rechtfertigung des moralischen Sprachspiels und seiner Paradigmen vorherrscht" (Lütterfelds, 2000, 62; vgl. entspr. Rößler, 2000, 56f.; ebs. Landsberg-Becher, 1995, 5f.; Kahlert, 2000, 180). Damit öffnet sich zum einen in der Diskussion um die „Bildung für nachhaltige Entwicklung" der Horizont zu wesentlich umfassenderen sozialen und politischen Fragestellungen und Themenbereichen wie etwa der Kommunitarismus-Liberalismus-Debatte; und nicht zuletzt stellt sich auch die Frage, wer mit jenem „wir" gemeint sein sollte, das in den moralischen Kalkül mit einbezogen werden soll. Und da diese Frage – zumal im Zusammenhang mit Problemen und Belangen der Umweltethik und der nachhaltigen Entwicklung – unausweichlich zur vielschichtigen und höchst komplexen Globalisierungs-Thematik überleitet, liegt der Gedanke buchstäblich auf der Hand, dass „Bildung für nachhaltige Entwicklung" unter den heute gegebenen Bedingungen notwendig zugleich auch „Bildung zu globalem Bewusstsein" oder auch „Erziehung zum Weltbürgertum" heißen muss.

B)   *Erziehung zur Mündigkeit oder Wieso Kants Lehre vom*
     Menschen als „Bewohner zweier Welten" keineswegs veraltet ist

Nicht zuletzt aus diesem Grund bin ich der Überzeugung, dass „moralische Anpassung" im soeben geschilderten Sinne alleine zuwenig ist. Und zwar vor allem deshalb, weil wir auch die Tatsache der zunehmenden Individualisierung unserer Gesellschaften und des damit einhergehenden Pluralismus der „Lebensstile" zur Kenntnis nehmen müssen und auch nicht davon ausgehen können bzw. sollten, dass kurz- oder mittelfristig im Zuge einer kommunitaristischen „Konterrevolution" der ethische Primat des Gemeinsinns über das individuelle Eigeninteresse (wieder) hergestellt werden könnte. Kommunitaristische Vorstellungen vom „Zurück" zu homogenen Wir-Gemeinschaften, deren Mitglieder auf der Basis eines allgemeinen Werte-Konsenses und allgemein anerkannter moralischer Regeln jederzeit bereit sind, im Sinne des

„Gemeinwohls" zu handeln, sind im Hinblick auf die realen Bedingungen pluralistischer Gesellschaften nicht nur anachronistisch, sondern sie haben unweigerlich auch einen unverkennbar reaktionären Beigeschmack.[15]

Trotzdem muss natürlich die „Bildung für nachhaltige Entwicklung" *faktisch* darauf abzielen, dass die Individuen in den pluralistischen Gesellschaften stärker als bisher bereit sind, mittel- und langfristige Gemeinwohlinteressen in ihren jeweiligen individuellen Interessenkalkül mit einzubeziehen. Doch wenn dieses Ziel ohne äußeren Zwang, ohne eine antiliberale „Tyrannei der Werte" erreicht werden soll, dann ist dies meines Erachtens nur oder zumindest am ehesten möglich, wenn anpassende Moralerziehung mit zunehmender Reflexionsfähigkeit der Schülerinnen und Schüler mehr und mehr zugunsten einer verstärkten theoretischen bzw. reflektierenden Auseinandersetzung mit moralischen Fragen und Problemen zurücktritt, so dass langfristig das „Gesamtziel der moralisch autonomen Person" angestrebt werden kann, die sich aus *moralischer Einsicht* entsprechend den Regeln und Geboten der Nachhaltigkeits-Ethik verhält (vgl. Dehner, 1998, 106f.; aus entwicklungspsychologischer Sicht entspr. Dollase, 1994, 9).[16] Auf die für Pädagoginnen und Pädagogen möglicherweise provokante Formel reduziert: *Mehr Philosophie wagen!* Und zwar auf *allen* Stufen des Bildungssystems, von der Grundschule bis zur Erwachsenenbildung. Denn Philosophie ist nicht zuletzt die „Kunst" der Selbst-Reflexion bzw. die Kunst, einmal nicht „einfach so" zu handeln, wie „man" eben handelt, sondern sich aus dem „Strom" des Alltäglichen heraus zu nehmen, sich „daneben" zu stellen, über diesen „Strom" sowie sich selbst und sein Handeln in diesem „Strom" aus einer anderen Perspektive oder auch mehrperspektivisch zu reflektieren und sich ein eigenständiges Urteil zu bilden. Philosophie ist zudem die Kunst, auf den ersten Blick heterogene Sachverhalte, vor allem die komplexen Beziehungen zwischen Einzelnem und Allgemeinem, in ihrer Vernetztheit zu erkennen und verstehen zu lernen sowie einzusehen, wieso viele Fragen und Probleme eben nicht eindeutig, nicht mit simpler binärer Logik, nicht mit einfachen Schwarz-Weiß-Schemata zu beantworten bzw. zu lösen sind und wieso daher – zumal unter den unberechenbaren und höchst dynamischen Bedingungen der Globalisierung – hinsichtlich vieler Fragen und Probleme eine *konstitu-*

---

15 Was selbstverständlich in *keiner* Weise als Unterstellung an die Adresse irgendeines Kommunitariers oder als generelles Urteil im Hinblick auf die kommunitarische „Bewegung" missverstanden werden sollte! Vielmehr bin ich davon überzeugt, dass Kommunitarismus und Liberalismus ohne weiteres miteinander vereinbar sind – jedenfalls wenn man Liberalismus im Sinne Immanuel Kants als moralisches Prinzip versteht (vgl. Beckmann/Mohrs/Werding, 2000, 13f.).

16 Dabei trifft man freilich wieder auf eine der grundlegenden Paradoxien der gesamten Philosophie der Aufklärung: Moralische „Mündigkeit" und Autonomie aufgeklärter Bürgerinnen und Bürger beruht letztlich auf gezielter Bevormundung, spezifischer Wert-Vermittlung und eben grundlegender moralischer Anpassung. Aber diese merkwürdige „Dialektik" der Erziehung zur Autonomie ist nun einmal nicht zu vermeiden.

tive Unsicherheit besteht, die es zu realisieren und auszuhalten gilt (vgl. Scheunpflug, 1996, 15f.) Und schließlich war und ist Philosophie – sofern sie zu einer negativen Bewertung des Bestehenden, des jeweiligen status quo gelangt – immer auch die Kunst, „quer" zu denken, im (möglichst) konstruktiven oder kreativen Sinne zu „spinnen"[17], phantasievolle Zielvorstellungen und Orientierungsmuster zu entwickeln, die zumindest als *denkbare* Auswege aus Weltbild-Mythen betrachtet werden können, die in eine Sackgasse geführt haben, obsolet oder gar kontraproduktiv und selbstzerstörerisch geworden sind.[18] (Am Rande: Damit sollte auch klar werden, dass so verstandene Philosophie keineswegs weltentrückter akademischer Denksport ist, keine „abgehobene" Elfenbeinturm-Disziplin, sondern ganz im Gegenteil etwas im höchsten Maße *Lebensprakti-sches*!)

Dies impliziert ganz bewusst den (zugegebenermaßen reichlich elitär klingenden) Gedanken, dass es Menschen, die gewohnt sind zu reflektieren,

---

17 Zur evolutionstheoretischen Interpretation kreativen Denkens im Sinne „dynamischer Prozesse ... der Auseinandersetzung zwischen der Psyche, ihren internen Strukturen und der Umwelt", vgl. Hallitzky, 2000, 54f. Und nach ihrer Einschätzung ergibt sich daraus für das Anliegen der „Kreativitätserziehung" auf schulischer Ebene „neben der Forderung eines vielfältigen Angebots motivationaler Anreize, strukturierten Wissens, tradierter Techniken und formaler Problemlösungskonzepte die Notwendigkeit der Verfügung über Zeit, Raum und Material für freie Entscheidungen, Zufälle und Ideen, um offene und geschlossene Strukturen des Lehrens und Lernens synergetisch wirksam werden zu lassen".

18 Vgl. Scheunpflug, in diesem Band, 121; zum Aspekt des „Umgang[s] mit Unsicherheiten" ebs. de Haan/Harenberg, 1999, 67f. Entsprechend stellt auch Rößler – freilich ohne den Begriff der Philosophie zu erwähnen – fest, bei der für die Zukunft entscheidenden Vernetzung von speziellen Wissensbeständen werde „dem Allgemeinwissen eine zentrale Funktion zugeschrieben", wobei unter „,'Allgemeinwissen' ... umfassende persönliche und kommunikative Fähigkeit und Kompetenzen" zu verstehen seien, „ohne die fachliches Wissen kaum praktische Relevanz erlangt" (Rößler, 2000, 58f.). Auch Landsberg-Becher (1995, 9) plädiert im Sinne einer „Aufklärung zur Verantwortung" dafür, dass „Umweltbildung, die zur Verantwortlichkeit ... befähigen will, ... neben dem Erwerb von Fachwissen und der Entwicklung von Handlungskompetenz durch direktes Erleben auch Möglichkeiten zur Entwicklung von Eigenständigkeit, Selbstreflexion und Selbstverwirklichung schaffen [muss]". Der durch das Einüben in philosophisches Denken vermittelte Fähigkeiten-Cocktail scheint mir schließlich auch der „Gestaltungskompetenz für nachhaltige Entwicklung" sehr nahe zu kommen, wie er von de Haan und Harenberg (1999, 60f.; vgl. de Haan, 1999, 271) als Lernziel proklamiert wird – geht es doch hier um Qualifikationen wie ausgeprägte Antizipationsfähigkeit, Denken in komplexen gesellschaftlichen Zusammenhängen, Integration globaler und lokaler Dimensionen der Zukunftsgestaltung, eigenständige Informationsaneignung und -bewertung usw. Und Bolscho/Seybold (1996, 132ff.) sprechen in ihrem „Studien- und Praxisbuch" zur „Umweltbildung und ökologische[m] Lernen" in Anlehnung an Carl Friedrich von Weizsäcker explizit von der „herausragenden Stelle der Philosophie" für interdisziplinäres, fächerübergreifendes Lernen, das in erster Linie auf die Fähigkeit zur „Mehrperspektivität" des Denkens abzielt.

wesentlich leichter fällt (oder zumindest leichter fallen *kann* oder auch *sollte*),
eine „ganzheitliche", globale, „weltbürgerliche" Denkhaltung und auch ein
entsprechendes ganzheitliches, globales, weltbürgerliches Bewusstsein auszu-
bilden. Denn Autoren wie der Entwicklungspädagoge Klaus Seitz machen sicher völlig zurecht geltend, dass sich doch im „globalen Zeitalter" „mühelos
Menschen auffinden [lassen], die ein Netzwerk von intensiven Freundschafts-
beziehungen mit Personen pflegen, die rund um den Globus leben" und dass
wir „Akteure beobachten [können], die ... sich dem Leitbild einer »internationalen Solidarität« verpflichtet fühlen", ja sogar „eine kosmopolitische Identität, eine »world identity« ausgeprägt haben", weshalb es vor diesem Hintergrund der „Wirklichkeit der Weltgesellschaft [...] theoretisch wenig ergiebig
[sei], danach zu fragen, inwieweit gattungsgeschichtlich bedingte »Constraints« die Möglichkeitsräume einer weltbürgerlichen Erziehung, eines globalen Lernens, wie überhaupt einer kosmopolitischen Existenz des Menschen
beschneiden" (Seitz, 2000, 69). Aber auch wenn man Seitz insoweit zu-
stimmt, dass die fraglichen „Constraints" nicht *prinzipieller* Natur sind, Menschen also *prinzipiell* sehr wohl die Möglichkeit zu ihrer Überwindung haben,
so heißt das doch nicht, dass es sie nicht gibt. Und die Frage erscheint mir in
der Tat nach wie vor als höchst legitim, unter welchen Voraussetzungen es
nicht nur einem vergleichsweise kleinen und bildungselitären Kreis von Menschen gelingen kann, jene „Constraints" wirklich und „nachhaltig" zu überwinden, sondern ob und wie sich ein ganzheitliches, globales, weltbürgerliches Bewusstsein sozusagen „flächendeckend" ausbilden ließe. Und dies
scheint mir eben ohne eine entsprechende „flächendeckende" Konditionierung
bzw. „Abrichtung" (mit starker Handlungsorientierung) einerseits *und* eine
darauf aufbauende Erziehung und Bildung zur Mündigkeit bzw. „Aufklärung
zur Verantwortung" (Landsberg-Becher, 1995, 9) und moralischen Autonomie nicht möglich zu sein.

Die Tatsachen zu übersehen, dass zum einen keineswegs nur in den „rück-
ständigen" und „unterentwickelten" Ländern der Erde, sondern auch in den
„fortschrittlichsten" Demokratien des Westens die Bewohnerinnen und Bewohner nicht *per se* mehrheitlich politisch interessierte und aufgeklärte, *mündige*
Staatsbürgerinnen und Staatsbürger im Sinne Kants sind, und dass zum Zweiten
die Globalisierung auch massive Gegenbewegungen im Sinne von (mehr oder
weniger aggressiven) Re-Nationalisierungs- und Lokalisierungsprozessen aus-
löst, ist nach meiner Einschätzung das größte Defizit an und auch die größte Gefahr in Positionen wie der von Seitz.[19] Die reale Existenz von „Kosmopoliten"

---

19 Wobei Seitz (ebd., 77) freilich selbst auf die „Gleichzeitigkeit von integrierenden und
    fragmentierenden Prozessen" verweist, die gleichermaßen „nur vor dem Hintergrund
    der Mechanismen der Globalisierung verständlich [sind]". Zur „Problematik der Glo-
    balisierung und der durch sie (mit-)ausgelösten Gegentendenzen – wie verstärkte eth-
    nozentrische Einstellungen –" aus der Perspektive einer evolutionstheoretischen Päd-
    agogik siehe Stojanov, 2000, 31ff.

ist ohne jeden Zweifel ein schlagender Beweis für die definitive Falschheit jedes biologistischen Reduktionismus – aber sie kann umgekehrt kein Grund für „Entwarnung" und bildungspolitische Tatenlosigkeit sein. Auf den möglicherweise schrecklich schnöden, für eine demokratische Staatsform aber nun einmal letztlich entscheidenden Punkt gebracht: Wir dürfen nicht ohne weiteres und unreflektiert den gebildeten Intellektuellen als Maßstab für „den" Menschen nehmen, sondern sollten mit Immanuel Kant jederzeit bedenken, dass der Mensch als „Bewohner zweier Welten" (Kant, 1978², VII, 81ff.) zwar ein „mit *Vernunftfähigkeit* begabtes Thier (animal rationabile) [ist, das] aus sich selbst ein *vernünftiges* Thier (animal rationale) machen *kann*" (Kant, 1978², XII, 673), dass dies jedoch alles andere als eine Selbstverständlichkeit ist. Wir sind nach Kant (biologisch determinierte) Naturwesen wie alle (Kant: anderen) Tiere auch; zugleich sind wir aber auch Freiheits- und Vernunftwesen – letzteres aber eben nur dann *wirklich*, wenn wir uns die Freiheit *nehmen* und unsere Vernunft *gebrauchen*.

Diesbezüglich ist Kant freilich ein knochentrockener Realist und gibt dementsprechend etwa in seiner Pädagogik-Schrift im Hinblick auf die menschlichen Möglichkeiten zu Vernunft und Moral (und damit auch zur Nachhaltigkeits-Fitness) zu bedenken:

„es sind bloß Anlagen und ohne den Unterschied der Moralität. Sich selbst besser machen, sich selbst kultivieren, und, wenn er böse ist, Moralität bei sich hervorbringen, das soll der Mensch. Wenn man sich das aber reiflich überdenkt, so findet man, daß dieses sehr schwer sei" (Kant, 1978², XII, 702).

Gerade deswegen dürfte – jedenfalls nach meiner Einschätzung – das strategische Programm einer stärker philosophisch orientierten Umwelterziehung eine der besten Trainingsmethoden sein, genau jenen Teil des Menschen möglichst „fit" zu machen, der allein für das Projekt einer „Bildung für nachhaltige Entwicklung" im nachhaltigen Sinne wirklich brauchbar und tauglich ist. Um im sportlichen Bild zu bleiben: den „Muskel" der Vernunft. Das ist sicher ein mühseliges und langwieriges Geschäft – aber eine Alternative dazu könnte wohl nur die rigide, autoritäre oder gar totalitäre „Abrichtung zur Nachhaltigkeit" sein. Aber die ist eben keine (demokratische und pluralismustaugliche) Alternative – ebenso wenig wie die umweltethische Kapitulation vor der „Erblast unserer Gene".

Aus soziobiologischer Sicht erscheinen diese ethnozentristischen, nationalistischen und regionalistischen Gegentendenzen gegen die Globalisierung als durchaus verständlicher anthropomorpher „Reflex" auf eine (reale oder vermutete) äußere Bedrohung oder Gefahr: „Zurück in die Höhle!" – ein Verhaltensmuster, dass für unsere Vorfahren im postglacialen Neolithikum immer wieder von unschätzbarem Wert *gewesen* sein dürfte. Doch wiederum ist festzustellen: Die soziobiologische Erklärung liefert in keiner Weise eine Rechtfertigung. Und die archaische Strategie des Einigelns und Abschottens kann angesichts der bestehenden globalen Notwendigkeiten *vernünftigerweise* nicht mehr als adäquate politische Alternative verstanden werden.

Literatur

Becker, Werner, Der fernethische Illusionismus und die Realität, in: Salamun, Kurt (Hrsg.), Aufklärungsperspektiven, Tübingen 1989, 3-8.

Beckmann, Klaus; Mohrs, Thomas; Werding, Martin (Hrsg.), Individuum versus Kollektiv. Der Kommunitarismus als „Zauberformel"?, Frankfurt/Main u. a. 2000.

Bolscho, Dietmar; Seybold, Hansjörg, Umweltbildung und ökologisches Lernen. Ein Studien- und Praxisbuch, Berlin 1996.

De Haan, Gerhard; Harenberg, Dorothee, Förderprogramm Bildung für eine nachhaltige Entwicklung. Expertise für die Projektgruppe „Innovation im Bildungswesen" der Bund-Länder-Kommission für Bildungsplanung und Forschungsförderung, von der Bund-Länder-Kommission für Bildungsplanung und Forschungsförderung Berlin 1999.

De Haan, Gerhard, Zu den Grundlagen der „Bildung für nachhaltige Entwicklung" in der Schule, in: Unterrichtswissenschaft. Zeitschrift für Lernforschung, 27. Jg., Heft 3 (1999), 252-280.

Dehner, Klaus, Lust an Moral. Die natürliche Sehnsucht nach Werten, Darmstadt 1998.

Dollase, Rainer, Die Hoffnung nicht aufgeben. Zur Psychologie einer kindgemäßen Umwelterziehung, in: Akademie für Lehrerfortbildung Dillingen (Hrsg.), Akademievorträge 18, Dillingen 1994.

Dürr, Hans-Peter, Rahmenbedingungen für eine Zukunftsfähigkeit des Homo sapiens, in: Lutz, Dieter S. (Hrsg.), Globalisierung und nationale Souveränität, Baden-Baden 2000, 19-28.

Engels, Eve-Marie, Von der naturethischen Einsicht zum moralischen Handeln, in: edition ethik kontrovers 8 (2000), hrsg. von Hans-Peter Mahnke u. Alfred K. Treml, Frankfurt/Main 2000, 43-50.

Gräsel, Cornelia, Die Rolle des Wissens im Umwelthandeln – oder: Warum Umweltwissen träge ist, in: Unterrichtswissenschaft. Zeitschrift für Lernforschung, 27. Jg., Heft 3 (1999), 196-212.

Hallitzky, Maria, Strukturelle Merkmale der Offenheit und Geschlossenheit in Lehrplänen als Grundlage der Kreativitätserziehung, in: Serve, Helmut J. (Hrsg.), Kreativitätsförderung, Hohengehren 2000, 49-74.

Hennicke, Peter, Energiepolitik, Produktverantwortung und die Ökonomie des Vermeidens, in: Bartosch, Ulrich; Wagner, Jochen (Hrsg.), Weltinnenpolitik. Internationale Tagung anläßlich des 85. Geburtstages von Carl-Friedrich von Weizsäcker, Münster 1998, 81-95.

Hume, David, Eine Untersuchung über die Prinzipien der Moral, Hamburg 1972.

Kahlert, Joachim, Mit didaktischen Netzen Komplexität erschließen. Zur Begründung und Konzeption verständigungsorientierter Umweltbildung, in: Heid, Helmut; Hoff, Ernst-H.; Rodax, Klaus (Hrsg.), Ökologische Kompetenz, Jahrbuch Bildung und Arbeit '98, Opladen 2000.

Kant, Immanuel, Grundlegung zur Metaphysik der Sitten, in: Immanuel Kant, Werkausgabe in 12 Bänden, hrsg. von Wilhelm Weischedel, Bd. VII, Frankfurt/Main 1978², 11-102.

Kant, Immanuel, Anthropologie in pragmatischer Hinsicht, in: Immanuel Kant, Werkausgabe in 12 Bänden, hrsg. von Wilhelm Weischedel, Bd. XII, Frankfurt/Main 1978², 399-690.

Kant, Immanuel, Über Pädagogik, in: Immanuel Kant, Werkausgabe in 12 Bänden, hrsg. von Wilhelm Weischedel, Bd. XII, Frankfurt/Main 1978², 695-761.

Kohlberg, Lawrence; Candee, Daniel, Die Beziehung zwischen moralischem Urteil und moralischem Handeln, in: Kohlberg, Lawrence, Die Psychologie der Moralentwicklung, von Wolfgang Althof, Frankfurt/Main 1997, 373-494.

Küng, Hans, Das Weltethos. Hinführung – Begründung – Konkretisierung, in: Reinalter, Helmut, Perspektiven der Ethik, Innsbruck Wien München 1999, 361-379.

Landsberg-Becher, Johann-Wolfgang, Umweltbildung zwischen privater Moral und politischer Bildung, unter: http://umweltbildung-berlin.de/materi/moral.htm (1995), 1-9.

Laszlo, Ervin, Das dritte Jahrtausend. Zukunftsvisionen, Frankfurt/Main 1998.

Lütterfelds, Wilhelm, Die Begründungsneutralität des moralischen Sprachspiels und ihre Folgen für eine weltbürgerliche Moralerziehung. Warum kann es keine naturalistische Begründung einer universalistischen Moral geben?, in: in: edition ethik kontrovers 8 (2000), hrsg. von Hans-Peter Mahnke u. Alfred K. Treml, Frankfurt/Main 2000, 57-67.

Luks, Fred, Postmoderne Umweltpolitik? Sustainable Development, Steady State und die „Entmachtung der Ökonomik, Marburg 2000.

Mohr, Hans, Evolutionäre Ethik als biologische Theorie, in: Lütterfelds, Wilhelm (Hrsg.), Evolutionäre Ethik zwischen Naturalismus und Idealismus, Darmstadt 1993, 19-31.

Pieper, Annemarie, Evolutionäre Ethik, in: Annemarie Pieper und Urs Thurnherr (Hrsg.), Angewandte Ethik. Eine Einführung, München 1998, 244-263.

Reichholf, Josef H., Der Mensch als Produkt der Evolution, in: Politische Ökologie, Heft 2 (2001), ##.

Rößler, Matthias, Bildungspolitik in Zeiten des Wandels, in: Die politische Meinung, Nr. 363 (2000), 55-59.

Rost, Jürgen, Was motiviert Schüler zum Umwelthandeln? , in: Unterrichtswissenschaft. Zeitschrift für Lernforschung, 27. Jg., Heft 3 (1999), 213-231.

Saage, Richard, Das Ende der politischen Utopie, Frankfurt/Main 1990.

Scheunpflug, Annette, Globalization as a Challenge to Human Learning, in: Education, Vol. 54 (1996), 7-16.

Scheunpflug, Annette, Bildung für nachhaltige Entwicklung aus evolutionstheoretischer Perspektive, in: Politische Ökologie, Heft 2 (2001), ##.

Seitz, Klaus, Die Wirklichkeit der Weltgesellschaft und die Möglichkeit weltbürgerlicher Erziehung. Universalistische Bildung und Moral in gesellschaftstheoretischer Sicht, in: edition ethik kontrovers 8 (2000), hrsg. von Hans-Peter Mahnke u. Alfred K. Treml, Frankfurt/Main 2000, 69-79.

Stojanov, Krassimir, Evolutionstheoretische Pädagogik zwischen Ethnozentrismus und Universalismus, in: edition ethik kontrovers 8 (2000), hrsg. von Hans-Peter Mahnke u. Alfred K. Treml, Frankfurt/Main 2000, 31-36.

Treml, Alfred K., Das Fremde und das Vertraute, in: Pädagogische Anthropologie und Evolution. Beiträge der Humanwissenschaften zur Analyse pädagogischer Probleme. (Erlanger Forschungen, Reihe A, Geisteswissenschaften, Band 73), Erlangen (Universitätsbund Nürnberg-Erlangen) 1995, 231-252.

Van Dieren, Wouter, Mit der Natur rechnen. Der neue Club-of-Rome-Bericht, Basel – Boston – Berlin 1995.

Verbeek, Bernhard, Der schmale Grat des Lebens, in: Universitas 46 (1991), 989f.

Verbeek, Bernhard, Nationalismus, Gruppenhaß und Antisemitismus. – Eine evolutionsbiologische Anamnese, in: Vogt, Helmut u. Hesse, Manfred (Hrsg.), Berichte des Instituts für Didaktik der Biologie der westfälischen Wilhelmsuniversität Münster, Heft 3 (1994), 3-23.

Voland, Eckart, Konkurrenz in Evolution und Gesellschaft, in: Ethik und Sozialwissenschaften (EuS) 7 (1996), Heft 1, 93-107.

Voland, Eckart, On the Nature of Solidarity, in: Bayertz, Kurt (Hrsg.), Solidarity, Kluwer Academic Publishers 1999, 157-172.

Voland, Eckart, Welche Werte? – Ethik, Anthropologie und Naturschutz, in: Philosophia naturalis, Band 37 (2000), Heft 1, 131-152.

Vollmer, Gerhard, Können wir den sozialen Mesokosmos verlassen?, in: edition ethik kontrovers 8 (2000), hrsg. von Hans-Peter Mahnke u. Alfred K. Treml, Frankfurt/Main 2000, 5-12.

Vorholz, Fritz, Schröders grüner Modegag. Nachhaltigkeit, das Glaubensbekenntnis aller Umweltbewegten, soll zum Motto des Regierungshandelns werden, in: Die Zeit, Nr. 21 (18.5.2000), 32.

Wittgenstein, Ludwig, Philosophische Untersuchungen, in: Werkausgabe Band 1, Frankfurt/Main 1984, 231-577.

Wittgenstein, Ludwig, Über Gewißheit, in: Werkausgabe Band 8, Frankfurt/Main 1984, 113-257.

Joachim Radkau

Nachhaltigkeit als Herausforderung an den Geschichtsunterricht

oder: Was Historiker über die Umwelt schon immer wissen sollten, aber nie zu fragen wagten

Nachhaltigkeit ist in den Jahren nach Rio 1992 auch in den schulischen Richtlinien zu einem Leitbegriff, um nicht zu sagen Zauberwort der Umwelterziehung avanciert; und es gibt mittlerweile, rein quantitativ gesehen, eine Menge Materialien dazu. Dabei fungiert der Begriff jedoch oftmals mehr oder weniger als Leerformel bzw. als Ober-Etikett für alles, was irgendwie als „öko" empfunden wird. Teilweise gibt es die Tendenz, schlechthin alles, was man in der Sozial- und Wirtschaftspolitik oder sonst wie für wünschenswert hält, unter „Nachhaltigkeit" zu packen. Selbst solche Studierende, die an Umweltfragen interessiert sind, verbinden mit „Nachhaltigkeit" häufig keine klaren Vorstellungen. Das gilt schon gar für „Agenda 21"[1]. Bereits die Konferenz von Rio ging mit fragwürdigem Beispiel voran, indem sie „Nachhaltigkeit" mit „Entwicklung" verkoppelte und auf diese Weise den Apparaten der Entwicklungshilfe überantwortete, die an vielen Umweltschäden in der Dritten Welt eine erhebliche Mitschuld tragen.[2]

Die Vieldeutigkeit des Nachhaltigkeitsbegriffs trifft sich im Geschichtsunterricht mit einer generellen Unsicherheit in Sachen „Umwelt". Zwar rangiert die Umweltgeschichte in den Geschichtsrichtlinien mehrerer Bundesländer mittlerweile gleichberechtigt neben etablierten Zentralbereichen wie der

---

1   Jörg Bergstedt erkennt „spätestens seit Anfang der 90er Jahre" im Zusammenhang mit „Nachhaltigkeit" und „Agenda" einen „Trend der Umweltbewegung", „statt konkreter Aktionen oder Forderungen unklare Debatten zu führen nach dem Motto ‚Dabeisein ist alles'". Ders.: Agenda, Expo, Sponsoring-Recherchen im Naturschutzfilz. Frankfurt 1998, S. 249ff. Dabei sei der „tatsächliche Text der Agenda 21" den meisten Beteiligten gar nicht bekannt (S. 256).
2   Kritisch dazu Nicholas Hildyard: Wie Füchse als Wächter von Hühnern. Die Rio-Konferenz und ihre Akteure. In: Wolfgang Sachs (Hrsg.): Der Planet als Patient. Über die Widersprüche globaler Umweltpolitik. Berlin 1994, S. 43-62. Bruce Rich: Die Verpfändung der Erde. Die Weltbank, die ökologische Verarmung und die Entwicklungskrise (amerikan.: Mortgaging the Earth). Stuttgart 1998.

politischen und Sozialgeschichte[3]; aber viele Lehrer sind ratlos, wie sie diesen Auftrag umsetzen sollen. Die Unterrichtsvorlagen sind dazu bislang ganz dürftig. Bei nicht wenigen Geschichtslehrern besteht offenbar zudem der – zugegeben nicht ganz unverständliche – Argwohn, dass der Geschichtsunterricht hier wieder einmal in ahistorischer Weise in den Dienst eines aktuellen politischen Interesses gestellt werden soll.

Wenn ein Geschichtslehrer gleichwohl den guten Willen hat, Umwelterziehung zu betreiben, so sind die historischen Materialien, an die er dabei nach gegenwärtiger Lage der Dinge am ehesten gerät, die *Jeremiaden*: all die vielen Klagen, die es schon seit Jahrhunderten gibt, – Klagen über die Zerstörung der Wälder, die Flussverschmutzung, die böse Luft, den Unrat auf den Gassen der alten Städte, den grausamen Umgang mit Tieren. Das Problem ist dabei jedoch: Was fängt man mit solchen Texten an; wo ist die Pointe? Besteht sie darin, dass unsere vermeintlich modernen Umweltprobleme in Wahrheit gar nichts Neues sind, sondern eine alte im Prinzip ewig gleiche Misere? Wo enthalten solche Texte Denkanstöße, überraschende Einsichten, weiterführende Arbeitsaufgaben?[4] Bei nicht wenigen herkömmlichen Ansätzen von Umwelthistorie sieht sich der Lehrende fortwährend in die Rolle der Kassandra verwiesen, während den Schülern scheinbar nur die Rolle des düster und monoton respondierenden Chors in der antiken Tragödie bleibt: „Ach wie schrecklich, wie konnten sie nur!"[5]

Zwei Basler Studenten stellten 1992 am Ende einer Vorlesungsreihe zur Umweltgeschichte die Frage: „Warum ist Umweltgeschichte langweilig?"[6] Das war natürlich eine gezielte Provokation; die beiden ließen zugleich erkennen, dass sie Umweltgeschichte von der Sache her eigentlich gar nicht langweilig fanden. Aber sie vermissten bei dem Gros damaliger umwelthistorischer Arbeiten spannende Probleme und Aha-Erlebnisse; die Umwelthistorie präsentierte sich ihnen zu sehr als bloßer Appendix aktueller Öko-Diskurse. In der Tat gibt es noch zu viele einschlägige Publikationen, bei denen man nach ein paar Seiten weiß, „wohin der Hase läuft", und die nichts als eine Monotonie der Vergewaltigung der Natur durch den Menschen präsentieren. Da ist kein Raum für präzise Erörterungen, *unter welchen Umständen* menschliche Eingriffe in die Natur als Natur*zerstörung* zu interpretieren sind, und woher man die Wertmaßstäbe bezieht, die man dabei anlegt.

---

3   Beispielhaft Nordrhein-Westfalen: Sekundarstufe II Gymnasium/Gesamtschule, Richtlinien und Lehrpläne, Düsseldorf 1999 (= Schule in NRW Nr. 4714), S. 20, 22, 24, 31, 64, 80.

4   Zu diesem Dilemma Joachim Radkau: Vorsorge und Entsorgung. Geschichte und historischer Augenblick in der Mensch-Umwelt-Beziehung. In: Geschichtsdidaktik Jg. 11/1986, S. 209ff.

5   Jürgen Büschenfeld: Flüsse und Kloaken. Umweltfragen im Zeitalter der Industrialisierung (1870-1918). Stuttgart 1997, S. 13.

6   Jan Hodel/Monica Kalt: Warum ist Umweltgeschichte langweilig? In: Environmental History Newsletter, Special Issue No. 1, Mannheim 1993, S. 108-127.

Bei dieser Sackgasse der Umweltgeschichte ist vermutlich von Bedeutung, dass die historische Umweltforschung wie die Ökologie überhaupt international sehr stark von den USA dominiert wird, wo die Umwelthistorie längst unvergleichlich viel stärker etabliert ist als in der Alten Welt und die Masse einschlägiger Publikationen von der Quantität her die Produktion ganz Europas in den Schatten stellt. Die amerikanische Umwelthistorie wie die dortige Umweltbewegung insgesamt stand bis vor kurzem jedoch weithin unter der Faszination des Zauberworts *Wildnis*. Sie war zu einem wesentlichen Teil aus der Bewegung zur Erhaltung und Erweiterung der Nationalparke und einer revisionistischen Geschichte der amerikanischen Eroberung des Westens hervorgegangen.[7] Zu dem Konzept der Nachhaltigkeit hatte sie von Hause aus kein Verhältnis; und Donald Worster, lange Zeit der führende Kopf der amerikanischen Umwelthistorie, verfolgte die Karriere dieses Begriffs mit unverhohlenem Missfallen.[8]

Das ist von der US-amerikanischen Situation her kein Wunder; denn in der dortigen Landwirtschaft gibt es von dem 18. Jahrhundert bis heute keine breite und solide Tradition eines nachhaltigen Umgangs mit dem Boden. Wie schon von Zeitgenossen kritisiert wurde, trug die Landwirtschaft der Yankees von Anfang an in aufreizendem Maße Züge des Raubbaus.[9] Aus der Sicht der amerikanischen Öko-Bewegung erscheint das Schlagwort „Nachhaltigkeit" als ein scheinheiliger Versuch, eine trübe Wirklichkeit zu bemänteln.

Auch in Europa wäre es gewiss voreilig, die traditionelle Landwirtschaft unbesehen und pauschal als nachhaltig zu feiern. Aber eine bewusste *Tendenz* in dieser Richtung war doch oft da: aus purer Not; denn Europa war anders als Nordamerika nie ein „Land der unbegrenzten Möglichkeiten", sondern stets musste man sich mit begrenzten Ressourcen einrichten. Mit dem Konzept der „Wildnis" ist in der europäischen Umweltgeschichte gar nichts anzufangen; vielmehr besteht hier der allererste Lernschritt darin, zu begreifen, dass es hierzulande „Wildnisse" im vollen Sinne seit sehr langer Zeit kaum mehr gibt und es sich auch bei den vermeintlichen „Urwäldern" in der Regel um alte Hudewälder handelt. In Wahrheit führt das Wildnis-Ideal nicht so sehr in die Ökologie wie vielmehr in seelische Tiefenschichten der Naturliebhabers.[10] Das Konzept der „Nachhaltigkeit" dagegen enthält für die Umwelthistorie in der Alten Welt viele Chancen, die zum großen Teil noch kaum ge-

---

7   Guter Überblick bei Carolyn Merchant (Hrsg.): Major Problems in American Environmental History. Lexington, Mass. 1993.

8   Donald Worster: Auf schwankendem Boden. Zum Begriffswirrwarr um „nachhaltige Entwicklung". In: Sachs (Anm. 1), S. 93-112.

9   William Cronon: Changes in the Land. Indians, Colonists, and the Ecology of New England. New York 1983.

10 Hubert Weinzierl ist ehrlich genug, einen Aufsatz „Leitbild Wildnis" mit dem Bekenntnis zu schließen: „Naturschutz ist letztlich eine Frage der Liebe." in: Schön wild sollte es sein ... „ertschätzung und ökonomische Bedeutung von Wildnis. Laufen 1999 (Laufener Seminarbeiträge 2/99), S. 64.

nutzt sind. Und wie am Ende die Ergebnisse aussehen werden, ist nicht abzusehen. Da kann die historische Umweltforschung Überraschungen positiver und negativer Art bescheren. Gerade diese Offenheit der Forschungssituation könnte auch die historische Umwelterziehung auf der Schule spannender und weiterführender machen.

Es gibt daher einigen Grund zu der Annahme, dass sich die Defizite sowohl der Umwelterziehung als auch der Umweltgeschichte zugleich angehen und beheben lassen. Gerade durch die Geschichte bekommt der Begriff „Nachhaltigkeit" Farbe: Er nimmt konkrete Gestalt an, wird aber auch in seiner ganzen Problematik enthüllt. Zugleich erhält die historische Umwelterziehung mit „Nachhaltigkeit" ein sinnvolles Richtziel: sinnvoller jedenfalls als das Leitbild „unberührte Natur", von dem aus die gesamte menschliche Geschichte in der Tendenz zum Negativum wird. Wenn es in der historischen Umwelterziehung darum geht, wie es menschliche Gesellschaften verstanden haben, ihre langfristigen kollektiven Lebensgrundlagen zu schützen – oder auch nicht –, dann wird die Umweltgeschichte von einem Marginal- zu einem Zentralbereich des Geschichtsunterrichts. Und dann gibt es auch die Chance einer quellennahen und quellenkritischen Umweltgeschichte, die geeignet ist, die Vorbehalte vieler Geschichtslehrer abzubauen.

Denn das verdient ganz stark betont zu werden: Umweltgeschichte ist, so verstanden, keine ahistorische Rückprojektion gegenwärtiger Sichtweisen in frühere Zeiten. Das Kriterium der Nachhaltigkeit führt vielmehr zu solchen Fragen an die Geschichte, die schon von vielen Zeitgenossen gestellt wurden. Wenn man für frühere Zeiten die Nachhaltigkeit des Umgangs mit den Ressourcen untersucht, verfährt man weit quellennäher, als wenn man beispielsweise – wie es in historischen Sonderforschungsbereichen geschieht – nach einem Bürgertum in der Antike oder nach Rationalisierungsprozessen im Mittelalter sucht. Denn die Angst vor Bodenerschöpfung und die Suche nach immer neuen Gegenmitteln prägen die Landwirtschaft seit alter Zeit. Und auch das Streben nach Perfektionierung der Stoffkreisläufe ist nicht neu. Schon im späten 18. Jahrhundert lässt die „Oekonomisch-technologische Encyclopädie" von Johann Georg Krünitz erkennen, dass es zu jener Zeit eine breite Diskussion über „Gebrauch und Nutzen des Menschen-Kothes als Dünger" gab.[11] Die längste und ausgiebigste Erfahrung in dieser Hinsicht besaßen die Chinesen.[12] Aber selbst Goethe achtet bei seinen Italienreisen darauf, wie die Städte mit ihrem Unrat umgehen: Neapel bekommt von ihm in dieser Hinsicht eine gute Zensur, Palermo dagegen einen Tadel.[13]

---

11 Günter Bayerl/Ulrich Troitzsch (Hrsg.): Quellentexte zur Geschichte der Umwelt von der Antike bis heute. Göttingen 1998, S. 210ff.
12 Joachim Radkau: Natur und Macht. Eine Weltgeschichte der Umwelt, München 2000, S. 126ff.
13 Goethe, Italienische Reise, Palermo, 5. April 1787: „In Neapel tragen geschäftige Esel jeden Tag das Kehricht nach Gärtern und Feldern, sollte denn bei euch nicht irgend eine ähnliche Einrichtung entstehen oder getroffen werden?"

Zum regulierungsbedürftigen Problem wurde „Nachhaltigkeit" regelmäßig – soweit ist Garrett Hardins „Tragedy of the Commons"[14] zuzustimmen – bei den gemeinsam genutzten Ressourcen. Das sind in älterer Zeit vor allem *Wasser, Wald und Weide.* Den größten Teil der vorindustriellen, ja noch der modernen Umwelt-Problemgeschichte kann man mit diesen drei „Allmenden" in Verbindung bringen, ob in Europa oder in Ostasien. Dabei ist das von Hardin entworfene Bild allerdings insofern schief, als die klassische Allmende eben nicht jener Gefahr einer unkontrollierten und skrupellosen Übernutzung ausgesetzt war wie die heutige „globale Allmende".[15] Das „Gefangenen-Dilemma" trifft in aller Regel nicht auf die historische Allmende zu; denn deren Nutzer waren voneinander ganz und gar nicht isoliert, sondern standen miteinander in engem Verbund, kannten sich gut und beobachteten einander gegenseitig. Die nordwest-deutschen Holthing-(Holzgerichts-) Protokolle mit ihren mitunter sehr drastischen Strafandrohungen gegen Waldfrevler sind ein saftiges, im Unterricht noch viel zu wenig genutztes Quellengenre![16] Die Aufteilung der Waldgemeinheiten dagegen hat im 19. Jahrhundert oft nicht jenen Waldschutz-Effekt gehabt, den die Vorkämpfer des unbeschränkten Privateigentums zuvor erhofft hatten.

Auf der anderen Seite ginge es gewiss zu weit, sich die alte Allmende im Zustand perfekter ökologischer Harmonie vorzustellen. Insbesondere durch das Anwachsen der ländlichen Bevölkerung geriet sie unter wachsenden Druck. Da entstand wohl tatsächlich eine Gefahr der Übernutzung der gemeinsamen Wälder und Weiden. Und schon gar die Regulierung der Inanspruchnahme fließender Gewässer mit vielen Anliegern war stets ein schwieriges und konfliktgeladenes Problem, schon als Folge der flüssigen Natur des Wassers![17]

Bereits hier könnte man eine Brücke zur Anthropologie und Verhaltensforschung schlagen und die Frage stellen, ob es bestimmte Regeln dafür gibt, bis zu welcher Größenordnung soziale Verhältnisse übersichtlich bleiben und die wechselseitige Kontrolle einigermaßen funktioniert. Stimmt es, dass der Mensch durch die Evolution auf eine Loyalität nur gegenüber ziemlich kleinen Gruppen vorprogrammiert ist und, wie Sieferle schreibt, die „ideale Größe für entscheidungsfähige Gruppen" bei fünf bis sieben Personen liegt?[18] Wie gut fundiert sind derartige Befunde der Evolutionsbiologie? Konnte Aristote-

---

14 Umfangreiche neuere Diskussion dazu in John A. Baden/Douglas S. Noonan (Hrsg.): Managing the Commons. 2.ed. Bloomington 1998.
15 Rolf Peter Sieferle: Wie tragisch war die Allmende? In: GAIA 4'1998, S. 304ff.
16 Joachim Radkau/Ingrid Schäfer: Holz. Ein Naturstoff in der Technikgeschichte. Reinbek 1987, S. 54f.
17 G. Baumert: Die Unzulänglichkeit der bestehenden Wassergesetze in Deutschland, Berlin 1876, S. 14: In dem „gemeinen Recht" seien „fast alle Wasserrechtsfragen bestritten" und gäben daher Stoff zu eigen Kontroversen.
18 Rolf Peter Sieferle: Rückblick auf die Natur. Eine Geschichte des Menschen und seiner Umwelt. München 1997, S. 104.

les zu seiner Meinung, der Mensch sei ein „politisches Wesen", nur deshalb
kommen, weil es sich bei der altgriechischen Polis noch um einen einigermaßen übersichtlichen Menschenkreis handelte, wo fast jeder jeden kannte? Solche Grundfragen der Geschichte beurteilen und mit entsprechenden Befunden
der Forschung kompetent umgehen zu können, erscheint mir bislang als ein
Schlüsselproblem bei einer Synthese von historischer Umwelterziehung und
Evolutionsforschung.

Es ist unter Sozialwissenschaftlern ganz wichtig, sich gegen den Vorwurf
des „Biologismus" zu wappnen, der nicht selten als billiges Totschlagargument fungiert! Man vergesse nicht: Unter Sozialwissenschaftlern ist es ganz
wichtig, sich gegen den Vorwurt des „Biologismus" zu wappnen, der nicht
selten als billiges Totschlagargument fungiert! Dazu muss man freilich durchschauen, auf welche Befunde der Evolutionsbiologie man sich einigermaßen
verlassen kann. Da liegt ein Problem: Bei der eigenen Wissenschaftsdisziplin
entwickelt man im Laufe der Jahre einen gewissen Instinkt dafür, welche
Theorien solide fundiert sind und wo es sich eher um modische und vorwiegend aus dem Streben nach Publicity geborene Hypothesen handelt. Bei
fremden Disziplinen dagegen verlässt einen diese Instinktsicherheit; da wird
man ängstlicher.

Beim Thema „Nachhaltigkeit" kann der Historiker zunächst im eigenen
Revier bleiben. Das Leitbild Nachhaltigkeit stammt – sogar welthistorisch betrachtet – aus dem deutschen Forstwesen der frühen Neuzeit; und es lohnt sich,
diese Zielvorstellung dorthin historisch zurückzuverfolgen. Am frühesten formuliert wird sie im Umkreis des Montan- und Salinenwesens mit seinem ungeheuren Holzbedarf. Das Ziel „Nachhaltigkeit" taucht da auf, wo es bedroht ist.
Damals ist es noch als säkularisierte Form von „Ewigkeit" zu erkennen. „Gott
hat die Wäldt für den Salzquell erschaffen", schreibt der Ratskanzler der Sali-
nenstadt Reichenhall 1661, „auf daß sie ewig wie er continuiren mögen/also
solle der Mensch es halten: Ehe der alte (Wald) ausgehet, (dafür zu sorgen,
daß) der junge bereits wieder zum verhackhen hergewaxen ist."[19]

Schon zu jener Zeit fungiert „Nachhaltigkeit" als Kampfbegriff von
Holzgroßverbrauchern gegen andere Waldnutzer, denen Waldzerstörung vor-
geworfen wird. Die alpinen Salinen kämpfen mit „Nachhaltigkeit" gegen die
Bergbauern, die ihre Almen auf Kosten der Wälder ausdehnen wollen. „Nachhaltigkeit" kann dazu dienen, den Kahlschlag gegen die bäuerliche „Plenterwirtschaft" (Einzelstammentnahme je nach Bedarf) durchzusetzen. Oft
mag die Plenterwirtschaft, vom Bodenschutz her betrachtet, nachhaltiger gewesen sein als der Kahlschlag, vor allem im Gebirge. Aber nur mit dem Kahlschlag wurde Nachhaltigkeit auf einfache Art berechenbar.

Alles in allem kann man an der mitteleuropäischen Waldgeschichte sowohl die Leistungsfähigkeit als auch die Tücken dieses Konzepts verfolgen.
„Nachhaltigkeit" ist interessengebunden und auf bestimmte Bedürfnisse be-

---

19 Götz von Bülow: Die Sudwälder von Reichenhall. München 1962, S. 159f.

zogen. Viel hängt davon ab, *wer* Nachhaltigkeit definiert, und mit welcher Methode Nachhaltigkeit bestimmt wird. Die Forstwissenschaftlerin Wiebke Peters brachte es auf mehr als ein Dutzend unterschiedlicher Definitionen der Nachhaltigkeit allein im neueren bundesdeutschen Forstwesen![20] Aber wie dem auch sei: Eine bloße Leerformel ohne praktischen Wert ist „Nachhaltigkeit" aus historischer Sicht überhaupt nicht, ganz im Gegenteil: Es handelt sich um ein ebenso trick- wie folgenreiches Konzept!

Auch folgende Quintessenz lässt sich aus der Waldgeschichte ziehen: Es gibt verschiedene Formen von Nachhaltigkeit. So könnte man zwischen geplanter und inhärenter Nachhaltigkeit unterscheiden. Eine Plenterwirtschaft, die nirgends breite Blößen entstehen ließ, besaß ein starkes Element inhärenter Nachhaltigkeit. Ähnliches gilt für die Niederwaldwirtschaft, die stets ausschlagfähige Baumstümpfe stehen ließ. Zwar war dabei nicht unbedingt dafür gesorgt, dass jedes Jahr eine bestimmte gleichbleibende Holzmenge schlagreif zur Verfügung stand; aber die Wald- und Bodensubstanz blieb erhalten. Wo man im Niederwald *einen* Baum abschlug, wuchsen oft mehrere nach. Das haben all jene Historiker vergessen, die dem riesigen Brennholzverbrauch früherer Zeiten eine Vernichtung der Wälder anlasteten![21]

Fit für Nachhaltigkeit? Dahinter steht die Frage, ob der darwinistische Evolutionsprozess des Survival of the fittest einen nachhaltigen Umgang mit den natürlichen Ressourcen fördert oder gerade nicht. Von Skeptikern hört man immer wieder, die Geschichte demonstriere leider mit aller Krassheit, daß sich auf die Dauer in aller Regel die Skrupellosesten behaupteten, denen es einzig um den eigenen Gewinn hier und jetzt zu tun sei, und die sich den Teufel um langfristige kollektive Lebensinteressen scherten. Ob und wieweit die Geschichte das wirklich beweist: Darüber wünschte man sich eine ganz große und internationale Diskussion der Historiker und Evolutionsbiologen. Diese wäre unendlich viel wichtiger als die meisten der bisher erbittert ausgefochtenen Historikerkontroversen. Ich habe keineswegs den Eindruck, dass man der Geschichte entnehmen kann, dass sich in der Regel derjenige durchsetzt, der sich am wenigsten um Nachhaltigkeit kümmert.[22] Der Aufstieg der USA zur beherrschenden Weltmacht könnte freilich diesen Eindruck hervorrufen; aber das ist nicht die ganze Weltgeschichte. Gerade der „Geist des Kapitalismus" enthält, so wie ihn Max Weber definiert, ein Streben nach unend-

---

20   Wiebke Peters: Die Nachhaltigkeit als Grundsatz der Forstwirtschaft. Ihre Verankerung in der Gesetzgebung und ihre Bedeutung in der Praxis. Die Verhältnisse in der Bundesrepublik Deutschland im Vergleich mit einigen Industrie- und Entwicklungsländern. Diss. Hamburg (FB Biologie) 1984.

21   Oliver Rackham: Ancient Woodland, ist history, vegetation and uses in England. London 1980, S. 102f., 153.

22   Joachim Radkau: Beweist die Geschichte die Aussichtslosigkeit um Umweltpolitik? In: Hans G. Kastenholz u.a. (Hrsg.): Nachhaltige Entwicklung. Zukunftschancen für Mensch und Umwelt. Berlin 1996, S. 24-44.

licher Kontinuität und eine Sorge, nicht von der Kapitalsubstanz zu zehren.[23] Das moderne Umweltbewußtsein liegt ganz in der Konsequenz diese Rationalität und ist wohl nicht zufällig am meisten in protestantischen Industriestaaten verbreitet! Nur dann, wenn man davon ausgeht, dass „Naturvölker" und Nomaden am nachhaltigsten lebten und der Übergang zum sesshaften Ackerbau den ökologischen Sündenfall der Menschheit bedeute, gelangt man zu der Quintessenz, dass – weltgeschichtlich betrachtet – die Nicht-Nachhaltigkeit siegt und die Zukunft der Menschheit daher düster ist. Aber diese Position ist höchst anfechtbar, ja stellt die Dinge in gewissem Sinne geradezu auf den Kopf: Eine bewusste, aktive, planvolle Nachhaltigkeit ist erst auf der Grundlage des seßhaften Bauerntums möglich.[24]

In diesem Zusammenhang kommen wir zu einer weltweiten Streitfrage, deren Beantwortung für die Interpretation der globalen Umweltgeschichte von größter Bedeutung ist: War und ist die nomadische Weidewirtschaft nachhaltig – kann sie das überhaupt sein? Eine planende, aktiv die Regeneration des Steppenbewuchses betreibende Nachhaltigkeit ist Nomaden offenbar unmöglich. Sie beobachten zwar den Boden und die Vegetation sehr genau, verfügen jedoch nicht über Methoden, beides zu konservieren und zu verbessern. Eine *inhärente* Nachhaltigkeit kann das Nomadenwesen dagegen durchaus besitzen, und zwar gerade durch seine Mobilität: Das Weiterziehen verhindert, dass das Weidevieh die Vegetation „ratzekahl" bis zu den Wurzeln abfrisst. In diesem Fall ist es mit der inhärenten Nachhaltigkeit sogar besser bestellt als bei einer Form der Agrarwirtschaft, die den Boden zeitweise unbedeckt lässt.

Es gibt – in der Gegenwart und mehr noch in der Geschichte – zwischen Nomaden jedoch gewaltige Unterschiede: Manche rotieren auf engem, übersichtlichen Raum; bei anderen sind die Verhältnisse weiter und unübersichtlicher. Da lässt sich eine „Tragedy of the commons" schon eher annehmen, vor allem dann, wenn der Viehstand nicht durch Winter- und Dürrezeiten automatisch reduziert wird. Die Nomaden pauschal zu Öko-Vorbildern zu erheben, wie es die Nomadenfreunde unter den Ethnologen gerne tun, ist historisch nicht haltbar.[25] Dies ist jedoch ein klassischer Bereich, wo man nur durch verbesserte Kommunikation zwischen Geschichtswissenschaft und Ethnologie weiterkommt. Auch dann wird man allerdings schwerlich jemals zu einem allgemeinen Konsens und endgültigen Urteil hingelangen.

Hier wie anderswo in der historischen Umweltbildung ist es ein Gebot wissenschaftlicher Redlichkeit, *offene Fragen* als solche kenntlich zu machen und im Raum stehen zu lassen. Es war ein Grundfehler der frühen umwelthi-

---

23 Max Weber: Die protestantische Ethik I, hrsg. von Johannes Winckelmann. Gütersloh 1979, S. 12.
24 Über das mythologische Element in dem Bild von dem in Harmonie mit der Natur lebenden Indianer in ausgewogener Weise neuerdings: Shepard Krech: The Exological Indian – Myth and History. New York 1999.
25 Radkau, Natur und Macht (Anm. 9), S. 84-90

storischen Populärliteratur, den Eindruck zu erwecken, als wüssten wir über die Welt-Umweltgeschichte schon genau Bescheid. Davon kann gar keine Rede sein. Gegenüber der nicht selten naiven Umwelthistorie der ersten Zeit brauchen wir heute gleichsam eine Umweltgeschichtsschreibung der zweiten Generation, die erkenntniskritisch vorgeht und begründete revisionistische Einwände aufnimmt.

Ähnliches gilt für die Umwelterziehung insgesamt und ist längst überfällig. Schon vor zwanzig Jahren kam es vor, dass eine Bielefelder Gesamtschulklasse – von einem Lehrfilm über eine Öko-Landkommune in der Provence begeistert – eine Exkursion dorthin unternahm, um dort mitzuarbeiten. Die Klassenfahrt geriet jedoch zu einem Horrortrip: An Ort und Stelle mussten die Schüler schockiert feststellen, dass es sich bei der angeblich in freier Harmonie mit der Natur lebenden Gemeinschaft in Wahrheit um ein totalitäres Kollektiv handelte, bei dem ein Oberguru nicht nur das Arbeitskommando hatte, sondern auch alle Frauen für sich in Beschlag nahm. Am Ende bekam die Exkursion den Sinn, einem Paar zur Flucht aus dieser Kommune zu verhelfen. Das wirft ein scharfes Licht auf die pädagogische Notwendigkeit, kritisch mit dem umzugehen, was heutzutage alles unter Bio- und Öko-Etiketten betrieben wird! Die Umwelterziehung darf nicht alledem blind applaudieren, und sie sollte sich ebensowenig als bloße Konsensbeschafferin für jegliche Umwelt- und Naturschutzpolitik verstehen. Es gibt eine menschenfeindliche Tendenz im Umweltschutz, die gerade die Pädagogik kritisch beleuchten sollte!

Dieser kritische Zugriff sollte auch den historischen Zugang prägen. Gerade dadurch, dass Schülern die vielen ungelösten Forschungsprobleme bewusst gemacht werden, könnte Umweltgeschichte auf eine neue Art spannend werden! Umweltgeschichte als große Rutschbahn von der ursprünglichen unberührten Natur in den Abgrund besitzt eine trübselige Monotonie, und sie macht im Grunde alles Gegenhandeln sinnlos.[26] Im übrigen produziert sie jene Art von Studien, bei denen man nach den ersten drei Seiten weiß, wie es weitergeht. Es geht auch nicht an – so wie es in Unterrichtsmaterialien geschehen ist –, die angebliche Rede des Indianerhäuptlings Seattle[27] oder Erich Scheurmanns „Papalagi" – die angeblichen „Reden des Südsee-Häuptlings Tuavii"[28] – als authentische Zeugnisse der „Naturvölker" zu präsentieren.[29] Ein unterstellter umweltpädagogischer Wert kann keinen „frommen Betrug" rechtfertigen. Schon seit langer Zeit weisen die Befunde der Ethnologie ein-

---

26 Treffend dazu Simon Schama: Der Traum von der Wildnis. Natur als Imagination (amerikan.: Landscape as Memory). München 1996, S. 22.

27 Dazu William Arrowsmith/Michael Korth: Die Erde ist unsere Mutter. Die großen Reden der Indianerhäuptlinge. München 1995, S. 17ff. und 151ff.

28 Dazu sehr temperamentvoll Hans Ritz: Die Sehnsucht nach der Südsee. Bericht über einen europäischen Mythos. Göttingen 1983, S. 120ff.

29 So etwa in: Verantwortung für die Schöpfung, bearb. von Eckehardt Knopfel, Paderborn 1986 (= Anstoß und Information, Materialien zum Religionsunterricht 7).

drucksvoll darauf hin, dass auch die vermeintlichen „Naturvölker" auf ihre Art *Kultur*völker sind und durch keinen Naturinstinkt, sondern – wenn überhaupt – durch kulturelle Errungenschaften vor einem zerstörerischen Umgang mit ihrer Umwelt bewahrt werden. So oder so enthält die Romantisierung der „Naturvölker" für heutige Jugendliche keine praktische Perspektive.

Schwieriger als bei Wald und Weide ist das Leitkriterium „Nachhaltigkeit" bei der dritten großen „Allmende": dem Wasser. Was „Nachhaltigkeit" in der Wasserwirtschaft bedeutet, ist noch heute nicht ganz durchsichtig, ja wird sogar zunehmend undurchsichtiger, je tiefere Grundwasserschichten von menschlicher Nutzung und Verschmutzung erreicht werden. Frühere Zeiten waren zwar beim Wasser zu einer planvollen Nachhaltigkeit noch weniger imstande. Dafür war jedoch die *inhärente* Nachhaltigkeit der vormodernen Wasserwirtschaft wohl im allgemeinen recht hoch, von fragilen Oasenkulturen vielleicht abgesehen. Einschneidende Flussregulierungen, die zu einer fortschreitenden Grundwasserabsenkung führten, waren mit den technischen Mitteln der Vormoderne kaum möglich. Noch Tullas Rheinregulierung ohne Dampfbagger, wo sich der Rhein sein neues Bett selber zu graben hatte, war nach heutigen Maßstäben geradezu sanft und naturnah.[30]

Auch die alte Wasserversorgung durch Brunnen enthielt ein hohes Maß an inhärenter Stabilität. Es war mühsam, das Wasser aus den Brunnen hochzukurbeln; da ging man ganz von selber mit dem Wasser sparsam um, und da bekam man ein Absinken des Grundwasserspiegels empfindlich zu spüren. Bodenverschmutzung machte sich als Brunnenverschmutzung unangenehm bemerkbar. Zwar wurden dennoch Latrinen nicht selten in der Nähe von Brunnen angelegt – innerhalb der Nachbarschaften besaß man ja keinen großen Spielraum! –; aber man hatte unter den Folgen zu leiden. Gerade das, was die Vorkämpfer der zentralen Wasserver- und -entsorgung im 19. Jahrhundert als himmelschreienden Skandal der alten Zeit brandmarkten, enthielt bei aller Unzulänglichkeit ein Element inhärenter Umweltstabilität. „Merkwelt" und „Wirkwelt" fielen in der Regel noch nicht sehr weit auseinander.[31] Umwelthistorische Prozesse vollzogen sich in den meisten Fällen noch nicht jenseits der sinnlichen Wahrnehmung: Nicht zuletzt deshalb ist eine quellennahe Umwelthistorie möglich!

Am heftigsten kontrovers ist seit langem die Frage, ob alle Umweltprobleme schon in älterer Zeit letztlich aus Übervölkerung resultieren – oder ob „Übervölkerung" ein wissenschaftlich nicht zu fundierendes Phantom poten-

---

30 Christoph Bernhardt: Die Rheinkorrektion. In: Landeszentrale für politische Bildung Baden-Württemberg (Hrsg.): Der Rhein (= Der Bürger im Staat Jg. 50/2000, H. 2), S. 76-81.

31 Diese Begriffe ebenso wie der moderne „Umwelt"-Begriff stammen von dem Biologen Jacob von Uexküll (1864-1944); s. ders.: Niegeschaute Welten. Die Umwelten meiner Freunde. Ein Erinnerungsbuch, Berlin 1936; Günter Küppers/Peter Lundgreen/Peter Weingart: Umweltforschung – die gesteuerte Wissenschaft? Frankfurt 1978, S. 68ff.

tieller Schreibtischmörder ist. Diese Frage muss wohl auch im Unterricht als offene Frage bestehen bleiben. Oft heißt es, die Geschichte beweise die Unsinnigkeit des Konstruktes „Übervölkerung", da sich regelmäßig herausgestellt habe, dass die Erde viel mehr Menschen ernähren könne, als man ehedem habe ahnen können. Gerade dichtbesiedelte Gebiete seien besonders wohlhabend; gerade die Bevölkerungsverdichtung habe von der Wanderwirtschaft zum Ackerbau geführt und auf diese Weise eine planvolle Nachhaltigkeit überhaupt erst ermöglicht.[32]

Aber gerade diese Kontroverse zeigt exemplarisch, wie historische Argumente nur bedingt und innerhalb gewisser Grenzen gelten; und das gilt auch für andere Grundfragen zur Mensch-Umwelt-Beziehung (z.B.: Beweist die Geschichte, dass der Wald dadurch erhalten wird, dass er genutzt, oder dadurch, dass er *nicht* genutzt wird?). Es fehlt nicht an historischen Beispielen für eine Korrelation zwischen Bevölkerungsverdichtung und Verelendung, und zwar von Europa bis Ostasien. Java, noch vor wenigen Jahrzehnten das scheinbare Musterbeispiel dafür, welches Bevölkerungswachstum mit Nassreisterrassen zu bewältigen ist, ist mittlerweile eher zu einem abschreckenden Beispiel geworden. Die „grüne Revolution", die in den 70er Jahren die von Ehrlichs „Bevölkerungsbombe" prophezeite Hungerkatastrophe in Indien verhinderte, ist gerade unter ökologischem Aspekt als ein einmaliger, nicht beliebig wiederhol- und fortsetzbarer Produktivitätsschub anzusehen.[33] China geht selbst aus offiziöser Sicht einer Ernährungskrise entgegen; und seit dem Ende des Maoismus gilt Malthus dort nicht mehr als infamer Reaktionär, sondern die Übervölkerung als Problem ersten Ranges. Zwei namhafte chinesische Wissenschaftler schildern heute die gesamt chinesische Umweltgeschichte der letzten viertausend Jahre als Funktion der demographischen Entwicklung: Demzufolge war in jener Zeit ein Bevölkerungsanstieg stets mit Verschlechterung der Umweltbedingungen verbunden![34]

Noch ein anderer Punkt ist wichtig: Die „Nachhaltigkeit" der Wirtschaft, soweit sie überhaupt bestand, beruhte in der Geschichte, genau besehen, vielfach darauf, dass es vielerorts noch Marginalzonen, ökologische Reserven gab, die lange Zeit nicht bis zum letzten genutzt wurden, sondern gleichsam Pufferzonen darstellten: all die Heide-, Weide-, Hudewald-, Feucht- und „Ödland"-Gebiete. Diese fallen dem Bevölkerungswachstum mehr und mehr zum Opfer; und damit geht ein unauffälliges Element, das über Jahrtausende

---

32 Ein Kompendium der Gegenargumente gegen die Übervölkerungsthese ist das Buch von Joseph Collins und Frances Moore Lappé: Vom Mythos des Hungers. Die Entlarvung einer Legende: Niemand muss hungern. Frankfurt 1978 (aus dem Amerikan.)

33 Hans-Joachim Elster (Hrsg.): Aktuelle Probleme der Welternährungslage. Erfolge und Grenzen der Grünen Revolution, ihre ökologischen Grundlagen und Auswirkungen. Stuittgart 1985 (Schriften der Gesellschaft für Verantwortung in der Wissenschaft 3)

34 Qu Gepnig/Li Jinchang: Population and the Environment in China. Boulder 1994, S. 15 u.a.

ein Mindestmaß an ökologischer Stabilität gewährleistete, zunehmend verloren. Apropos: In diesem Zusammenhang besteht die Chance zu einer partiellen Versöhnung der konträren Leitbilder „Wildnis" und „Nachhaltigkeit", die die Öko-Bewegung spalten und Natur- und Umweltschützer voneinander scheiden! In dieser Richtung dürfte die bislang vergeblich gesuchte Lösung des Problems liegen, Naturschutzgebiete historisch-ökologisch zu begründen.[35]

Oder besteht das Problem „Übervölkerung" auf längere Sicht gar nicht, da sich die demographische Entwicklung auf die Länge der Zeit ganz von selber entsprechend dem Nahrungsspielraum einpendelt? Wie verlässlich ist die Theorie vom „demographischen Übergang" – unter welchen Bedingungen kann man ihn erwarten und unter welchen nicht? Führt die weltweite Urbanisierung automatisch zum Rückgang der Geburtenrate?[36] Das sind ganz zentrale Fragen der historischen Umweltforschung an die Evolutionsbiologie und andere einschlägige Wissenschaftsdisziplinen. Aber es sieht nicht so aus, als dürfe der Historiker da Antworten erwarten, auf die er sich ein- für allemal verlassen kann!

Manchmal kann einem die Idee kommen, die Umwelthistorie, wie die Geschichtswissenschaft überhaupt, die es auf den Zeitfaktor abgesehen hat, als eine Wissenschaft von den *Reibungsverlusten* zu konzipieren. Denn, gewiss, *irgendwann* passt sich notgedrungen stets das Angebot der Nachfrage, die Bevölkerungszahl der Ertragfähigkeit des Bodens, die Wirtschaft den natürlichen Ressourcen an – die Frage ist nur, *wann* und unter welchen Zwängen und Qualen! Und was alles mag auf dem Wege dahin passieren?

Die institutionelle Richtung in den Wirtschaftswissenschaften gründet sich auf die Einsicht, dass der Erfolg in allen ökonomischen Dingen wesentlich von der Minimierung der *Transaktionskosten* abhängt: all jener Reibungsverluste, die durch Unsicherheit, mangelndes Aufeinander-Eingespieltsein, Misstrauen und Missverständnisse, Konflikte und Gerichtsprozesse entstehen. Daraus ergibt sich die zentrale Bedeutung von „Institutionen" im weitesten Sinne unter Einschluss sozialer Normen und vertrauensbildender Gemeinsamkeiten.

---

35 Besonders anregend dazu Ulrich Harteisen: Die Senne: Eine historisch-ökologische Landschaftsanalyse als Planungsinstrument für den Naturschutz. Münster 2000 (= Siedlung und Landschaft in Westfalen 28). Er zeigt auf breiter Materialbasis mit analytischer Schäfte die Fragwürdigkeit, Naturschutz-Leitbilder ahistorisch-„ökologisch" zu begründen.

36 Der Bevölkerungswissenschaftler Herwig Birg gibt weckt entsprechende Hoffnungen, aber doch nur mit Einschränkungen, so im Blick auf die „meist pronatalistischen Wirkungen praktisch aller Kulturen und Weltreligionen" (ders: Die Weltbevölkerung – Dynamik und Gefahren. München 1996, S. 117). Das ist die Gegenposition zu der von Hubert Markl, der immer wieder betont hat, nicht auf die *Natur*, sondern auf die *Kultur* müsse die Menschheit bei der Lösung ihrer Umweltprobleme vertrauen!

Ein ähnlicher Denkansatz könnte auch in der Umweltforschung und Umwelterziehung bahnbrechend sein. Stoffkreisläufe sind von fragwürdigem Nutzen, wenn sie zu energieaufwendig, zu unübersichtlich und mit zuviel unerwünschten Nebenwirkungen verbunden sind. Vermutlich ist die Mülltrennung etwas zu sehr zum Lieblingsthema der Umwelterziehung auf den Schulen geworden – wie Renate Köcher auf dem Mainauer Symposium zur Umwelterziehung bermerkt: „Die kollektive Beteiligung an der Müllentsorgung wirkt – überspitzt gesagt – psychologisch wie ein Ablasssystem des Umweltgewissens"[37] Fragwürdig sind auch solche umweltpolitischen Instrumentarien, die zu einem für den Außenstehenden ganz undurchsichtigen administrativen und Paragraphen-Dschungel geraten. Die Schwierigkeit, historische und aktuelle Probleme der Umweltpolitik im Unterricht zu vermitteln, verweist auf Defizite der politischen Instrumentarien. Eine nachhaltig effektive Umweltpolitik müsste auf der Schule vermittelbar, müsste für den Laien transparent sein!

Um mit den Unsicherheiten des Sozialwissenschaftlers bei dem Umgang mit Befunden der Biologie und Ökologie fortzufahren: Besonders groß wird die Unsicherheit bei der schlechthin fundamentalen Frage, wieweit es Stabilisatoren des Ökosystems Erde gibt, die wir weder durchschauen noch wesentlich zu beeinflussen vermögen. Wenn Nährstoffe in die Flüsse und schließlich die Weltmeere gelangen: Sind sie dann dennoch für die menschliche Wirtschaft *nicht* auf unabsehbare Zeit verloren, weil der globale Stoffwechsel über die Mikroorganismen auch die Weltmeere einbezieht – ein Schlüsselargument von Lovelocks Gaia-Theorie? Ist von daher das Streben der Menschen nach geschlossenen Stoffkreisläufen – ein Leitmotiv der Umweltgeschichte unter dem Kriterium „Nachhaltigkeit" – von nicht so fundamentaler Bedeutung, wie viele Umweltschützer glauben? Entspricht dem Wesen der Natur gar nicht der geschlossene Kreislauf, sondern die unendliche Wechselwirkung? Da scheint die allergrößte Unsicherheit zu bestehen! Aber wie dem auch sei: Auch wenn global und sub specie aeternitatis nichts verloren geht, so können natürliche Ressourcen hier und jetzt für bestimmte Kulturen durchaus verloren gehen. Und die Umwelterziehung braucht Handlungsimpulse im Hier und Jetzt!

Gewiss kann man voraussetzen, dass kein Naturinstinkt den Menschen zum nachhaltigen Umgang mit seiner Umwelt veranlasst, sondern dass dazu Lernprozesse, Institutionen und vielleicht auch traumatische Erfahrungen nötig sind. Schon seit Jahrtausenden, seit den Zeiten des Wanderfeldbaus, ist die Mensch-Umwelt-Beziehung offenbar stets labil gewesen. Andererseits waren die Umweltprobleme jahrtausendelang im Prinzip ewig die gleichen, und sie waren zum großen Teil – vielleicht von dem Versalzungsproblem der Bewässerungswirtschaft abgesehen – relativ simpel. Da waren Lernprozesse und

---

37 In: Aufgeklärt oder ahnungslos? Umweltbewußtsein und Umwelterziehung in Deutschland. Mainau 2000 (= Mainauer Gespräche 15), S. 24.

war die Ausbildung wirksamer Institutionen durchaus möglich, zumal innerhalb übersichtlicher Umwelten. Im Laufe des 20. Jahrhunderts dagegen, vor
allem in seiner zweiten Hälfte, ist die Problemlage vielfach anders und neu-
artig geworden: Das erkennt man gerade durch die weltgeschichtliche Betrachtungsweise sehr deutlich. Kein Wunder, dass die menschlichen Reakti-
onsweisen darauf noch unzulänglich sind.

Man sollte daraus jedoch nicht unbedingt die anthropologische Folgerung
ziehen, der Mensch sei schlechthin nicht in der Lage, sich umweltgerecht zu
verhalten. Der Wert der Zeit-Dimension ist nicht zuletzt der, dass sie von einer allzu strukturalistischen Interpretation transitorischer Phänomene abhält.
Darüber hinaus besteht er darin, die Aufmerksamkeit, die von den Medien
stets auf die akuten Krisen konzentriert wird, auf die *chronischen* Probleme
zu lenken. Auf diese Weise erlangt die Langzeit-Perspektive eine Schlüs-
selbedeutung für die Umwelterziehung; denn die wohl tückischsten Umweltprobleme sind nicht so sehr akuter, sondern eher chronischer Art. Und in dieser Langzeit-Orientierung besteht – zumindest potentiell – auch eine Konvergenz zwischen der Evolutionsbiologie und der historischen Umweltforschung.
„Aufmerksamkeit gegenüber dem Akuten, Gleichgültigkeit gegenüber dem
Chronischen": Das ist für Gerd Spelsberg, den Historiker der Rauchplage, die
Quintessenz aus der Geschichte der Wahrnehmung von Schädigungen der
Umwelt.[38] Die Umkehrung dieser Aufmerksamkeit gehört zum Kern eines
ökologischen Geschichtsbewusstseins.

Bezeichnenderweise kommen einige der wichtigsten Impulse zu einer
globalen und die Jahrtausende überspannenden Umweltgeschichte aus der
Biologie, der Anthropologie und der Evolutionsforschung: Man denke an
Namen wie Jared Diamond[39], Marvin Harris[40], Alfred Crosby[41] oder Garrett
Hardin[42]. Der überspezialisierte Normalbetrieb der Geschichtsforschung ist
heute von einer Weltgeschichte weiter entfernt denn je; über die Ökologie
lässt sich der universalhistorische Blick zurückgewinnen. Dabei wird sich der
Historiker von den großen Thesen einer popularisierten Naturwissenschaft
allerdings nicht nur inspirieren lassen, sondern auch an ihnen reiben!

Noch ein letzter Punkt: Von Philosophen wird heute gerne ein uneigen-
nütziges, „nichtanthropozentrisches" Verhältnis zur Natur gegen den utilitari-
stischen und anthropozentrischen Umgang mit der Natur ausgespielt. Aus historischer Sicht ergibt eine solche Frontstellung wenig Sinn. Bis ins 19. Jahr-

38 Gerd Spelsberg: Rauchplage. Hundert Jahre Saurer Regen. Aachen 1984, S. 117.
39 Jared Diamond: Arm und Reich. Die Schicksale menschlicher Gesellschaften (ameri-
    kan.: Guns, Germs and Steel). Frankfurt 1999.
40 Marvin Harris: Kannibalen und Könige. Die Wachstumsgrenzen der Hochkulturen
    (amerikan.: Cannibals and Kings). Stuttgart 1990.
41 Alfred W. Crosby: Die Früchte des weißen Mannes. Ökologischer Imperialismus
    900-1900 (amerikan.: Ecological Imperialism. The Biological Expansion of Europe
    900-1900). Frankfurt 1991.
42 Vgl. Anm. 10 und 11.

hundert hingen die ästhetische und die utilitaristische Naturliebe im allgemeinen eng miteinander zusammen. Weder bei Rousseau noch bei Goethe ist die eine von der anderen zu trennen. Hat unsere ästhetisch-emotionale Vorliebe für bestimmte Landschaften Gründe, die in der Evolution der Menschheit liegen – spiegelt unser arkadischer Traum die Jahrtausende der Weidewirtschaft? Das könnte eine der spannendsten Fragen der Umwelthistorie an die Evolutionsforschung sein!

In diesem Zusammenhang noch eine dringende und – wie mir scheint – notwendige Empfehlung an die Umwelterziehung: Sie sollte die Diskussionslust der Schüler nicht in Sackgassen lenken und nicht auf solche Pfade locken, die sowohl wissenschaftlich wie auch praktisch-politisch ganz unergiebig sind! „Hat die Natur nicht das gleiche oder sogar noch ein höheres Recht wie wir Menschen?" Diese ganze Öko-Rhetorik „Nichtanthropozentrisches kontra anthropozentrisches Weltbild" ist seit Jahrzehnten auf Podiumsdiskussionen beliebt; aber es handelt sich dabei um ein pures Schattenboxen, das für die Praxis vollkommen irrelevant ist. In dem um 1490 verfassten "Judicium Jovis" des Paulus Niavis tritt zwar die Mutter Erde in grünem Gewand, das Antlitz tränenüberströmt und „am ganzen Körper voller Wunden und blutbespritzt" vor den Göttervater, um den Bergbau der Schändung anzuklagen[43]; aber in Wirklichkeit ist die Natur eben keine göttliche Frau, die vor Gericht Klage erheben kann. Natur- und Umweltschutz geschieht stets aus menschlichen Wahrnehmungen und Wünschen heraus; Vorstellungen von der Natur sind stets Spiegel der Kultur. Es ist ebenso ahistorisch wie unpolitisch, sich um diese Einsicht herumzumogeln.

Auch die Frage, ob die Menschenrechte um Tierrechte erweitert werden sollen, wird bei manchen Jugendlichen gewiss große Leidenschaft aufwühlen. Der Schülerwettbewerb Deutsche Geschichte von 2000/2001 „Genutzt – geliebt – getötet: Tiere in unserer Geschichte", von dem viele Geschichtslehrer zunächst befürchtet hatten, er würde ein Flop werden, ist mit über 1600 Preisarbeiten überraschend – zumindest quantitativ – zum „Renner" geworden: Offenbar hat er ein Schülerinteresse angesprochen, das bislang von vielen Lehrern nicht erkannt wurde. Dennoch sind die „Tierrechte" ein typisches Thema für große Worte ohne praktische Relevanz. Historisch gesehen entsprang die Tierschutzbewegung der nicht unbegründeten Sorge, dass ein brutaler Umgang mit Tieren zur Brutalisierung des Menschen führe. Auch bei der Tierwürde geht es letztlich um die Menschenwürde, und es gibt keinen Grund, diesen Ursprung zu verleugnen.

Eine Kooperation von Geschichte und Evolutionsbiologie könnte die Umwelterziehung vielleicht ein wenig davon abhalten, auf eine sinnlos überzogene Art *moralisch* zu werden. Übersteigerte moralische Ansprüche drohen die Moral ad absurdum zu führen. Eine Tendenz dazu ist in jüngster Zeit nicht

---

43 Paulus Niavis: Judicium Jovis oder Das Gericht der Götter über den Bergbau, hrsg. von P. Krenkel. Berlin 1953 (= Freiberger Forschungshefte, Kultur und Technik D 3).

selten zu beobachten, und damit verbunden ein eklatanter Verlust an politi-
schem Realismus. Demgegenüber regt die evolutionsbiologische Perspektive
zu Überlegungen darüber an, was man von den Menschen, wenn es um scho-
nenden Umgang mit der Umwelt geht, realistischerweise erwarten kann und
was *nicht* – wo gesetzlicher und institutioneller Zwang unvermeidlich ist."
Auch sollte man das Verhalten des Durchschnittsmenschen nicht zu schnell in
Grund und Boden verurteilen: Oftmals hat es seine eigene Vernunft, und diese ist erst einmal zu entdecken.

Gerade in der Umwelthistorie kann man das Webersche Postulat der
Werturteilsfreiheit, auch wenn man dabei nicht stehen bleibt, neu schätzen
lernen; denn da wird die Forschung durch ein Übermaß an moralisierenden
Bewertungen gehemmt. Nicht zu schnell darf man menschliche Sünden und
eine darauffolgende Rache der Natur konstatieren. Ähnlich wie die Evolutionsbiologie könnte die Umwelthistorie gegenüber dem überwiegend „kantia-
nischen" Gestus des Umweltdiskurses – der Hypostasierung eines imaginären
ökologischen Imperativs – ein „hegelianisches" Element in die Debatte bringen, das sich darauf richtet, das Vernunftpotential im tatsächlichen Gang der
Dinge zu ermitteln. Dabei sollte man freilich stets geflissentlich darauf achten, nicht das Reale mit dem Wünschenswerten zu verwechseln!

Eine grundlegende Konvergenz zwischen der Geschichtswissenschaft und
der Ökologie dürfte im übrigen in der Einsicht bestehen, dass es in Umweltfragen keine *allgemeinen* Wahrheiten gibt, sondern nur solche, die an Raum
und Zeit gebunden sind. „Hüte dich vor übermäßigen Verallgemeinerungen"
ist das erste Gebot, das der streitbare englische Forsthistoriker Oliver Rackham dem Umwelthistoriker erteilt.[45] Führt das Bevölkerungswachstum
zwangsläufig zur Degradation der Umwelt? Treibt die freie Weide die Versteppung und Desertifikation voran? Wird der Wald durch Waldnutzung zerstört oder gerade dadurch erhalten? Fördert das Privat- oder im Gegenteil das
Gemeineigentum den Umweltschutz? Sind die Jäger die besten Naturschützer? Auf all diese Fragen gibt es keine allgemeinen Antworten; aber in konkreten historischen Situationen lassen sich sehr wohl plausible Antworten,
wenn auch nur von begrenzter Gültigkeit, finden. Es gibt keinen Grund, Schülern die Grenzen unserer Umwelt-Einsichten vorzuenthalten, ergibt sich doch
gerade daraus, dass jede Generation über ihre Umweltprobleme neu nachzu-
denken hat.

---

44 Dazu Gertrude Lübbe-Wolff: Recht und Moral im Umweltschutz. Baden-Baden 1999.
45 Oliver Rackham/Jennifer Moody: The Making of the Cretan Landscape. Manchester
    1996, S. 10.

Josef H. Reichholf

Der Mensch als Produkt der Evolution

1. Warum verhält sich die Art Mensch so wie sie sich verhält?

Die Menschheit wird, wenn sie so weiter macht wie bisher, schon in naher Zukunft ihre Lebensgrundlagen aufgebraucht haben. Die Einschätzung gilt seit dem letzten Drittel des 20. Jahrhunderts als Tatsachenfeststellung und nicht mehr nur als apokalyptische Version einiger Weltverbesserer. Unter dem Druck der Fakten erklärte daher die Staatengemeinschaft auf dem soge-nannten Erdgipfel von Rio de Janeiro Ende 1992 die Erhaltung der Lebens-vielfalt auf der Erde (Biodiversität) und die nachhaltige (Weiter)Entwicklung (sustainable development) zu den zentralen Zielen und legte diese in der Konvention von Rio zusammen mit der Absicht, das Klima der Erde zu stabi-lisieren, fest.

Notwendig war dieser Erdgipfel von Rio geworden, weil nach Einschät-zung der Fachleute und Meinung der Umweltschützer die Menschheit nicht mehr im Gleichgewicht mit der Umwelt lebt, sondern die Biosphäre immer stärker verändert. Die Zusammenfassung von Biodiversitätsverlust, Klima-veränderung, Anwachsen der Weltbevölkerung auf nunmehr schon erheblich über 6 Milliarden Menschen und den damit verbundenen, sich vergrößernden Schwierigkeiten zu nachhaltiger Entwicklung zu kommen, fokussiert auf den Begriff des Globalen Wandels (global change).

Für den verantwortungsbewussten Blick in die Zukunft stellt sich die Frage, wie viel – oder besser: wie wenig – von den Ressourcen den kommen-den Generationen noch verbleiben und in welchem Zustand unsere Generati-on die Erde hinterlassen wird.

Die Art und Weise, wie die Menschen ihre Umwelt nutzen, entspricht weithin einem Raubbau fern von Nachhaltigkeit.

Die Verwüstungen und Schäden, die dieser Raubbau hinterlässt, erwek-ken verständlicherweise den Eindruck, dass der Mensch als Art irgendwie ei-ne Fehlentwicklung der Natur sei und dass er im Prozess seiner biologischen Menschwerdung regelrecht „ausgebrochen" wäre aus der Einbindung in die Natur und ihre Ordnung. Seither hält er sich nicht mehr an die Spielregeln. Sein promethischer Griff nach dem Feuer, nach der Energie, hat nun die akute

Gefahr der Selbstvernichtung heraufbeschworen, weil sein maßloser Energieverbrauch selbst dann die Existenzgrundlage vernichten wird, wenn die ent-
fesselten Energien nicht direkt zur Vernichtung von Menschen eingesetzt
werden sollten. Zerstört dieser Energieverbrauch doch das in Jahrmillionen
zustande gekommene, wohlgeordnete Haus „Gaia", das Oikos der Biosphäre.

„Sündenfall" und „Ausweisung aus dem Paradies" passen als biblische
Metaphern recht gut zu dieser negativen Einschätzung des Menschen, der sich
über die Natur erhoben hat und sich als ihr Herr und Meister dünkt.

Wenn diese Einschätzung der Art Mensch zutreffen sollte, wofür in der
Tat viele Fakten sprechen, wirft sie die Frage nach den Gründen und Hinter-
gründen auf: Warum ist das so gekommen mit dem Menschen? Warum verhält er sich so wenig naturgerecht und so ganz anders als all die anderen Lebewesen? Warum geriet er in seiner Entwicklungsgeschichte auf die falsche
Bahn?

Solche Fragen greifen zurück in die evolutionäre Vergangenheit und sie
gehen davon aus, dass der Mensch wie die anderen Lebewesen auch ein Produkt der Evolution ist; ein (so) Gewordener und kein einfach irgenwann (so)
Geschaffener. Wäre Letzteres der Fall, könnten wir nach Ursachen gar nicht
fragen. Das So-sein des Menschen müssten wir hinnehmen wie es ist und wir
könnten lediglich die Folgen seines Tuns bewerten und zu verändern versuchen. Dieses „Du sollst.." erwies sich aller Vernünftigkeit zum Trotz wie
auch offenbar weithin unbeeindruckt von allen damit verbundenen Andro-
hungen als nicht wirksam genug, um den Menschen und sein Tun „gut" zu
machen. Aller Wahrscheinlichkeit nach blieb er in den letzten Jahrtausenden
im Wesentlichen so wie er war und wie er geworden war im Prozess der Evolution.

Deshalb erscheint die andere Möglichkeit, zu fragen, warum der Mensch
so geworden ist (sein könnte) wie er ist, nicht unvernünftig. Denn die Erfahrung in so gut wie allen anderen Bereichen des Lebens zeigt, dass die Vergangenheit Vieles erklärt und verständlich macht, was in der Gegenwart ist
und abläuft. Ohne Kenntnis der Vergangenheit geraten Projektionen aus der
Gegenwart in die Zukunft zu reinen Spekulationen.

Doch gleichzeitig rechtfertigt die Vergangenheit weder die Gegenwart noch
macht sie die Vorgaben, was in der Zukunft sein soll. Der häufig – und nicht
selten auch ganz zu Recht – kritisierte „biologistische Fehlschluss" bedarf der
Ausweitung: Auch der mögliche „evolutionistische Fehlschluss" muss bedacht
und verhindert werden. Nichts rechtfertigt sich ethisch allein aus der Tatsache,
dass es so geworden ist wie es ist. Aber die Ursachen und die früheren Gege-
benheiten und Rahmenbedingungen zu kennen, kann die Beurteilung der gegenwärtigen Lage verbessern und wirklichkeitsnähere, also realistischere Einschätzungen der Chancen für die gewollten Veränderungen bringen.

Wichtig ist hierbei, zu betonen, dass die anfänglichen Bedingungen und
Auslöser für die evolutionäre Entwicklungen erheblich verschieden von den
gegenwärtigen gewesen sein können. Was ursprünglich „gut" war, weil es das

Überleben förderte, muss nicht „gut bleiben", wenn sich die Umstände verändert haben. In diesem Sinne betrachtet der evolutionsbiologische Ansatz auch den Menschen als Produkt einer zeitlich jahrmillionenlangen Entwicklung, die seinen Körperbau geformt und sein Verhalten geprägt hat, lange bevor es zur globalen Massenausbreitung dieser Art Mensch *Homo sapiens* gekommen ist.

Ob diese Art Mensch „fit für Nachhaltigkeit" ihrer Natur nach ist oder ob sie dazu erst irgendwie „fit gemacht" werden muss, ist das Anliegen dieser evolutionsbiologischen Übersicht. Diese muss mit dem Ursprung der Gattung Mensch beginnen, weil damals die wesentlichen Grundlagen zustande gekommen sind und nicht erst mit dem Sesshaftwerden oder der Entstehung der ersten Zivilisationen. In dieser nach evolutionsbiologischen Zeiträumen bemessen „frühen Vergangenheit" der letzten 10 000 Jahre war der Mensch mit Sicherheit als biologische Art längst „fertig". Die seit dieser letzten Phase der Entwicklung ablaufenden Veränderungen sind weitestgehend kultureller Natur und damit prinzipiell viel leichter zu beeinflussen und zu verändern als das biologische Erbe, das sozusagen die Grundausstattung der Art Mensch darstellt.

2. Der Ursprung des Menschen

Die Gattung Mensch (Homo) hat sich nach gegenwärtigem Stand der biologisch-paläontologischen Kenntnisse vor etwa zwei bis drei Millionen Jahren im ostafrikanischen Savannengebiet gegen Ende der Tertiärzeit und zu Beginn des Eiszeitalters (Pleistozän) entwickelt. Ostafrika dürfte auch nach den neuen Befunden der vergleichenden Genetik mit großer Wahrscheinlichkeit der Ursprung der Art Mensch (Homo sapiens) gewesen sein und zwar vor etwa 120 000 bis 150 000 Jahren. Vor etwa 70 000 Jahren breitete sich dieser „anatomisch moderne Mensch" nach Eurasien hinein aus, wo noch Eiszeitklima herrschte, und erreichte vor gut 40 000 Jahren Südostasien und Australien. Noch später gelang den Menschen auch die Einwanderung nach Amerika, die primär über die damals wegen des stark abgesunkenen Meeresspiegels trocken gefallene „Bering-Straße" stattfand, aber aus mehreren „Wellen" etwas unterschiedlichen nordostasiatischen Ursprungs stattfand. Diese Ausbreitung aus dem tropischen Afrika heraus lässt sich recht überzeugend an genetischen Merkmalen und Unterschieden, aber auch in der Geographie der Sprachen nachweisen.

Voraus gegangen waren zwei ähnliche, jedoch nicht bis Amerika und Australien reichende „Vorstöße" von anderen Menschenarten. Der erste davon war der „Aufrechte Mensch" (*Homo erectus*), der zu Beginn des Pleistozäns Eurasien besiedelte und bis Nordostchina und Java gelangt war. Seine Hauptausbreitung vollzog sich in der ersten Phase des Eiszeitalters vor mehr als einer Million Jahren. In der Gehirngröße befand sich *Homo erectus* noch etwa zwischen den ferneren Vorgängern des Menschen der Gattung *Australopithecus*, die nur innerhalb Afrikas vorkamen und im Vergleich zum Schimpansen ein nur wenig vergrößertes Gehirn hatten, und dem heutigen Menschen. Unser Gehirn ist ungefähr dreimal so groß wie das eines Schimpansen oder der *Australopithecus*-Arten vor zwei bis vier Millionen Jahren. Hatten diese ein Gehirnvolumen von etwa 500 Kubikzentimetern, so brachte es *Homo erectus* schon auf etwa 1000 Kubikzentimeter oder etwas mehr, während die „anatomisch modernen Menschen" unserer Art *Homo sapiens* die Gehirngröße weiter auf 1300 bis 1400 Kubikzentimeter steigerten.

Das größte Gehirn hat dieser „anatomisch moderne Mensch", haben somit auch wir heutigen Menschen nicht! Unsere Gehirngröße war nämlich von der zweiten Menschenart wohl deutlich übertroffen worden, die ebenfalls aus dem afrikanischen Grundstock gekommen und vor 300 000 Jahren bis fast zum Ende der Eiszeit gelebt hat: der Neandertaler (*Homo neanderthalensis*). Seine Gehirngröße dürfte um 1500 Kubikzentimeter und darüber gelegen haben. In Südwestasien, sicher im Bereich des heutigen Palästina, lebten beide Menschenarten Zehntausende von Jahren nebeneinander, aber offenbar ohne sich zu vermischen. Vor etwa 30 000 Jahren, in jener Zeit als *Homo sapiens* als sogenannter Cro-Magnon-Mensch die wundervollen Höhlenmalereien von Altamira, Lascaux und anderen Stellen in Westeuropa schuf, starb der Neandertaler aus. Unsere Ahnenreihe zurück zu den Primaten, die uns einstens mit dem Zweig der Menschenaffen verbunden hatten, von denen uns (zu den Schimpansen) gerade ein wenig mehr als ein Prozent Unterschied im Erbgut trennen, ist voller ausgestorbener Arten. Wir sind die einzigen Überlebenden unserer Ahnenreihe! Die beiden Schimpansenarten, der Gorilla und der Orang Utan stehen uns, trotz großer genetischer Übereinstimmung, schon recht fern. Über fünf Millionen Jahre eigenständige Evolution trennen uns. In dieser Zeit ist die Gattung Mensch etwas so Anderes geworden, dass wir uns schwer tun, uns mit unseren nächsten Verwandten zu identifizieren, wenngleich wir zu beinahe 99 Prozent Menschenaffe sind.

Der Ein-Prozent-Unterschied bewirkte viel, aber dieses kam nicht gleichzeitig, sondern zu entwicklungsgeschichtlich sehr unterschiedlichen Zeiten zustande. Das geht aus Abb. 1 hervor, in der die wesentlichen anatomischen Veränderungen vergleichend zusammengefasst sind. Daraus lässt sich entnehmen, dass die „Menschwerdung" in verschiedenen Phasen ablief, die mit unterschiedlicher Lebensweise verbunden gewesen sein müssen.

Überraschender Weise wird der Mensch um so „jünger", je weiter wir an seinem Skelett abwärts gehen. Einzige Ausnahme macht die Stirn, hinter der sich die jüngste und für unser Verhalten wie für das Weltverständnis sicherlich wichtigste Neubildung, der Neocortex, verbirgt. Die besondere Ausbildung und Vergrößerung der Großhirnrinde fand erst in der jüngsten Evolutionszeit, vor gut 100 000 Jahren, statt, während Arme und Brustkorb rund hun-

Abb. 1: Menschliches Skelett mit Angabe des evolutionären Alters (in Millionen Jahre) der einzelnen Teile

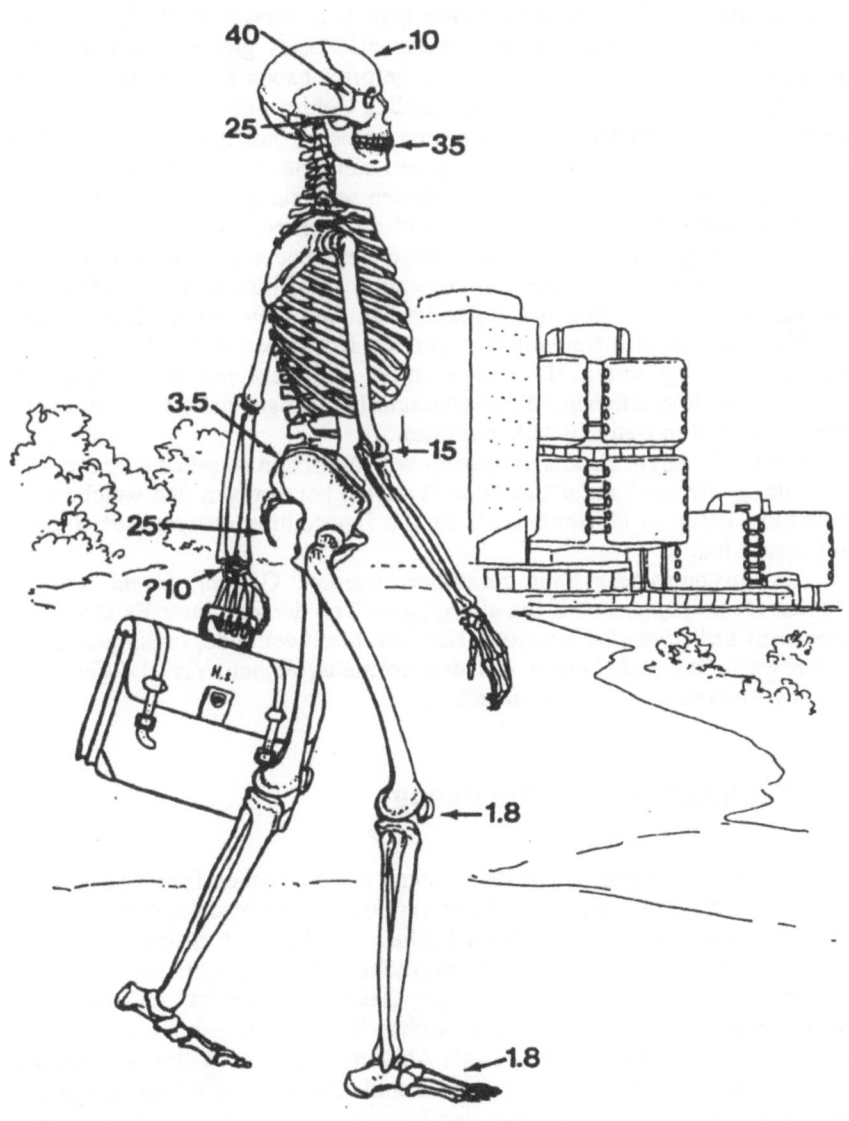

aus: Fleagle (1986)

dertmal älter, nämlich etwa 15 Millionen Jahre alt sind. Die Vollendung des aufrechten Ganges mit zweibeiniger Fortbewegungsweise liegt dagegen nur gut ein Zehntel dieser Zeitspanne zurück und datiert auf 1,8 bis 2,5 Millionen Jahre in der gattungstypischen Version *Homo*. Allein aus diesen groben Zeit-dimensionen und ihren Unterschieden geht klar hervor, dass sich die ver-schiedenen Teilbereiche unserer Lebensweise nicht gleichzeitig entwickelt und in ihrer menschentypischen Weise geformt haben können. Der Mensch war längst ein „Läufer" ehe er sein großes Gehirn entwickelte und bis zur dreifachen Größe im Vergleich zu seinen nächsten biologischen Verwandten, den Menschenaffen, körpergrößenbezogen steigerte. Er konnte schon ehe er zum Läufer geworden war, mit den Händen sehr gut greifen und hatte damit die Voraussetzungen, zum „Be-Greifen" zu kommen, was ihm aber wohl dann erst das große Gehirn, insbesondere die Neocortex-Entwicklung, voll-ends ermöglichte. Da nun aber die Forschung an nichtmenschlichen Primaten wie auch an anderen Säugetieren gezeigt hat, dass viele, wenn nicht die mei-sten Verhaltensweisen funktionsbezogen auf Körperbau und Lebensstil abge-stimmt sind, folgt daraus, dass wir auch bei uns Menschen eine solche Ver-knüpfung mit körperlichen Fähigkeiten und Umweltgegebenheiten annehmen oder zumindest in Betracht ziehen müssen.

Das heißt, es gilt zu klären, warum wir Menschen so sehr als *brainy run-ners,* als „gehirnige Läufer", aus den Primaten herausragen und welche Kon-sequenzen unser so Gewordensein für die Beurteilung unserer Beziehungen zu Umwelt hat.

Als Ausgangsthese kann formuliert werden: Gattung *Homo* und Art Mensch *Homo sapiens* sind den allergrößten Teil der Zeit ihrer Existenz vom Lebensstil her *Nomaden* gewesen. Ihre herumschweifende, ortsungebundene Lebensweise hat sich bereits aus den vormenschlichen Vor-„Läufern" der Gattung *Australopithecus* entwickelt.

3. Exploitative Umweltnutzung

Die vergleichend anatomische Betrachtung des Menschen lässt keinen ande-ren Schluss zu: Wir sind Läufer! Die vergleichende physiologische Betrach-tung lässt ebenfalls keinen anderen Schluss zu: Wir sind in den Tropen ent-standen! Unser Stoffwechsel ist auf tropische Umweltverhältnisse eingestellt. Der Grundumsatz, mit dem der Körper gleichsam „beheizt" und funktions-tüchtig gehalten wird, entspricht typischen Tropen-Säugetieren und keines-wegs solchen, die wie die Hunde (als Abkömmlinge der Wölfe) an außertro-pisches oder gar kaltes Klima angepasst sind. Das zeigt sich auch in unserem großartigen Hautkühlsystem, das uns Dauerleistungen ganz außergewöhnli-chen Ausmaßes für Säugetierverhältnisse ermöglicht. Menschen können bei einigermaßen guter Kondition nicht nur länger laufen als die besten Läufer

unter den Säugetieren (zum Beispiel die mehr als 40 Kilometer eines Mara-
thon-Laufes), sondern auch, wie es im Vergleich mit Säugetieren scheinen
mag, „unnatürlich" lang und hart arbeiten! Diese biologische Gegebenheit
versetzt sie in die Lage, ihre Umwelt weitaus stärker aktiv verändern zu können als jedes andere Lebewesen. Korallenriffe oder Wälder wachsen langsam,
über Jahrtausende oder Jahrmillionen, heran und verändern mit diesem Wachsen und Werden die Umweltbedingungen darin und in der Umgebung. Aber
dies geschieht eben passiv und gleichsam unabsichtlich; nicht aktiv und ge-
wollt oder geplant, wie beim Menschen. Dass Ausmaß und Geschwindigkeit
der Umweltveränderungen durch den Einsatz von technischen Hilfsmitteln in
erdgeschichtlich jüngster Zeit, in lediglich gut 10 000 Jahren, gewaltig zuge-
nommen haben, stellt eine quantitative Veränderung, insbesondere eine Be-
schleunigung, dar, aber keine grundsätzliche Neuerung. Denn wir müssen davon ausgehen, dass schon sehr früh in der Entwicklungsgeschichte unserer
Art mit der aktiven Beeinflussung der Umweltbedingungen begonnen worden
war; etwa durch den Einsatz von Bränden zur Lenkung von Beutetier-Herden
oder zur Begünstigung von Graswuchs, was wiederum jagdbare Großtiere an-
gezogen hat, die unsere ferneren Vorfahren nutzen konnten. Dass sie dabei im
„Einklang mit der Natur" gelebt haben würden, kann kaum mehr als eine
schöne Fiktion sein. Das ergibt sich aus der Tatsache, dass überall, wohin
Menschen kamen und auf eine Tierwelt stießen, die noch keine „Erfahrungen" mit dieser besonderen Art von Raubtier gemacht hatte, Ausrottungen die
Folge waren (Crosby 1986). Das ging bis in die letzten Jahrhunderte so und
ist historisch bestens dokumentiert. Aber viel spricht auch dafür, dass schon
das späteiszeitliche Massenaussterben von Großtieren, dem unvergleichlich
mehr Arten an Säugetieren und Vögeln zum Opfer gefallen sind als in unserer
Zeit, vom Menschen verursacht worden war. Martin & Klein (1984) sprechen
regelrecht vom „Pleistozänen Overkill", um die offensichtlich bedenkenlose,
überhaupt nicht an weiterer oder gar zukunftsorientierter Nutzung ausgerichtete Ausrottung genutzter Großtiere durch den späteiszeitlichen („Steinzeit")
Menschen zu charakterisieren.

Tatsächlich gibt es bis zum Anfang der sogenannten historischen Zeit der
letzten zwei bis drei Jahrtausende keine Hinweise auf eine frühere großflächi-
ge Übernutzung oder gar Umweltzerstörung aufgrund von sesshafter Lebensweise, wohl aber sehr viele Befunde und Hinweise auf die Übernutzung von
Beutetieren oder die Ausrottung von „Feinden" und zwar weltweit. Dank des
weitgehend nomadischen Lebensstiles wurden diese Effekte nur indirekt über
Zusammensetzung und Häufigkeit der von Menschen genutzten (Groß) Tierarten sichtbar. Sie drücken sich auch in der geographischen Verbreitung und
im Verhalten der größeren Tiere aus. Wo Menschen nicht hingekommen waren oder aus anderen Gründen, wie etwa durch Krankheiten, fern gehalten
wurden, hat sich eine artenreiche und den Umweltgegebenheiten entsprechende Großtierwelt (Megafauna) erhalten und diese zeigt auch gegenüber
den Menschen unserer Zeit nun keine oder kaum eine Scheu – ganz im Ge-

gensatz zu den alten Siedlungsgebieten und Jagdbereichen der Menschen in Eurasien und Teilen von Afrika. In den „neuen Welten" Amerikas und Australiens stießen die Europäer auf eine merkwürdig vertraute, auf abgelegenen ozeanischen Inseln sogar auf eine anscheinend völlig zahme Megafauna. Dennoch hatten schon die Vorfahren der amerikanischen Urbevölkerung mit ihrem Eintreffen ein Massenaussterben verursacht (Martin & Klein 1984), so dass auch die beiden amerikanischen Kontinente keine vom Menschen unberührte Natur mehr darstellten als die Europäer kamen. Mit Australien verhielt es sich nicht anders.

Nachdem jedoch der Ackerbau, unabhängig voneinander und auch zeitlich verschieden, an drei Hauptstellen, nämlich im Bereich des „Fruchtbaren Halbmondes" im vorderasiatischen Verbindungsbereich zu Afrika, in Südostasien und in Mittelamerika erfunden worden war (Diamond 1998) und sich ausbreitete, kam auch eine Abfolge von Übernutzungen zustande, die sich in den unterschiedlichsten Regionen der Erde nachweisen lassen. Keine sesshafte Ackerbau-Kultur hat wirklich nachhaltig gewirtschaftet (Diamond l.c.; vgl. auch Crosby 1986); Dauerhaftigkeit ergab sich in manchen Fällen von Flußoasen-Kulturen (z.B. im unteren Niltal) durch die periodisch wiederkehrenden, die Fruchtbarkeit stets wieder erneuernden Überschwemmungen (Odum & Reichholf 1980). Somit wurde im Prinzip auch nach der Entstehung sesshafter Lebensweise die Umwelt, wie in den Jahrzehntausenden des Jäger- und Sammler-Lebens, nicht nachhaltig, sondern in der typisch exploitativen Weise ausgenutzt. Waren die örtlichen/regionalen Ressourcen erschöpft, wurde weiter gezogen. Eine direkte, langfristige Nutzung der Ressourcen an Ort und Stelle entspricht überhaupt nicht unserer Natur. Sie konnte in reichlich unvollständiger Weise nur über längere Zeiträume integrativ zustande gebracht werden: Eine mehr oder minder lange „Erholungszeit" für die Natur setzte mit dem Abzug der Menschen ein und ermöglichte die Regeneration der Ressourcen, wie man das auch bis in die Gegenwart von Kulturen kennt, die Wanderfeldbau (shifting cultivation) betrieben haben. Auch das frühere, in Mitteleuropa weithin übliche System der „Dreifelder-Wirtschaft" mit einer Brache-Phase, die dem Boden die Regeneration ermöglichte, stellt so einen unzureichenden Versuch dar, dem genutzten Land eine Wiedererholung unter dauerhafter Bewirtschaftung zu ermöglichen. Dass dennoch Bodenfruchtbarkeit und Ertrag der Felder über die Jahrhunderte stark zurückgegangen sind, zeigt, dass dieses System nicht ausreichte, um die nutzungsbedingten Verluste auszugleichen. Das änderte sich erst mit dem Einsatz von künstlichen Düngemitteln; mit der von Justus von Liebig ausgelösten Agrarrevolution!

Eine grundsätzlich vergleichbare Problematik finden wir in anderen Bereichen; etwa bei der Übernutzung mit großflächiger Vegetationszerstörung durch Elefanten, die in Nationalparks „eingesperrt" sind und keine großräumigen Wanderungen mehr machen können, oder bei den Rothirschbeständen in (mittel)europäischen Wäldern, die wegen entsprechender Unterbindung ihrer früher üblichen, weiträumigen Wanderungen gewaltige Schäden in den

Wäldern verursachen und deren Selbstregeneration verhindern (das sogenannte Schalenwildproblem!).

Und analog zu den Verhältnissen bei den „eingesperrten" Hirschen und
Elefanten, deren Bestände über die Umweltkapazität der ihnen zugewiesenen
Lebensräume, sogar trotz jagdlicher Nutzung im Fall des Schalenwildes, hin-
auswuchsen, setzte auch beim Menschen als unmittelbare Folge der „Erfindung" von Ackerbau und Viehzucht eine massive Bevölkerungsexplosion ein,
die sich im Gefolge der industriellen Revolution der Neuzeit weiter beschleu-
nigte und mit noch weiter stark steigender Tendenz vor der Jahrtausendwende
schon die 6-Milliarden-Marke überschritten hat. Die Projektionen und Hoch-
rechnungen gehen von Größenordnungen bis über 15 Milliarden Menschen
aus, die unseren Planeten Erde bevölkern werden, bis es zum Einschwenken
auf die Umweltkapazität kommt – so es überhaupt dazu kommt!

Denn wiederum seiner Natur (im Vergleich zu anderen Primaten) nach ist
der Mensch ein „r-Typ", der sein Fortpflanzungsverhalten nicht an irgend-
welchen örtlichen oder regionalen Umweltkapazitäten orientiert, sondern weit
über „Bedarf"(nämlich für ein populares Gleichgewicht, in dem sich Geburtenrate b, Sterberate m, Zuwanderungsrate I und Abwanderungsrate E in der Form
von $b - m + I - E = 0$ ausgleichen) Nachwuchs hervorbringt. Bei sehr geringen
Sterblichkeitsraten bilden schon schwach darüber liegende Geburtenraten einen
Netto-Zuwachs, der ohne Ausgleich über Abwanderung zu exponentiellem
Wachstum führen muss. Da die Menschen im großen Durchschnitt gut doppelt
so viele überlebende, die eigene Fortpflanzungsreife erreichende Kinder als etwa Schimpansen oder andere nahe Verwandte unter den Primaten vergleichbarer Körpergröße erzeugen, ohne dass es zur Einstellung der Höhe der Nach-
wuchsrate auf die vorhandenen Umweltkapazitäten kommt, muss der Mensch
als „r-Typ" eingestuft und hinsichtlich seines zukünftigen Verhaltens aus dieser
Sicht beurteilt werden. Dabei kommt vor allem auch der (früheren) Rolle der
Krankheiten eine vorrangige Bedeutung zu.

4. Die Rolle der Krankheiten

Im Prozess der natürlichen Evolution ist aus ursprünglich schwinghangelnden,
sicherlich felltragenden Primaten im Zuge der Menschwerdung ein weitgehend nackter Läufer entstanden. Diese Nacktheit ist kein Mangel, sondern sie
stellt vielmehr eine großartige Entwicklung zum wirkungsvollsten Kühlsy-
stem dar, das es bei Landsäugetieren überhaupt gibt. Die nackte Haut steckt
voller Schweißdrüsen. Sie wird bis dicht unter die Oberfläche intensiv mit
Blut versorgt und enthält hochsensible Nahsinnesorgane für Temperaturemp-
findungen und Berührungsreize, was unsere Haut außerordentlich „sensibel"
macht. Aber auch hochempfindlich!

Für blutsaugende Insekten, wie Stechmücken, Stechfliegen und Bremsen und andere auf Säugetierblut spezialisierte Organismen bilden wir Menschen aufgrund unserer dünnen, leicht anzuzapfenden Haut die mit Abstand beste und attraktivste Nahrungsquelle, die sich auch andere Spezialisten, wie Flöhe, Wanzen und Zecken, zunutze gemacht haben. Dabei können gefährliche Krankheitserreger und Parasiten übertragen werden. Auch für Pilzinfektionen ist unsere dünne, feuchte (weil drüsenreiche) Haut ein sehr gut geeigneter Nährboden. Ihre geringe Robustheit macht sie zudem anfällig für mechanische Verletzungen und im Gefolge davon für das Eindringen von Bakterien (z.B. Wundstarrkrampf oder Eiterbazillen). In diesem Sinne ist unsere Nacktheit gleichzeitig die Grundlage für unsere außerordentliche körperliche Leistungsfähigkeit wie auch unsere „Achillesferse" was die Anfälligkeit für Krankheiten betrifft. Da mit Arbeit und körperlicher Dauerbelastung in anhaltendem Lauf auch die innere Oberfläche der Lunge hochgradig in Anspruch genommen wird, kommt diese als weitere besonders gefährdete Infektions-Oberfläche hinzu.

So lange – und das war der allergrößte Teil der Existenzzeit der Art Mensch – die nomadische Lebensweise verhinderte, dass sich Menschen zu lange an einem Ort aufhielten und sich entsprechend die Befallsgrade von Krankheitserregern und Parasiten hochschaukeln konnten, bildete die Verfügbarkeit von Nahrung die Begrenzung der Umweltkapazität. Hunger dürfte wohl über weite Strecken der menschlichen Existenz steter Begleiter gewesen sein. Die Fähigkeit, in kurzer Zeit übergroße Mengen an Nahrung zu „verschlingen" verweist auf diesen Umstand genau so wie die Gefährdung, die für uns von verdorbenen Lebensmitteln ausgeht. Wir sind weder richtige Fleischverwerter (mit entsprechend starker Konzentration von Magensäure und wirkungsvollen Abwehrmechanismen für Leichengifte) noch reine oder überwiegende Pflanzenkostverwerter. Dazu ist unser Bedarf an hochkonzentriertem Eiweiß hoher Qualität zu groß und könnte unter Naturbedingungen ohne Fleisch als Zusatznahrung von Pflanzenkost allein nicht gedeckt werden (Reichholf 1998, Stanford 1999). In dieser Kombination bot wiederum die nomadische Lebensweise die günstigste Kombination von Suche nach nutzbaren Pflanzen und Aas von frischtoten Tieren oder Jagd nach Beute; erst die Nutzbarmachung von den so bezeichneten Kulturpflanzen, die angebaut werden können und auf voraussehbare Zeit hinlänglich verlässliche Ernten liefern, wie auch die Haltung und Nutzung von Haustieren setzte diesem nahrungsökologisch notwendigen Nomadismus ein Ende. Gleichzeitig wurde aber auch ein Spaltung in zwei recht unterschiedliche Gesellschafts- und Umweltnutzungstypen erzeugt: In Ackerbauer mit besonderer Sesshaftigkeit und Viehhirten als weiterhin weitgehend nomadisch lebende Menschen. Die höhere Verfügbarkeit von Kohlenhydraten in der Nahrung der Ackerbauer begünstigte deren „Bevölkerungsexplosion" und verminderte im Vergleich zum Pastoralismus der Wanderhirten die Ausrichtung an der natürlichen Umweltkapazität. Der Ackerbau versucht seit Anbeginn dem Boden mehr abzuringen als natürlicherweise auf eine oder einige wenige Pflanzenarten entfallen würde. Das führt zwangsläufig zur „Kultivierung" durch Ausschaltung oder starke Minderung der Konkurrenz von anderen Pflanzen und die Bekämpfung von Tieren, die an den Erträgen teilhaben „wollen", während sich Wanderhirten mit ihren Herden und Wildtiere besser arrangieren können und nicht selten zusammen in komplexen Nutzungsabläufen dieselben Großräume erfolgreich bewohnen. Eine erhebliche Intensivierung gelang erst in jüngster Vergangenheit durch künstliche Ansaat spezifisch haustierbezogener Futterpflanzen auf den – von Wildtieren nun weitgehend frei gehaltenen – Weideflächen oder durch die weitestgehende bis vollständige Verlagerung der Tierproduktion in Stallungen mit Massenhaltung, die einer quasi-industriellen Tierproduktion fern von natürlicher Nutzung von Weideland und ohne Bindung an die Produktionskapazität der Weiden entspricht. Die Folgen sind bekannt und machen gegenwärtig weitaus größere Probleme als die ackerbauliche Nahrungsmittelproduktion.

Wenn überhaupt, so hätte ursprünglich also das System der Wanderhirten die Möglichkeit in sich getragen, umweltstabil und nachhaltig zu werden. Tatsächlich kommt es nicht von ungefähr, dass das griechische Ursprungswort für Gesetz „nomos" und Nomaden das selbe ist. Denn es handelte sich um die (vernünftig) geregelte Nutzung der Weideflächen, deren Ertragsfähigkeit erhalten bleiben sollte. Davon sind wir inzwischen zwei Jahrtausende entfernt und von sinnvoller, gesetzmäßiger und die berechtigten Ansprüche der übrigen Gemeinschaft wie der anderen Viehhalter berücksichtigenden Nutzung kann keine Rede mehr sein (in der Tierproduktion der modernen Massentierhaltung). Im Gegenteil: Die (Massen)Tierhaltung ist zum Hauptproblem für die Zukunft der Erde und der Menschheit geworden. Wir müssen für unsere Zeit feststellen, dass die Erde zu einem „Planeten der Rinder" gemacht worden ist, denn diese übertreffen mit ihrem Lebendgewicht die mehr als sechs Milliarden köpfige Menschheit um das Dreifache! Mit Schweinen und anderen „klauentragenden" Haustieren kommen weitere Massen hinzu, die mit Menschen indirekt um Lebensraum, nämlich um direkte, auch für menschliche Ernährung verwertbare Pflanzenproduktion konkurrieren, die Atmosphäre mit ihren Abgasen, insbesondere Methan, belasten und eine stete Quelle von Krankheitsgefahren für den Menschen sind. So gut wie alle wirklich gefährlichen, hochansteckenden Seuchen, welche die Menschheit heimgesucht haben und die ihr weiterhin drohen, stammen von diesen Haustieren ab (Diamond 1998). Somit hat sich der Mensch mit der Art seiner naturfernen Haustier(massen)haltung ein zusätzliches, zunehmend bedrohlicheres Krankheitspotential aufgebaut, dessen Beherrschung, wie die gegenwärtigen Krisen mit BSE und MKS (Maul- und Klauenseuche) zeigen, alles andere als gelungen ist.

Die regulative Wirkung von Krankheiten bei überhöhter (Siedlungs)Dichte hat die moderne (präventive) Medizin weitestgehend ausgeschaltet. Jedoch nur „auf Zeit", wie wir inzwischen einsehen müssen. Sogar über die

Haustierbestände hinaus hat der Mensch in jüngster Zeit stellenweise das Regulativ der Krankheiten stark eingeschränkt, wie etwa bei der präventiv-medikamentösen Behandlung von jagdbarem Wild, allen voran angewandt bei Rehen und Hirschen und massivst ergänzt über die Winterfütterung. So ist nicht einmal „Wildfleisch" gegenwärtig als BSE-sicher einzustufen, weil auch tiermehlhaltiges Pelletfutter an solcherart kaum noch als Wildtiere zu bezeichnende Arten verfüttert worden ist.

Rechnet man solche Beeinflussungen mit ein, so kann die in Tab. 1 zusammengefasste Darstellung der „Nutzung der Erde durch den Menschen" fast nur noch als „Schönrechnung" gewertet werden. Die Werte geben die Mindestgrößenordnung an. Die Realität dürfte diese Angaben längst überholt haben.

Tab. 1: Nutzung der Erde durch den Menschen

Gesamte terrestrische Nettoprimärproduktion		172×10^{15} g/Jahr	
Verbrauch			
– Mensch	0,8		
– Vieh	2,2		
– Holzverb.	2,4 =	5,4 ≅ 3%	
Vom Menschen und seinen Nutzungen dominierte Flächen			
– Ackerland		15	
– Weiden		10	
– Forste/Baumplantagen		2,6	
– Siedlungsgebiet		0,4	
– Rodungsflächen & Degradierung		13	
		41 ≅ 31%	
Durch menschliche Eingriffe verloren gegangen		6,7 ≅ 5%	
Einflüsse insgesamt		40%	

aus (Reichholf 1998)

Daher stellt sich zum Erdgipfel von Rio ganz zu Recht die zentrale Frage, wie es mit der Nutzung des Planeten Erde weitergehen soll. So wie bisher, in der im wesentlichen als Raubbaunutzung zu bezeichnenden Form, gewiss nicht. *Nachhaltig* soll die Nutzung werden, wie auch die weitere Entwicklung. Allein diese Festlegung drückt unmissverständlich aus, dass die gegenwärtige Formen von Nutzung und Entwicklung offenbar nicht nachhaltig sind. Die mit der Nachhaltigkeit verknüpfte Forderung nach Erhaltung der Artenvielfalt der Erde einschließlich der Vielfältigkeit der von den Arten bewohnten Lebensräume, zusammengefasst als *Biodiversität* bezeichnet, drückt die Lage, in der sich der Planet Erde befindet von der anderen Seite der nicht-menschlichen Lebewesen her gerade so nachdrücklich aus. Biodiversitätserhaltung

und nachhaltige Entwicklung sollen zusammengeführt werden zu einer zu-
kunftsfähigen Erde; zukunftsfähig für die Menschheit und auch für das übrige
Leben, das sich in den Hunderten von Jahrmillionen Evolution hier auf dem
Blauen Planeten entwickelt hat. Sowohl die nüchterne Zustandsanalyse zur
Gegenwart wie auch die Rückschau in Vergangenheit und Entwicklungsweg
des Menschen legen übereinstimmend und widerspruchsfrei die Annahme nahe, dass der Mensch von Natur aus nicht auf Nachhaltigkeit „angelegt" und in
seinem Denken und Handeln darauf eingestellt ist.

Daher gibt es für die Zukunft zwei grundsätzliche Modellvorstellungen:
Entweder die Menschheit macht so weiter wie bisher, weil sie sich weder verändern will noch vielleicht ändern kann, dann zwingt die Überschreitung der
Kapazitätsgrenzen der Erde wie in jedem anderen Fall auch zum Zusammen-
bruch mit dramatischer Verminderung der Art Mensch bis weit unter die
„tragbare Größe" der Menschenzahl. Oder aber es wird (noch) rechtzeitig ge-
gengesteuert und das Anliegen des Erdgipfels von Rio 1992 tatsächlich im 3.
Jahrtausend unserer Zeitrechnung umgesetzt; die nachhaltige Entwicklung.
Sie ist die einzige wirkliche Option; die andere wäre die Selbstaufgabe und
das Eingeständnis, dass *Homo sapiens* doch alles andere als weise ist. Es fehlt
ihm sowohl an Einsicht als auch, schlimmer noch, an Voraussicht und Verantwortung!

Aber da Fähigkeit und Bereitschaft zur Einsicht offenbar nicht zu den
natürlichen Ausstattungen der Menschen als „Art" gehören, bedarf es der *Bildung zur Nachhaltigkeit*. Um fit zu werden für eine Zukunft, für die uns Menschen die Natur nicht ausgestattet hat.

5. Fit für Nachhaltigkeit?

....sind wir nicht! Darauf hin hat uns die Natur mit ihren sich wandelnden
Lebensbedingungen (noch) nicht selektiert. Wie alles andere Leben auch können wir zuwarten auf diesen Selektionsprozess. Bei gegenwärtig schon mehr
als sechs Milliarden Angehöriger unserer Spezies brauchen wir uns um den
Fortbestand der Art Mensch sicherlich nicht sorgen. Was Sorgen bereitet, ist
der Fortbestand von Zivilisation und Kultur; der Fortbestand des Erreichten
an Gemeinsinn und Verantwortung. Aber auch der Fortbestand vieler anderer
Lebewesen, die mit uns ihre Existenz auf dem Planeten Erde zu teilen und
durch uns möglicherweise zu verlieren haben.

Welchen Wegen könnten wir folgen, so ein großartiges, wohl mit Sicherheit noch nie dagewesenes Ziel zu erreichen, seit es Leben auf der Erde gibt?
Die Natur können wir uns, das sei sogleich klar gestellt, nicht einfach „zum
Vorbild" nehmen. Zu weit haben wir uns von einem „Naturzustand" abgesetzt
und ein „Zurück zur Natur" kann es auf zivilisierte, menschenwürdige Weise
nicht mehr geben. Aber wohl ein hin „mit der Natur"!

Einige Modellvorstellungen hierzu können wir davon vielleicht ableiten, wie in der Natur große Existenzkrisen gemeistert worden sind. Einen Ansatz haben wir sogar schon recht erfolgreich gefunden und entwickelt: Ressourcen-Management mit weitestmöglichem Recycling unter weitestgehender Vermeidung der Freisetzung von Giftstoffen. Der Technische Umweltschutz hat hinlänglich bewiesen, dass wir erstens eine viel sauberere Welt haben können, die auch „finanzierbar" ist, und zweitens weit weniger Ressourcen „verbrauchen" könnten, als das gegenwärtig noch geschieht. Vieles, was für uns lebensnotwendig ist, geht aus Recycling-Prozessen (im weitesten Sinne) hervor und kann daher „nachhaltig" produziert werden. Und dauerhafter und mit weniger Energieeinsatz auch! Die jahrzehntelang vielgeschmähte Industrie hat, weil öffentlicher Kontrolle und Wettbewerb unterworfen, wesentliche Umwelt(verbesserungs)ziele erreicht oder sogar „überboten". Mit einiger Zuversicht können wir davon ausgehen, dass in der Technik und der von ihr geführten Naturwissenschaft die Möglichkeiten stecken, die Umweltkrise zu meistern. Als System hat die Technik vielfach den Wandel von „r-selektiertem Wachstum" zu einer Anpassung an die Kapazitätsgrenzen orientierten K-Entwicklung vollzogen und gerade in den vergangenen beiden Jahrzehnten viel mehr „qualitatives Wachstum" als quantitative Produktionssteigerung hervorgebracht. Die Verlagerung von Produktionsorten wie auch der Zustrom (speziell qualifizierter) Produktionskräfte entsprechen im Grundansatz dem oben skizzierten „Gleichgewichtsmodell" aus der Populationsökologie.

Die weitaus größeren Schwierigkeiten zeigen sich im Bereich der Landwirtschaft. Sie muss als Hauptbelaster der Erde eingestuft werden und als Hauptgefahr für den Fortbestand der Artenvielfalt, der Biodiversität. Im Hinblick auf den Welthandel (GATT-System) wie auch auf die Sicherheit der Verbraucher und die Qualität der Produkte sowie der Entsorgung ihrer Abfälle rangiert sie weit unter dem Niveau der Industrie und verursacht gleichzeitig mit weitem Abstand die größten Sozialkosten und Haushaltsbelastungen. Ein zentraler Lösungsansatz für eine nachhaltige Entwicklung der Erde muss daher an der Landwirtschaft ansetzen und ihre Problematik lösen. Das „natürliche Vorbild" kann hierbei eigentlich nur die Symbiose sein; das Zusammenleben zu beiderseitigem Vorteil und nicht ein quasi-parasitäres Verhalten, das jederzeit zu Krankheiten und Tod umschlagen kann. Dazu bedarf es zunächst einer global ausgewogen gestalteten, *geordneten Konkurrenz* (conventional competition in der Fachsprache der Ökologie) mit möglichst umfassender Ausschaltung der *Interferenz*, die durch massivste Vorteile, die von anderer (politischer) Seite stammen, die Ausgewogenheit der Märkte und der Angebote entsprechend den günstigsten natürlichen Produktionsmöglichkeiten zerstört. Es kann nicht länger hingenommen werden, dass Viehbestände in Europa, deren Kopfzahl fast identisch ist mit der Einwohnerzahl der Menschen, nämlich mehr als 300 Millionen (!), zu einem wesentlichen Teil mit Futter ernährt werden, das von anderen Kontinenten stammt. Eine qualitative Umschichtung der landwirtschaftlichen Produktion sollte daher

keineswegs allein bedarfsorientiert erfolgen, sondern auch die Produktionsmöglichkeiten berücksichtigen, die von Natur aus gegeben sind, sowie die
Kosten direkt auf die Erzeugung umlegen, die mit der Belastung verbunden
sind, die davon ausgeht. Es ist auf Dauer unannehmbar, dass land-
wirtschaftliche Abwässer anders entsorgt werden als häusliche, um ein Beispiel konkret zu nennen. Erst wenn Massenviehhaltung in Stallungen genau
den selben Kosten unterworfen wird wie sie für die Entsorgung des menschlichen Abwassers in Rechnung gestellt werden, verschwinden die Verzerrungen und vermindern sich die Belastungen sowie die Kosten für die Allgemeinheit. Qualitativ hochwertige Erzeugnisse, deren Bereitstellung weder in
großem Umfang massive Transportkosten noch Erzeugerkosten verursacht,
rechnen sich dann und vermindern die Abhängigkeiten von Schwankungen
der Weltmärkte in den zentralen Versorgungsbereichen. Je besser nachvoll-
ziehbar für die Bevölkerung, desto akzeptabler werden sodann Maßnahmen
zur mittelfristigen Sicherung der Nachhaltigkeit und sie können in langfristige
Entwicklungen übergehen. Das gilt zwar für alle Lebens- und Wirtschaftsbe-
reiche, aber in keinem sind die Verzerrungen und Verschleierungen so gewaltig wie gerade in der Landwirtschaft europäisch-nordamerikanischer Prägung.
Dieses System bedroht in den Entwicklungsregionen weit mehr die Nachhaltigkeit der eingeschlagenen Entwicklungen als Klimawandel oder die Globali-
sierungen der Industrien und Finanzmärkte. Ob die Menschheit diesen Übergang von exploitativer Landnutzung zu einer nachhaltigen schaffen wird, ent-
scheidet sich daher an der Landwirtschaft. Dabei wird auch darüber befunden
werden, wie viele Menschen auf der Erde leben können und eine Zukunft haben werden. Die Haustiermassen, insbesondere die europäischen, bieten auf
den Flächen, von denen sie tatsächlich leben, noch jede Menge Platz für Menschen.

Ihr gezielter Abbau auf die nötigen, in globaler Symbiose vertretbaren
Mengen würde auch die Mittel frei machen für die Behebung anderer, drän-
gender Umweltprobleme. Was der EU-Agrarmarkt unnötigerweise ver-
schlingt, fehlt andernorts für Umweltschutzmaßnahmen und für nachhaltige
Entwicklungen, während gleichzeitig damit nachhaltigen Entwicklungen außerhalb des EU-Raumes beeinträchtigt werden. Sollte diese Beurteilung im
wesentlichen zutreffen, wofür sehr viele Fakten sprechen, bedeutet das auch,
dass die Bildung für Nachhaltigkeit durchaus Aussichten auf Erfolg hat. Es ist
kein Phantom oder ehrenwertes Wunschbild, die Erde lebenswert für die zukünftigen Generationen zu erhalten und gleichzeitig die Lebensbedingungen
weltweit zu verbessern. Die Weichenstellungen hierzu können in Europa und
in den USA vorgenommen werden. Daraus ergibt sich auch unsere Verantwortung.

Literatur

Crosby, A.W. (1986): Ecological Imperialism. The Biological Expansion of Europe 900-1900. University of Cambridge Press, Cambridge.

Diamond, J. (1998): Arm und Reich. Die Schicksale menschlicher Gesellschaften. S.Fischer, Frankfurt am Main.

Fleagle, J.G. (1986): The Fossile Record of Early Catarrhine Evolution. In: Wood, B. et al. (ed.): Major topics in primate and human evolution. Cambridge University Press, Cambridge. S. 130-149.

Martin, P.S. & R.G. Klein (eds.) (1984): Quaternary Extinctions. A prehistoric revolution. University of Arizona Press, Tucson.

Odum, E.P. & J.H. Reichholf (1980): Ökologie. Brücke zwischen den Natur- und Sozialwissenschaften. BLV, München.

Reichholf, J.H. (1990): Das Rätsel der Menschwerdung. DVA, Stuttgart.

Reichholf, J.H. (1998): Der Blaue Planet. Einführung in die Ökologie. dtv, München.

Reichholf, J.H. (1998): Wandel der Ernährung im Verlauf der Evolution des Menschen. Bayerische Akademie der Wissenschaften, Kommission für Ökologie. Symposiumsband 15: 17-31.

Rifkin, J. (1994): Imperium der Rinder. Campus, Frankfurt.

Stanford, C.B. (1999): The Hunting Apes. Meat eating and the origins of human behavior. Princeton University Press, Princeton.

Annette Scheunpflug/Christine Schmidt

Auf den Spuren eines evolutionstheoretischen Ansatzes in der Erziehungswissenschaft und dessen Anregungen für eine Bildung für nachhaltige Entwicklung

Die Umweltbildung sowie die entwicklungspolitische Bildung können beide auf eine mindestens 50-jährige Geschichte zurückblicken. Die vielfältige und blühende Praxis dieses Lernbereichs wird mehr oder weniger von Beginn an von einer zum Teil empirisch gesättigten Konzeptionsdebatte in der Erziehungswissenschaft (vgl. exemplarisch Scheunpflug/Seitz 1995; Beyersdorf/Michelsen/Siebert 1998) begleitet. Dabei geht es auch um die Frage, wie das Verhältnis von menschlichen Lernmöglichkeiten und den politischen wie gesellschaftlichen Herausforderungen aussieht (vgl. zum Beispiel Begander 1988). Können Menschen lernen, sich umwelt- oder entwicklungsangemessen zu verhalten?

In der jüngsten Zeit meldet sich im Hinblick auf das menschliche Lernen eine Wissenschaft zu Wort, deren Stimme in den letzten dreißig Jahren etwas leiser geworden war: die naturwissenschaftliche Anthropologie evolutionstheoretischer Provenienz. Die Frage nach den biologischen Grundlagen des Lehrens und Lernens zu stellen, ermöglicht die inzwischen aus psychologischer, soziologischer und pädagogischer Perspektive gewonnenen Erkenntnisse über das menschliche Lernen sinnvoll zu ergänzen (vgl. Scheunpflug 2001). Sollte davon nicht auch die Bildung für nachhaltige Entwicklung profitieren können? Unser Beitrag stellt diese Frage in den Mittelpunkt. Im ersten Teil werden wir einige grundlegenden Erkenntnisse dieses Paradigmas darlegen. Im zweiten Teil wird das Anregungspotenzial dieser Theoriebildung für eine Bildung für nachhaltige Entwicklung herausgearbeitet. Im dritten Abschnitt werden quer zu der der Systematik der Anthropologie folgenden Darstellung von Teil I und II didaktische Perspektiven herausgearbeitet.

I Anthropologische Grundlagen

Die moderne Soziobiologie zeichnet ein höchst abgeklärtes, vermutlich aber realistisches Bild vom Menschen und seinem Handeln und lässt politische wie erziehungswissenschaftliche Konsequenzen erahnen[1]. Diese Theorie geht von mehreren grundlegenden Erkenntnissen aus (vgl. der Beitrag von Mohrs in diesem Band), von denen wir kurz an zwei erinnern (vgl. Voland 2000; Allman 1996):

1.   Menschen sind in ihrer spontanen Vernunft an die Steinzeit (Pleistozän) angepasst (Die These von der Angepasstheit)

Als ‚Nahbereichswesen' sind uns die Dinge besonders anschaulich und verständlich, die in der Entwicklung des Menschen überlebenswichtig waren. Unsere genetische Ausstattung hat sich im Hinblick auf unsere Denk- und Gefühlsstrukturen seit ca. 30.000-40.000 Jahren nicht mehr wesentlich verändert. Demzufolge sind wir mit unserer spontanen Vernunft, mit dem, was unseren ‚gesunden Menschenverstand' ausmacht, an die Bedingungen der Steinzeit angepasst. Menschen kommen nicht mit einem ‚leeren' Gehirn zur Welt sondern mit angeborenen kognitiven Verarbeitungsmustern, die Welterkenntnis und das menschliche Handeln strukturieren. Zudem arbeitet unser Gehirn nicht losgelöst von den Gegenständen der Erkenntnis, sondern weist spezifische gegenstandsbezogene Verarbeitungsmuster auf. Dies äußert sich in einer Fülle von Aspekten, von denen wir hier nur einige wenige stellvertretend nennen (vgl. ausführlich Scheunpflug 2001):

a)   Die menschliche Erkenntnisfähigkeit ist in ihrer Sachdimension im Mesokosmos verankert

Unser Erkenntnisapparat hat sich zur Lösung der Probleme entwickelt, die von überlebenswichtiger Bedeutung waren. Unsere Sinnesreize und deren Wahrnehmung haben deshalb die Entwicklung genommen, als deren Resultat sie uns heute dienen, da sie für die größte Zeit der Menschheitsgeschichte optimale Überlebensfähigkeiten boten. Unsere Sinne sind an die Umweltreize angepasst, die für das Überleben in Tausenden von Jahren Menschheitsgeschichte von Relevanz waren. So sind unsere Ohren beispielsweise an das Hören in der Luft optimal angepasst, während wir im Wasser nur sehr ungenau zu hören vermögen. Sie hören in den Frequenzen, in denen für das Überleben relevante Informationen, etwa die Mitteilungen von Mitmenschen,

---

1   Einen anderen, stärker an der klassischen Ethologie als an der Soziobiologie orientierten Zugang zeigt Verbeck 1994 auf.

übermittelt wurden. Wir sehen bis zum Horizont und erkennen gerade noch Größen der Dicke unserer eigenen Haare; kleinere Dinge können wir nicht mehr wahrnehmen (vgl. zu weiteren Aspekten der Beitrag von Reichholf in diesem Band). Vollmer (1975) nennt dies den *Mesokosmos* unserer Erkenntnis. Dieser lässt sich in etwa so bestimmen, wie in folgender Tabelle dargestellt.

Tabelle 1: Der Mesokosmos der Erkenntnis (zitiert nach Vollmer 1985, S. 7)

Größe	Untergrenze	Obergrenze
Zeiten	Sekunden (z.B. Herzschlag)	Jahrzehnte (z.B. Lebensdauer)
Abstände	Millimeter (z.B. Staub, Haare)	Kilometer (z.B. Horizont, 20 km, Tagesmarsch 30 km)
Geschwindigkeiten	Ruhe	ca. 36 km/h (z.B. schnellste Laufleistung des Menschen)
Beschleunigungen	gleichmäßige Bewegung, keine Beschleunigung	ca. 10m/s² (z.B. Sprinter, freier Fall)
Massen/Gewichte	Gramm	Tonnen (z.B. Felsen, Tiere, Bäume)
Temperaturen	ca. -10°C (z.B. Gefrierpunkt)	ca. 100°C (z.B. Siedepunkt des Wassers)

Das Nachdenken über Dinge, die im Mesokosmos verankert sind, stellt sich uns als anschaulich dar. Das, was außerhalb dieses Mesokosmos liegt, erscheint uns als unanschaulich. Unser Reflexionsvermögen findet deshalb die Dinge als anschaulich, die sich innerhalb des sinnlich erfahrbaren Raumspektrums bewegen und sich ohne künstliche Hilfsmittel erkennen, rekonstruieren, identifizieren und bewältigen lassen. Anschaulich sind für Menschen Abstände und Zeiten, die per Fußmarsch zurückgelegt werden können, und Zusammenhänge, die sich handlungsorientiert in ca. 5-10 Unterprobleme zerlegen lassen (und damit der Problemlösekapazität des Kurzzeitgedächtnisses entsprechen). Demzufolge werden im Allgemeinen sehr kleine Abstände und kurze Zeiten (wie Elektronen oder Quarks), sehr große Entfernungen (wie im Universum oder Schwarze Löcher), sehr große Geschwindigkeiten (wie sie durch die Spezielle Relativitätstheorie beschrieben werden) sowie komplexe Systeme mit vielfältigen Beziehungen untereinander und Rückkoppelungseffekten (wie die Weltgesellschaft) als unanschaulich empfunden. Die Grenzen des menschlichen Mesokosmos sind nicht einheitlich anzugeben.

b)   Die menschliche Erkenntnisfähigkeit ist in ihrer Sozialdimension im Mesokosmos verankert

Neben diesem sinnlichen Mesokosmos lässt sich offensichtlich auch von einem *sozialen Mesokosmos* sprechen (vgl. Vollmer 2001).

Menschen haben die überwiegende Zeit ihrer Gattungsgeschichte in nomadisierenden Kleingruppen zusammengelebt. Die Forschungsergebnisse zu den Gruppengrößen schwanken zwischen 12 bis 150 Menschen (vgl. ausführlich Dunbar 1998, S. 92ff.). Diese Gruppen lebten eng aufeinander angewiesen. Das Leben in Gruppen bedeutete eine große Investition: Krankheiten konnten sich schnell ausbreiten, Streit konnte ausbrechen, gute Nahrungs- und Schlafplätze mussten miteinander geteilt werden. Die Vorteile des Lebens in Gruppen lagen in den Möglichkeiten gemeinsamen Nahrungserwerbs und der gemeinsamen Bewältigung von Schwierigkeiten, zum Beispiel des hohen Aufwands für die Kinderaufzucht. Hier konnte man sich untereinander helfen.

Das Leben in der Gruppe bedingte die Evolution der Sprache, um die vielfältigen sozialen Beschwichtigungen und Absprachen genau ausüben zu können. Unser Kommunikationsverhalten evolvierte offensichtlich in übersichtlichen Gruppen von bis zu 150 Menschen. Hier entwickelten sich unterschiedliche Formen der Kommunikation zwischen den Geschlechtern (vgl. Scheunpflug 2001). Zudem wurde der menschliche Kommunikationsradius geprägt, der offensichtlich einen intensiven Kontakt nicht zu beliebig vielen Menschen zulässt, sondern noch deutliche Spuren des Lebens in einer überschaubaren Gruppe trägt.

Die Psychologen John E. Tooby und Leda Cosmides (1992) äußerten die Vermutung, dass die menschliche Erkenntnisfähigkeit sich im Laufe der Evolution in besonderer Weise auf die Überprüfung und Einhaltung *sozialer Regeln* spezialisiert habe. Eine Gruppe war darauf angewiesen, dass die jeweilige Kooperation auch wechselseitig gegeben war. Jeder Mensch versucht allerdings, mit dem geringst möglichen Aufwand davon zu kommen. Deshalb ist zu vermuten, dass es für diese Gruppen äußerst wichtig war, Trittbrettfahrer, die nur profitieren, nicht aber selber investieren wollten, zu entlarven und zu bestrafen.

Die empirischen Untersuchungen des Forscherpaares belegen diese Vermutung. Unsere Vernunft arbeitet offensichtlich kontextabhängig und besonders genau, wenn es um die Einhaltung sozialer Regeln in konkreten Gruppen des Nahbereichs geht. Sobald soziale Regeln aber konkrete Kontexte verlassen, erscheinen sie uns weniger anschaulich, beispielsweise wenn es etwa darum geht, sozialverträgliche Regeln im Weltwirtschaftssystem zu etablieren. Wir empfinden die Entlassung eines Menschen, den wir kennen und schätzen – beispielsweise aus dem Dorfladen um die Ecke –, als ungerecht, wenn er aus Profitdenken des Besitzers entlassen wird. Werden aus denselben Gründen, nämlich der Gewinnerhöhung von Anteilsnehmern, in einem internationalen Konzern Entlassungen ausgesprochen, ist dies eine Frage wirtschaftlicher Rationalität und keine Frage des „Gerechtigkeitsgefühls". Es wird dem Dorfladenbesitzer, der die Angestellte kennt und ihrem persönlichen Schicksal in der Kirche oder beim Dorffest begegnen wird, sehr viel schwerer fallen, einen solchen Schritt um des eigenen Profits willen auszuführen, als einem fernen Aufsichtsrat, der seine Angestellten nie persönlich zu Gesicht bekommen hat. Unser Verantwortungsgefühl korrespondiert nicht mit der Handlungstiefe, sondern mit einem konkreten Bezug auf eine alltagspraktische soziale Regel einerseits und persönlicher Bekanntschaft andererseits (vgl. auch Riedl 1999; Treml 1999).

c)   Menschliche Erkenntnis ist in der linearen Kausalität verankert

Komplexe Vorgänge, etwa Kausalitätsmuster mit verschiedenen zeitverzöger-
ten Rückkoppelungseffekten, sind uns extrem unanschaulich und mit dem
‚gesunden Menschenverstand‘ nicht zu durchschauen. Vor jeder Erfahrung –
so die Hypothese – stehen angeborene kognitive Verarbeitungsmuster, die
zwar nicht starr und zwingend sind und beispielsweise durch Lernen verändert werden können, die aber als „Arbeitshypothesen unseres Erkennens"
quasi ein ‚Sonderangebot‘ der kognitiven Verarbeitung darstellen. Diese –
auch phylogenetische Vorurteile genannten (vgl. Riedl 1982; 1992; kritisch
Vollmer 1982) – Muster haben sich in Millionen von Jahren evolutionär bewährt. In vielen alltäglichen Situationen bewähren sie sich auch heute noch.
Sie sind aber heute nicht mehr in allen Situationen menschlichen Daseins hilfreich. Diese phylogenetischen Vorurteile sind es auch, die uns den Umgang
mit einer globalisierten Weltgesellschaft erschweren.

Die Vorstellung eines Tat-Folge-Zusammenhangs
Problemlösungen waren über Jahrtausende hinweg durch einen unmittelbaren
Tat-Folge-Zusammenhang gekennzeichnet, und diesen unterstellen wir auch
heute. Es war für das Überleben sehr günstig, einen linearen Tat-Folge-Zusammenhang zu unterstellen: Ein Tier greift an und Menschen fliehen oder
verteidigen sich. Wer keine Nahrung finden oder für schlechte Witterungs-
perioden nicht vorsorgen kann, darbt oder verhungert. Wer tüchtig sammelt
oder jagt, kann viele Kinder versorgen oder zur Ernährung der Gruppe beitragen. Wer in der Gruppe ausgleichend wirkt, ist beliebt und hat ein hohes So-
zialprestige – sein Rat und seine Entscheidung werden gehört, und er verfügt
damit über Macht.
     Der Kontext, in dem Menschen heute leben, ist nur noch zum Teil so ein-
fach und überschaubar. Gerade im Hinblick auf die globalen Probleme sind
der unmittelbare Tat-Folge-Zusammenhang sowie deren sinnliche Wahrnehmung verloren gegangen: Das Abholzen des Regenwaldes in Malaysia mag
dem unmittelbaren Vorteil einer kleinen dortigen Oberschicht und den Um-
satzinteressen verschiedener Konzerne dienen. Die negativen Folgen dieses
Handelns im Hinblick auf mögliche weltweite Klimaveränderungen und die
ökologischen Konsequenzen in der Region (Bodenerosion, Versteppung, Artensterben und anderes mehr) wird die verursachende Gruppe kaum selbst zu
spüren bekommen. Oder: Eine autofahrende Person verändert auf diesem
Globus kaum etwas; was passiert aber, wenn dieses Verhalten von Milliarden
Menschen kopiert wird? Mit Nebenwirkungen von Nebenwirkungen umzugehen haben Menschen bisher wenig üben können und so sind ihre spontanen
Problemlösefähigkeiten darauf nicht eingestellt. Eine individualisierende, an
persönliche Verantwortung appellierende Ethik greift angesichts von solcher
unübersichtlichen individuellen Zuschreibungsmöglichkeiten zu kurz.

Erfahrungen als spontane und anschauliche Entscheidungsgrundlage

Menschen handeln – so hat es der Physiker Dürr einmal genannt – als „Rückspiegel-Realisten": Sie fällen Entscheidungen vor dem Hintergrund bereits erlebter Entscheidungen und Erfahrungen. Neue Lerninhalte werden auf alte zurückgeführt oder von diesen abgegrenzt. Das wird beispielsweise im interkulturellen Dialog deutlich: Andere kulturelle Muster sehen wir vor dem Hintergrund des eigenen kulturellen Musters und können auf dieser Folie Bekanntes und Unbekanntes unterscheiden. Auch das Unbekannte hängt in menschlicher Wahrnehmung als ‚Nichtbekanntes' strukturell mit dem Bekannten zusammen. Solange die soziale und ökologische Umwelt stabil ist, ist diese Verhaltensweise und Erkenntnisform erfolgversprechend und rational; deshalb konnte sie sich auch über Jahrtausende stabilisieren. Problematisch ist, dass damit für neue Qualitäten keine Begriffs- und Vorstellungsmöglichkeiten vorhanden sind. Es fällt Menschen außerordentlich schwer, sich diese kognitiv antizipierend vorzustellen. Beispielweise im Hinblick auf den Umgang mit der ökologischen Krise – und damit im Umgang mit einer sich sehr schnell verändernden Umwelt – ist diese Falle menschlicher Vernunft fatal: Nur weil sich die Wachstumsstrategie über Jahrtausende bewährt hat, glauben wir, dass sie sich auch weiter bewähren müsse. Dies ist aber nicht wahrscheinlich.

Vorstellung begrenzter Ursachen

Es bereitet zudem große Schwierigkeiten, die Welt als ein vernetztes System zu erkennen und entsprechend zu agieren. Menschliche Erkenntnis verkürzt häufig spontan unzulänglich auf lineare Ursachen und Wirkungen und berücksichtigt nicht oder nur mit Mühe komplizierte Wechselwirkungen. Ferner wird häufig davon ausgegangen, dass es eine Begrenzung der Ursachen gäbe, und die Ursache der Ursache wird vernachlässigt. Diese Aspekte spielen für das eigene Verhalten kaum eine Rolle – denn es reicht zumeist, eine Ursache anzunehmen, da im Alltag die Eingriffstiefe unseres Handelns begrenzt ist. Bei der Steuerung komplexer Probleme – sei es in der Politik, in der Wirtschaft oder in der Ökologie – werden solche Vorstellungen den jeweiligen Eingriffsmöglichkeiten allerdings nicht gerecht. Bereits um den schnellen sozialen Wandel um uns herum nur zu verstehen, benötigen wir anspruchsvollere Modelle als die Vorstellung begrenzter Ursachen.

d)   Menschliche Reaktionsmöglichkeiten sind auf den Umgang mit
       Gefahren evolviert

Gefahren oder als Gefahren interpretierte Situationen lösen bei Menschen heftige physiologische Reaktionen aus (über eine Veränderung der hormonellen Situation). Werden wir zornig, strömt Blut in unsere Hände (um verteidigungsbereit zu sein), der Puls nimmt zu, und ein Adrenalinstoß sorgt für Energie. Furcht zieht das Blut in die Beine, um schneller weglaufen zu können (und lässt das Gesicht daher blass erscheinen), und versetzt den Körper in einen allgemeinen Alarmzustand. Gleichzeitig sind wir in erhöhter Aufmerksamkeit, um die optimale Reaktion angesichts der Gefahr wählen zu können. Ungewohnte, mit Aufregung und Angst verbundene Situationen lösen eine körperliche Reaktion aus, deren Muster tief in der Entstehungsgeschichte des Menschen verankert ist. In der Hominisation waren gefährliche und angstbesetzte Situationen überwiegend überraschende Zusammentreffen mit gefährlichen Tieren oder mit Feuer. In einer solchen Situation ist es äußerst hilfreich, sich so schnell wie möglich aus der Gefahrenzone zu begeben.

Im Laufe der Evolution bildete sich ein Mechanismus heraus, der genau diese Reaktion programmierte. In dem Moment, in dem im Gehirn ein sinnlicher Eindruck als Gefahr oder als Angst besetzt identifiziert wird, löst das Zwischenhirn einen Hormonausstoß von Adrenalin und Noradrenalin aus. Diese Hormone versetzen den Körper mit einem Schlag auf Höchstleistungsniveau. Der Blutdruck wird erhöht und Fett- sowie Zuckerreserven werden mobilisiert. Gleichzeitig unterbinden diese Hormone die Aktivierung von Neuronenverbindungen im Gehirn. In der Situation einer plötzlichen Gefahr ist langes Nachdenken und abwägendes Verhalten kontraproduktiv; vielmehr ist es angebracht, sich selber schnell aus dieser Situation herauszubringen und sich von ihr zu entfernen. Durch diese Reaktion wird dem Körper ein schnelles und konditionsstarkes Flucht- oder Abwehrverhalten ermöglicht.

Dieser einstmals so funktionale evolvierte Mechanismus wird in einer technisierten Gesellschaft zunehmend dysfunktional. Anspannungen werden nicht mehr über Bewegung abgebaut, so dass „Stress-Symptome" entstehen. Risiken schätzen wir oft falsch ein, da wir für sie kein ‚Gespür' entwickelt haben (viele Menschen haben beispielsweise vor Mäusen oder Schlangen weitaus mehr Angst als vor Zigaretten). Da wir zudem wenig evolvierte Mechanismen im Umgang mit Wahrscheinlichkeiten haben (vgl. Cosmides/Tooby 1992), kann der Umgang mit Risiken nur abstrakt gelernt werden.

e)   Lernen hat sich offensichtlich als darwinischer Algorithmus im Sinne der „Imitation des Erfolgreichens" evolviert

Soziobiologen vermuten, dass alleine die genetische Programmstruktur „Imitiere die Erfolgreichen!" eine Basis für vielfältige Kulturentwicklungen darstellt (vgl. ausführlich Flinn/Alexander 1982; im Überblick Voland 2000, S. 24f.). Nachahmendes Lernen basiert letztlich auf „dem erfolgversprechenden Versuch einer vorteilhaften Teilhabe an den Lebensleistungen anderer" (Voland 2000, S. 24).

2. Menschen sind Genegoisten und verhalten sich entsprechend (Die These von der Anpassung)

Die These von der Angepasstheit des Menschen an die Bedingungen des Pleistozäns wird ergänzt durch die These von der Anpassung. Lange Zeit sprach
man vom ‚Überleben der Art‘. Dieses Paradigma hat die Biologie inzwischen
hinter sich gelassen. Nicht Gruppen, Familien oder Individuen sind die Ein-
heit der Evolution, sondern das Genom. Menschliches wie tierliches Verhalten zeigt sich in der Optimierung von Strategien zur Genreplikation. Damit
erweist sich das lange Zeit in der Sozialwissenschaft dominierende Modell,
dass Verhalten von Einstellungen, Haltungen oder Lebensstilen abhängig sei,
als obsolet. Vielmehr sind Menschen – nach Meinung von Biologen – als
Phänotyp ihres genetischen Materials genegoistische Optimierer, die ihr Verhalten von den Bedingungen der Umwelt abhängig machen. Dementsprechend werden Verhaltensweisen als konditionale Strategien in einer ganz bestimmten Umwelt verstanden. Kooperationen oder Konkurrenzverhalten sind
so Ausdruck einer individuellen Bilanzierung, die die jeweils verwendete
Verhaltensweise – freilich unbewusst – als günstig nahe legt.

Bildung für nachhaltige Entwicklung kann im weitesten Sinne als koope-
rierende Verhaltensweise beschrieben werden. Biologen erklären die Entstehung von Kooperation nicht aus einer bestimmten Einstellung oder Überzeugung heraus, sondern als Bilanz eines Verhaltens (in das freilich auch Einstellungen oder moralische Überzeugungen mit verrechnet werden). Es lassen
sich drei Formen von Kooperation unterscheiden (vgl. ausführlich Voland
2000, S. 99ff.; für die Erziehungswissenschaft Scheunpflug 2001, S.141ff.),
von denen hier nur auf die für Bildung für eine nachhaltige Entwicklung besonders interessante Form der mutuellen Kooperation eingegangen werden
soll. Bei dieser Form der Kooperation entstehen den Kooperationspartnern
nur sogenannte Opportunitätskosten; keiner muss direkt investieren. Opportunitätskosten sind die Kosten, die durch entgangenen Gewinn entstehen, aber
keine eigens aufgebrachten Energien darstellen. Sie entstehen dadurch, dass
man in der für die Kooperation aufgebrachten Zeit nicht etwas anderes, was
vielleicht netter wäre, machen kann. Mutuelle Kooperationen führen zum all-
seitigen Vorteil aller Beteiligten. Verhaltensziele können durch sie gemeinschaftlich leichter und effizienter erreicht werden als alleine[2].

---

2   Es würde sich lohnen, Bildung für nachhaltige Entwicklung alleine aus Perspektive
    von Kooperationstheorien zu interpretieren; dies kann hier leider nicht geleistet wer-
    den.

II Pädagogische Konsequenzen

Welche Konsequenzen folgen aus diesen Überlegungen für eine Bildung für nachhaltige Entwicklung?[3] Zu diesem Thema ist die Forschungslage bisher noch etwas unbefriedigend; von daher sind nachfolgende Überlegungen als vorläufige Einschätzung anzusehen (vgl. Schmidt, in Vorbereitung). Es ist davon auszugehen, dass die Verhaltensweisen, die einem Bildungsprozess für nachhaltige Entwicklung entsprechen, zum Teil nicht unseren durch die Evolution entwickelten bevorzugten Denk- und Verhaltensstrategien entsprechen. Das würde bedeuten, dass sich solches Verhalten nicht spontan einstellt, sondern über Lernen aufgebaut werden muss. Welche Anregungen lassen sich aus den oben skizzierten Aspekten für eine Bildung für nachhaltige Entwicklung generieren?[4]

a) Die Verankerung von Erkenntnis auf der Sachdimension im
    Mesokosmos und die Bedeutung des Umgangs mit Abstraktem

Die Verankerung menschlicher Erkenntnis im sinnlichen wie sozialen Mesokosmos lässt erwarten, dass Menschen Schwierigkeiten haben, sich in einer Weltgesellschaft zurecht zu finden und auf sinnlich nicht erfahrbare Probleme angemessen zu reagieren. Die Umwelt- und Entwicklungsherausforderungen, auf die eine Bildung für Nachhaltigkeit reagiert, sind gerade dadurch gekennzeichnet, dass deren Problemlagen sinnlich nur schwer erfahrbar sind. Das Ozonloch oder die Regeln des Weltwirtschaftssystem sind für uns nicht sinnlich. Der Umgang mit diesen Herausforderungen muss gelernt werden. Zudem sind Menschen nicht auf den Umgang mit Komplexität, auf nicht sichtbare Folgen von Nebenfolgen evolviert.

Die Aufgabe einer Bildung für nachhaltige Entwicklung muss es vor diesem Hintergrund sein, nicht unmittelbar Erkennbares dennoch erfahrbar zu machen, ohne es aber zu simplifizieren und die spezifische Qualität des nicht Erkennbaren zu verwischen. Dies bedeutet auf der einen Seite zwar, an sinnlicher Erfahrung didaktisch anzuknüpfen (denn so sind Menschen eben evolviert), auf der anderen Seite diese sinnliche Erfahrung aber in abstrakte Erkenntnis zu überführen. Es reicht eben nicht aus, die Strukturen des Welthandels an der Lebenssituation einer Blumenanbauerin in Südamerika zu personifizieren und deren Lebensschicksal aufgrund von Welthandelsstrukturen zu

---

3 Es wird im Folgenden aufgrund des begrenzten Platzes darauf verzichtet, die bei einem Umgang mit biowissenschaftlicher Erkenntnis in pädagogischer Absicht entstehenden wissenschaftstheoretischen Probleme zu reflektieren (vgl. dazu ausführlich Scheunpflug 2001, S. 13-42).

4 Da die Angepasstheit an das Pleistozän sowie die Anpassungsstrategien hinsichtlich der Geschlechter differieren, wäre die folgende Skizze entsprechend geschlechtersensibel zu spezifizieren. Aus Gründen der Übersichtlichkeit erfolgt dies hier nicht.

verdeutlichen, zumal hier die Tendenz zu moralischer Kommunikation auf der Hand liegt (siehe unten). Vielmehr sollte es im Kontext eines solchen Beispiels auch darum gehen, die abstrakten und komplizierten Zusammenhänge des Welthandels zu verdeutlichen, die zu widersprüchlichen Effekten führen und selten in einfacher Schwarz-Weiß-Malerei wiederzugeben sind. Wir müssen zudem lernen, mit Komplexität umzugehen, das heißt Heuristiken und Fragehaltungen einzuüben (vgl. Dörner 1989).

b)   Die Verankerung von Erkenntnis auf der Sozialdimension im
      Mesokosmos und die Bedeutung des Erlernens des Umgangs mit
      Multikulturalität

Die zunehmende Vernetzung der Welt zu einer „Weltgesellschaft" zwingt Menschen, über den sozialen Mesokosmos der eigenen Verwandtschaft hinaus zu handeln und in sozialen Situationen zu agieren, die durch kulturelle, religiöse und sprachliche Vielfalt geprägt sind. Der Umgang mit dieser Vielfalt ist nicht in unserer Stammesgeschichte evolviert. Ein friedliches Miteinander wird durch Lernen begünstigt. Uns fällt es schwer, mit der in der Weltgesellschaft entstehenden Verantwortung angemessen umzugehen. Beispielsweise ist uns ein Insolvenzrecht für Individuen unmittelbar eingängig und moralisch spontan begründbar. Dagegen gibt es noch kein Insolvenzrecht auf staatlicher Ebene.
    Was kann Bildung für eine nachhaltige Entwicklung zum Umgang mit unserer Verankerung im sozialen Mesokosmos beitragen? Auch hier sind – wie oben – die Lernvorgänge potenziell erfolgreicher, die auf der einen Seite unsere mesokosmische Erkenntnisfähigkeit nutzen, d.h. Sozialerfahrung erlebbar machen, auf der anderen Seite aber gleichzeitig abstrakte Formen des Zusammenlebens einüben (wie zum Beispiel Höflichkeit, Menschenrechtserklärung etc.). Von daher scheint eine Theorie und Praxis interkulturellen Lernens und weltbürgerlicher Erziehung von Notwendigkeit, die von persönlichen Beziehungen abstrahiert (wie sie beispielsweise in Ansätzen von Kant vorliegt; vergleiche dazu den Beitrag von Mohrs in diesem Band). Sie könnte dazu beitragen, dass wir lernen, Verantwortung in der Weltgesellschaft angemessen wahrzunehmen.
    Der Umgang mit Fremdheit und Vertrautheit wird durch das Kennenlernen unterschiedlicher Lebensstile möglich. Bildung für eine nachhaltige Entwicklung sollte vor diesem Hintergrund Perspektivenwechsel kultivieren und in eine nichtdiskriminierende Sprache einüben.

c)   Lineare Kausalität

Menschen sind auf die Erwartung von linearer Kausalität evolviert und haben dementsprechend Schwierigkeiten, mit komplexen Problemen umzugehen. Eine Möglichkeit, den Umgang mit nichtlinearer Kausalität zu üben ist die

Einübung in komplexe Heuristiken und vielfältige Frageperspektiven. In Planspielen wird Komplexität zwar deutlich reduziert; dennoch werden die Nebenfolgen intendierter Handlungen veranschaulicht und damit sichtbar gemacht. Ein Planspiel mit deutlichem Umweltbildungscharakter ist ‚Ökowi‘, das von der hessischen Landeszentrale für politische Bildung angeboten wird. Vernetztes Denken kann auch durch Computerspiele trainiert werden, wie beispielsweise im Klassiker der Spiele Ökolopoly von Frederic Vester. Schon nach wenigen Spielrunden werden Nebenfolgen sichtbar, die vorher nicht bedacht wurden (vgl. zu Planspiel und Simulation ausführlich Bolscho/ Seybold 1996). Die Nebenfolgenabschätzung ist eine Frage abstrakter Reflexion und von daher auch als Unterrichtsgegenstand trainierbar.

d)   Die Probleme im Umgang mit Risiken und die Dominanz der Wahrnehmung von Gefahren

Entsprechend der Probleme im Umgang mit Komplexität fällt es Menschen schwer, Risiken zu erkennen und sich auf diese einzustellen. Wie schwierig dies ist, zeigt die Entwicklung im Spendenwesen: Für strukturelle Verbesserungen sinkt die Spendenbereitschaft; hingegen nimmt sie für konkrete Nothilfe zu (Rückgang der Spenden für den Umwelt- und Naturschutz von 1998 10% aller Spenden auf 1999 7% aller Spenden; für Entwicklungszusammenarbeit von 1998 13% auf 1999 11%; hingegen Zunahme der Spenden für Sofort- und Nothilfe von 29% 1998 auf 40% 1999; vgl. EMNID 1999, S.17). Wenn man Spendenbereitschaft als Form des Engagements interpretiert, und das Engagement für Strukturmaßnahmen im Umwelt- und Naturschutz bzw. in der Entwicklungszusammenarbeit als Risikominderung in bestimmten Problembereichen, hingegen Soforthilfe als Beitrag zur Hilfe aus Gefahr, dann zeigt sich hier eine Dominanz von Gefahrensensibilität gegenüber der für Risiko.

Bildungsangebote für nachhaltige Entwicklung sollten auf diese Situation reagieren. Die kritische Haltung einer Bildung für nachhaltige Entwicklung gegenüber einer Katastrophenpädagogik, die für sofortiges Handeln angesichts akuter Gefahrensituationen wirbt, wird aus dieser Perspektive gestützt. Auch die Perspektive einer Bildung für nachhaltige Entwicklung auf Fragen der Gesundheitspädagogik erfährt vor dem Hintergrund einer evolutionären Reflexion eine erneute Bestätigung. Umgang mit Belastung zu lernen, Entspannung zu üben und Bewegungsmangel zu begegnen sind wichtige Lernherausforderungen.

e)   Die Imitation des Erfolgreichen

Menschen sind auf die Imitation des Erfolgreichens evolviert. Bisher ist eine auf Energieverschwendung beruhende Lebensstrategie eine äußerst erfolgreiche (übrigens auch für viele andere Lebewesen, nicht nur für den Menschen).

Das Erlernen radikal neuer Verhaltensweisen ist vor diesem Hintergrund fehlender erfolgreicher historischer Vorbilder eine Herausforderung.

Vor diesem Kontext scheint es sinnvoll, Bildung für nachhaltige Entwicklung mit materiellen wie mit sozialen Belohnungen anzuregen. Materielle Belohnungen werden beispielsweise in Modellversuchen wie ,Fifty-Fifty' vergeben, in dem Hamburger Schulen die Hälfte der durch Energiesparmaßnahmen verringerten Stromrechnungen zur eigenen Verfügung erhalten. Solche Modellversuche zeigen einen guten Weg, den Energieverbrauch auch in anderen öffentlichen Bereichen zu senken.

Darüber hinaus versprechen aus anthropologischer Perspektive soziale Belohnungen, wie Auszeichnungen, Preise oder Veröffentlichungen potenziellen Lernerfolg. Gelungene Modelle einer Bildung für nachhaltige Entwicklung sollten sichtbar gemacht werden und als ,best-practice' zur Nachahmung anregen. Während dieses in der Umweltbildung zum Teil praktiziert wird, gibt es hingegen in der Entwicklungspädagogik in diesem Kontext kaum eine Tradition.

Dieser evolvierte Mechanismus zur Imitation des Erfolgreichen bedingt das menschliche Interesse an resonanzfähiger Kommunikation und damit das Interesse an Sensationen. Gerade im Hinblick auf den angemessenen Umgang mit Entwicklungsherausforderungen in Ländern des Südens führt dies häufig zu einer exotisierenden und die Krisenentwicklungen herausstellenden Kommunikation, die die Entwicklungsfortschritte verkennt und einer partnerschaftlichen interkulturellen Kommunikation im Wege steht (vgl. im Überblick ZEP, Heft 2/1996). Die Darstellung von Ländern der sogenannten Dritten Welt in Schulbüchern ist ebenfalls dominant krisenorientiert (vgl. Scheunpflug/Seitz 1995). Problemlösungen des Alltags werden wenig wahrgenommen, da das Spektakuläre fehlt. Bildung für eine nachhaltige Entwicklung steht so vor der Herausforderung, auf der einen Seite Interesse zu wecken, auf der anderen Seite aber in unaufgeregte Kommunikation einzuüben.

f)   Verhalten als konditionale Strategie

Verhalten entsteht aus Sicht der Soziobiologie als Ergebnis einer Bilanzierung zwischen Verhaltenskosten und gewünschtem Ergebnis. Die aus der Umweltforschung bekannten Ergebnisse, dass das tatsächliche ökologische Verhalten relativ wenig mit der ökologischen Einstellung korreliert, ist aus dieser anthropologischen Perspektive zu erwarten. Es wäre vor diesem Hintergrund dysfunktional, wenn Bildung für nachhaltige Entwicklung sich auf eine moralisierende Bewusstseinserziehung kaprizieren würde. Dieser Sachverhalt ist aus empirischer Forschung wie psychologischer Theoriebildung in der Umweltbildung wie in der Entwicklungspädagogik längst bekannt. Eine naturwissenschaftliche Anthropologie bringt an vielen Stellen der Erziehungswissenschaft keine konkret neuen Perspektiven, vielmehr werden pädagogische Zusammenhänge nochmals aus einer weiteren Perspektive begründet und erklärt (vgl. dazu ausführlich Scheunpflug 2001, S. 178ff.)

Verhaltensrelevante Bilanzen werden blitzschnell und unbewusst erstellt. Viele Einschätzungen, die in diese Rechnung eingehen, werden intuitiv getroffen. Es kann sehr wichtig sein, durch Bildungsangebote diese unbewussten Einschätzungen ins Bewusstsein zu holen und auf eine rationale Basis zu stellen. Gerade im Kontext der Entwicklungszusammenarbeit sind viele Bürgereinstellungen durch Stereotype und paternalistische Einschätzungen überdeckt. Beispielsweise zeigen Untersuchungen, dass Bundesbürger die Ausgaben für die Entwicklungszusammenarbeit (EZ) deutlich zu hoch einschätzen (30% der Deutschen schätzen den Anteil der EZ am Haushalt um das fünf- bis 15-fache zu hoch ein) und den gesellschaftlichen Nutzen als zu gering (so wird zum Beispiel die Bedeutung des EU-Exportes in Entwicklungsländer unterschätzt; vgl. Europäische Kommission 1996). Bilanzierungen sind oft durch Vorurteile geprägt. Eine positive und aufklärende Kommunikation kann damit neue Bilanzierungen erreichen.

Ein weiterer wichtiger Schritt besteht in der Änderung der Rahmenbedingungen, um den Verbrauch öffentlicher Güter in Kosten für den Verbraucher zu übersetzen und damit die Bilanzierungen, die zu Verhaltensweisen führen, zu beeinflussen (vgl. auch den Vorschlag, den Verbrauch öffentlicher Güter mit einer weltweiten Steuer zu belegen). Die gesellschaftlichen Rahmenbedingungen sind ein wesentlicher Faktor für konditionale Verhaltensstrategien.

III Zusammenfassung didaktischer Aspekte

Reflektiert man das bisher Gesagte unter didaktischer Perspektive, so fällt auf, dass einige didaktische Konsequenzen aus den dargestellten anthropologischen Zusammenhängen in unterschiedlichen Kontexten erscheinen. Diese sollen zusammenfassend noch einmal dargestellt werden.

a) Die Bedeutung der Sprache

Menschen können über Sprache und Selbstreflexionsvermögen lernen, mit komplexen Sachverhalten umzugehen. Erst die Sprache erlaubt den Umgang mit den Dingen, die außerhalb unseres Mesokosmos des Erkennens liegen. Dass wir eine abstrakte naturwissenschaftliche Sprache erlernen müssen, wie die Sprache der Mathematik, der Physik und der Chemie, ist uns bereits selbstverständlich. Niemand würde einen Verzicht auf Fachsprache von diesen Wissenschaften erwarten. Im Hinblick auf soziale Zusammenhänge ist dies aber anders. Eine abstrakte Theorie sozialer Zusammenhänge und deren didaktische Perspektiven liegt bisher nur in Ansätzen vor. Hier müssen wir uns um eine *Abstraktions-Didaktik* bemühen, die einerseits unsere Nahbereichssinne befriedigt, auf der anderen Seite aber auch deutlich über sie hinausgeht (vgl. auch den Beitrag von Kahlert in diesem Band). Der umkippende Teich vor der Haustür oder das Einzelschicksal eines hungernden Kindes auf der Südhalbkugel erlauben größere Emphase und höheres Engagement als das komplexe Regelwerk der TA Luft, die Erklärung der Menschenrechte oder die Einzelvereinbarungen des Pariser Clubs. Häufig bleibt der Unterricht in Politik oder Biologie bei den konkreten Ereignissen, die unsere Nahbereichssinne belohnen, stehen ohne bis zu den komplexen und abstrakten Problemen vorzudringen. Wir müssen lernen, unserer spontanen im Mesokosmos evolvierten Vernunft zu misstrauen, Authentizität nicht länger mehr wertzuschätzen als abstrakte Erkenntnis, und ethische Kriterien für die Abwägung von Risikoentscheidungen zu entwickeln. Im globalen Kontext sind wir auf Kriterien für das Abwägen von Gerechtigkeit angewiesen und müssen lernen, diese anzuwenden. Bei diesen Lernprozessen könnten Simulationen komplexer Zusammenhänge eine didaktische Hilfe zur Veranschaulichung abstrakter Wechselwirkungen und Nebenfolgen von Nebenfolgen darstellen.

Zudem ermöglicht es unsere Sprache, *Selbstreflexion* zu betreiben. In einer globalisierten Weltgesellschaft werden kulturelle Standards, die über Routinebildung alltägliches Handeln entlasten, zunehmend in Frage gestellt bzw. kontingent. Kulturelle Muster werden damit ihres unhintergehbaren Charakters beraubt. Diese Situation ist psychisch belastend; denn die Entlastungsfunktion von Kultur für Alltagshandeln wird genommen. Normatives Erwarten durch kulturellen Fundamentalismus ist die mögliche Folge (von Huntington 1997 als „Clash of Civilization" beschworener Konflikt; vgl. zu einer Kritik aus anthropologischer Perspektive Mohrs 2001). Dieses normative Erwarten ist nicht zwangsläufig; sondern kann wiederum als ein Ausdruck unserer spontanen Vernunft interpretiert werden. Menschen können Selbstreflexion betreiben und damit kognitives Erwarten, also die Erwartung von Alternativen, kultivieren. Allerdings bedarf diese Form vor allem kultureller Selbstreflexion der Einübung. Dafür liegen bereits viele Konzepte vor (z.B. Führing 1996; Anne Frank Haus 1995), die bereits im Globalen Lernen fruchtbar gemacht werden (vgl. Scheunpflug/Schröck 2000). Gerade die Lebensstildebatte der Umweltbildung führt an kulturelle Aspekte der Nachhaltigkeit bereits heran. Selbstreflexion und – damit verbunden – das Nachdenken über unterschiedliche Lebensstile und das Einüben in kulturelle Perspektivenwechsel ist eine wichtige Qualifikation einer Bildung für Nachhaltigkeit, die die anthropologische Bedingtheit unserer spontanen Vernunft reflektiert und sie an die Herausforderungen der Weltgesellschaft anschlussfähig macht.

b)   Nicht moralische Kommunikation, sondern Aufzeigen von Vorteilen

Im Hinblick auf eine Bildung für Nachhaltigkeit sollte es auch aus anthropologischer Perspektive um eine *Verknüpfung zwischen Eigen- und Gemeinwohl* gehen. Das bedeutet zum einen, dass Engagement für Nachhaltigkeit gesellschaftlich erwünscht sein und entsprechende Belohnung erfahren sollte. Damit sind politische Weichen im Spendenrecht, in der Förderungsstruktur (es gibt immer noch keine staatliche Förderung in der Entwicklungspädagogik!; vgl. Seitz 2001), in der Anerkennung von Ehrenämtern, der Flugbenzinbesteuerung, der internationalen Steuerpolitik, der internationalen Agrarpolitik und der Welthandelsordnung (und anderem mehr) notwendig. Wer sich nachhaltig verhält, sollte daraus einen persönlichen Vorteil ziehen können (ähnlich dem Prinzip der sozialen Markwirtschaft, die deshalb so erfolgreich war, weil sie Eigennutz in Gemeinwohl zu übersetzen in der Lage ist).

c)   Eine Didaktik des Abstrakten

Die meisten Herausforderungen des 21. Jahrhunderts sind durch enorme *Komplexität* gekennzeichnet; eine Komplexität, die nicht mehr anschaulich ist, sondern abstrakten Nachdenkens bedarf. Die Komplexität der Herausforderungen des 21. Jahrhunderts sprengt die bisherigen menschlichen Erfahrungen dessen, was mit der ,spontanen menschlichen Vernunft' erfasst werden kann. Gerade aus diesem Grund ist es nötig, Unterricht anzubieten, der in komplexe abstrakte Operationen einüben hilft. Deshalb hat der naturwissenschaftliche Unterricht einen so bedeutenden Stellenwert. Ebenso müsste eine anspruchsvolle sozialwissenschaftliche Theoriebildung selbstverständlicher Teil des Unterrichts sein. Für sozialwissenschaftliche Theoriebildung – gerade im Hinblick auf den Umgang mit Fremdheit – neigen schulische und außerschulische Bildungsangebote dazu, den Nahbereich überzustrapazieren. Fremdheit wird über Einzelschicksale und Biographien vertraut gemacht und Verständnis über Empathie hergestellt – dies ist aber angesichts der weltgesellschaftlichen Entwicklung nicht ausreichend. Eine abstraktere Theoriebildung, die gleichzeitig Eigennutz und gegenseitige Achtung über Spielregeln kultiviert, könnte den beschriebenen Zusammenhängen dienlich sein.

d)   Strukturelle Erziehung und die Bedeutung des Nichtthematisierten

Bildung für nachhaltige Entwicklung ereignet sich auch latent bzw. wird latent verhindert. Vieles lernen wir beispielsweise durch die *Nichtthematisierung* von Zusammenhängen (vgl. ausführlich Treml 1982; für den Kontext Globalen Lernens und Weltbürgerlicher Erziehung Scheunpflug 2001c). Wenn im Geschichtsunterricht zwar die Herrscherfamilien des Mittelalters thematisiert werden, nicht aber jene Afrikas, werden Schülerinnen und Schüler – ohne, dass es jemals expliziert wurde – der Meinung sein, Afrika sei vor der Kolonialgeschichte ein geschichtsloser Kontinent gewesen. Wenn Schulbücher Illustrationen zu Dritte-Welt-Themen nur als ländliche Idyllen zeigen, werden Schüler nur schwerlich vor ihrem inneren Auge haben, dass die größten Städte dieser Welt in Ländern des Südens liegen. Der sensible Umgang mit Wissenslücken und deren gezielte pädagogische Irritation sollten deshalb Aufgaben einer Bildung für Nachhaltigkeit sein.

e)   Methoden- und Strukturierungskompetenz

Der Psychologe Dietrich Dörner (1989) hat mittels Computersimulationsspielen Personen ermittelt, die sich erfolgreich bei der Bewältigung von vielfach verflochtenen Aufgaben zeigten. Er konnte herausfiltern, wie jene diese Aufgabe angehen. Dabei zählt nicht das Fachwissen, sondern die Strukturierungskompetenz. Erfolgreiche Versuchspersonen überprüften ihre Hypothesen und korrigierten sie gegebenenfalls. Sie ertrugen Unbestimmtheit und zeigten dennoch Entscheidungsfreude. Bildung für nachhaltige Entwicklung ermöglicht im Konzert der schulischen und außerschulischen Bildung in besonderem Maße derartige Schlüsselqualifikationen zu erwerben.

f)   Selbstsicherheit statt Angst

Komplexe Systeme mit vielen Verknüpfungen und sinnlich nicht erkennbare Zusammenhänge erzeugen Stress und damit auch Angst. Angst aber lähmt. Diffuse Ängste – beispielsweise vor Umweltproblemen oder Folgen von Migrationsbewegungen – führen häufig zu Ohnmachtsgefühlen, keine Handlungsmöglichkeiten zu besitzen. Ziel einer Bildung für nachhaltige Entwicklung muss es sein, zum einen die Herausforderungen besser zu verstehen und damit Ohnmacht abzubauen, zum anderen aber auch in angemessenen Schritten „Gestaltungskompetenz" (de Haan/Harenberg 1998) zu erreichen. Katastrophenszenarien als Bildungsmoment zu entwickeln ist kontraproduktiv. Vielmehr geht es darum, unseren pleistozänen Menschenverstand durch Bildungsangebote an die moderne Gesellschaft angstfrei anschlussfähig zu machen.

g)   Unterscheidung zwischen politischen und pädagogischen Aufgaben

Durch eine evolutionäre Anthropologie wird deutlich, dass Verhalten sehr wenig durch Einstellungsfragen bedingt ist, sondern überwiegend eine Bilanz unter dem Vorzeichen des Eigennutzes darstellt, in der die Rahmenbedingungen des Handelns eine wichtige Rolle spielen.
    Bildung für nachhaltige Entwicklung darf vor diesem Hintergrund in ihren Wirkungen nicht überschätzt werden. Vielmehr sind Rahmenbedingungen notwendig, die umwelt- und entwicklungsgerechtes Handeln für Individuen attraktiv machen. Diese Rahmenbedingungen zu schaffen, ist Aufgabe der Politik und nicht der Pädagogik. Eine solche Haltung bewahrt vor Resignation und Rückzug.
    Schon mit diesen wenigen Anmerkungen wird deutlich, dass eine evolutionäre Perspektive einer Bildung für Nachhaltigkeit vielfältige Anregungen zu geben verspricht. Viele Aspekte sind aber nicht neu – sie bestätigen vielmehr aus einer neuen Perspektive, was in der Umwelt- und Entwicklungspädagogik bereits an Kenntnissen vorhanden ist. Über die hier beschriebenen Zusammenhänge hinaus eröffnet eine evolutionäre Theorie einen neuen Blick auf Unter-

richt. Es wird möglich, Vermittlungsprozesse in einer neuen Logik zu interpretieren – ein für Bildung für Nachhaltigkeit wichtiges Thema (vgl. Scheunpflug 2001b). Aber das hier auszuführen, wäre ein zweiter Aufsatz!

Literatur

Allman, William: Wie das Erbe der Evolution unser Denken und Verhalten prägt. Heidelberg/Berlin/Oxford: Spektrum 1996

Anne Frank Haus in Zusammenarbeit mit dem Institut für Lehrerfortbildung und dem Pädagogisch-Theologischen Institut in Hamburg: Das sind wir. Interkulturelle Unterrichtsideen für Klasse vier bis sechs aller Schularten. Lesebuch und Handbuch, Weinheim 1995.

Begander, Elke: „Was kann ich denn dafür?" Über den Umgang mit Abwehrmechanismen und Widerständen in der entwicklungsbezogenen Bildungsarbeit. In: Zeitschrift für Entwicklungspädagogik, 11, 1988, Heft 1, S. 2-7

Beyersdorf, Martin/Michelsen, Gerd/Siebert, Horst (Hrsg.): Umweltbildung. Theoretische Konzepte, empirische Erkenntnisse, praktische Erfahrungen. Neuwied: Luchterhand 1998

Bolscho, Dietmar/Seybold, Hansjörg: Umweltbildung und ökologisches Lernen. Ein Studien- und Praxisbuch. Berlin: Cornelsen Scriptor 1996

Cosmides, Leda/Tooby, John E.: Cognitive Adaption for Social Exchange. In: Barkow, Jerome H./Cosmides, Leda/Tooby, John E. (Hrsg.): The Adapted Mind. Evolutionary Psychology and the Generation of Culture. New York/Oxford: Oxford University Press 1992, S. 163-228

de Haan, Gerd/Harenberg, Dorothea: Bildung für eine nachhaltige Entwicklung – Orientierungsrahmen. BLK Heft 69, Bonn 1998

Dörner, Dietrich: Die Logik des Misslingens. Hamburg: Rowohlt 1989

Dunbar, Robin: Klatsch und Tratsch. Wie der Mensch zur Sprache fand. München: Bertelsmann 1998

Emnid Spendenmonitor Bielefeld 1999.

Europäische Kommission: The Way Europeans Perceive Developing Countries in 1995, Eurobarometer 44.1 INRA European Coordinating Office Brüssel 1996.

Flinn, Michael V./Alexander, Richard D.: Culture theory: The developing synthesis from biology. Human Ecology, 10, 1982, S. 383-400

Führing, Gisela: Begegnung als Irritation. Ein erfahrungsgeleiteter Ansatz in der entwicklungsbezogenen Didaktik. Münster 1996

Görgens, Sigrid/Scheunpflug, Annette/Stojanov, Krassimir: Universalistische Moral und weltbürgerliche Erziehung. Die Herausforderung der Globalisierung im Horizont der modernen Evolutionsforschung. Frankfurt/Main: IKO-Verlag 2001

Huntington, S.P.: Der Kampf der Kulturen. Die Neugestaltung der Weltpolitik im 21. Jahrhundert. München: Hanser 1997

Mohrs, Thomas: Interkulturalität als Anpassung? In: Görgens, Sigrid/Scheunpflug, Annette/Stojanov, Krassimir: Universalistische Moral und weltbürgerliche Erziehung. Die Herausforderung der Globalisierung im Horizont der modernen Evolutionsforschung. Frankfurt/Main: IKO-Verlag 2001, S. 78-96.

Neumann, Dieter/Schöppe, Arno/Treml, Alfred K. (Hrsg.): Die Natur der Moral. Evolutionäre Ethik und Erziehung. Stuttgart/Leipzig: Hirzel 1999

Riedl, Rupert: Evolution und Erkenntnis. Antworten auf Fragen aus unserer Zeit. München, Piper 1982.

Riedl, Rupert: Wahrheit und Wahrscheinlichkeit: Biologische Grundlagen des Für-Wahr-Nehmens. Berlin/Hamburg: Parey 1992

Riedl, Rupert: Sind wir auf unsere Zivilisation vorbereitet? In: Neumann, Dieter/Schöppe, Arno/Treml, Alfred K. (Hrsg.): Die Natur der Moral. Evolutionäre Ethik und Erziehung. Stuttgart/Leipzig: Hirzel 1999, S. 31-50.

Scheunpflug, Annette: „Zukunftsfähiges Deutschland" – eine verpaßte Lernchance? Anmerkungen aus evolutionstheoretischer Sicht. In: Noormann, Henry/Lang-Wojtasik, Gregor (Hrsg.): Die Eine Welt der vielen Möglichkeiten. Pädagogische Orientierungen. Festschrift für Asit Datta zum 60. Geburtstag. Frankfurt/Main 1997: Iko-Verlag, S. 197-198

Scheunpflug, Annette: Biologische Grundlagen des Lernens. Berlin: Cornelsen Skriptor 2001

Scheunpflug, Annette (2001b): Evolutionäre Didaktik. Unterricht aus system- und evolutionstheoretischer Perspektive. Weinheim: Beltz 2001

Scheunpflug, Annette (2001c): Weltbürgerliche Erziehung durch den heimlichen Lehrplan des Schulsystems? In: Görgens, Sigrid/Scheunpflug, Annette/Stojanov, Krassimir: Universalistische Moral und weltbürgerliche Erziehung. Frankfurt/Main: IKO-Verlag 2001, S. 243-258.

Scheunpflug, Annette/Schröck, Nikolaus: Globales Lernen. Stuttgart: Brot für die Welt 2000

Scheunpflug, Annette/Seitz, Klaus: Die Geschichte der entwicklungspolitischen Bildung. Band I: Didaktische Materialien/Theorieliteratur; Band II: Schule und Lehrerbildung; Band III: Erwachsenenbildung und Jugendarbeit. Fankfurt/Main: IKO-Verlag 1995

Schmidt, Christine: Bildung für nachhaltige Entwicklung und ihre anthropologischen Grundlagen. Dissertation, in Vorbereitung

Seitz, Klaus: Strukturen der Förderung entwicklungspolitischer Bildungsarbeit – die Perspektive der Nichtregierungsorganisationen. Im Druck, 2001

Treml, Alfred K.: Theorie struktureller Erziehung. Grundlagen einer pädagogischen Sozialisationstheorie. Weinheim, Basel: Beltz 1982

Treml, Alfred K.: Die Erziehung zum Weltbürger. In: Neumann, Dieter/Schöppe, Arno/Treml, Alfred K. (Hrsg.): Die Natur der Moral. Evolutionäre Ethik und Erziehung. Stuttgart/Leipzig: Hirzel 1999, S. 177-194.

Verbeek, Bernhard: Die Anthropologie der Umweltzerstörung. Die Evolution und der Schatten der Zukunft. Darmstadt: Wissenschaftliche Buchgesellschaft 1994

Voland, Eckart: Grundriss der Soziobiologie. Heidelberg: Spektrum 2000

Vollmer, Gerhard: Evolutionäre Erkenntnistheorie. Stuttgart: Hirzel 1975

Vollmer, Gerhard: Des Biologen philosophische Kleider. In: Allgemeine Zeitschrift für Philosophie, 1982, 7/2, S. 57-68.

Vollmer, Gerhard: Was können wir wissen? Band 1. Die Natur der Erkenntnis. Beiträge zur evolutionären Erkenntnistheorie, Stuttgart: Hirzel 1985

Vollmer, Gerhard: Können wir den sozialen Mesokosmos verlassen? In: Görgens, Sigrid/Scheunpflug, Annette/Stojanov, Krassimir: Universalistische Moral und weltbürgerliche Erziehung. Frankfurt/Main: IKO-Verlag 2001, S. 12-33.

Zeitschrift für internationale Bildungsforschung und Entwicklungspädagogik, Themenheft „Good News from Africa", Heft 2, 1996

Michael Wehrspaun/Harald Schoembs

Die ‚Kluft' zwischen Umweltbewusstsein und Umweltverhalten als Herausforderung für die Umweltkommunikation

1. Einleitung

Im Folgenden wollen wir zunächst die Frage aufwerfen, was die in der sozialwissenschaftlichen Umweltforschung so ausgiebig thematisierte ‚Kluft zwischen Umweltbewusstsein und Umweltverhalten' für die aktuelle Situation der Umweltkommunikation bedeutet. Denn die Umweltkommunikation befindet sich – wie die Umweltpolitik insgesamt – heute in einem Umbruch.

Dieser hat widersprüchliche Auswirkungen: Einerseits wird die Umweltkommunikation in den neuen, vor allem auf die Potenziale der zivilgesellschaftlichen Selbstorganisation setzenden Ausrichtungen der Umweltpolitik (Stichworte: ‚neue strategische ‚Allianzen', ‚integrierte Produktpolitik sowie entsprechende Vermeidungsstrategien' usw.) wichtiger denn je, andererseits ist die Umweltkommunikation aber auch gleichzeitig in eine tiefe Krise geraten, denn der Stellenwertverlust der Umweltpolitik in der öffentlichen Meinung ist nicht zu übersehen, auch wenn immer mal wieder ein temporärer Aufwind – wie z.B. in der BSE-Krise – den Niedergang kurzzeitig überdeckt.

Unser erstes Argument lautet, dass die ‚Kluft'-Thematik in der Umweltkommunikation eine ambivalente Rolle spielt. Es fällt nämlich leicht, allzu leicht, sich auf sie zu berufen, um damit von der eigenen Verantwortung abzulenken. Das funktioniert einfach dadurch, dass die Kluft bei den Mitmenschen – und den sozialen Systemen wie vor allem Politik und Wirtschaft – konstatiert wird, um eben damit auf die Sinn-, weil ja ohnehin Wirkungslosigkeit vermehrter eigener Anstrengungen zu verweisen. Außerdem verdeckt dieser Problemzugang, dass sich ‚hinter' der Bewusstseins-Verhaltens-Diskrepanz im Umweltbewusstsein eine ganze Menge komplexer Verständnisprobleme im Hinblick auf die aktuelle ökologische Krise verbirgt. Diese ‚Multiperspektivität' wird in dem Beitrag etwas ausführlicher diskutiert, wobei verschiedene Problemsichten unterschieden werden. Schließlich begründen wir daran anschließend die These, dass das (aktuelle) Umweltbewusstsein vor allem durch den Verlust des Glaubens an die Zukunftsfähigkeit unserer Kultur und Gesellschaft gekennzeichnet ist, und auch die besagte ‚Kluft' dementsprechend verstanden werden kann und verstanden werden sollte –

woraus sich die praktische Folgerung ableiten lässt, dass die Förderung von Umweltbewusstsein sich auf den Aufbau eines ,Unterbaus' für die Umweltkommunikation konzentrieren sollte, damit eine allgemeine ,Kultur der Nachhaltigkeit' entstehen kann, die es erlaubt, das (neu zu fassende) ,Prinzip Hoffnung' mit dem (umweltpolitisch geforderten) ,Prinzip Verantwortung' zu verbinden. Verständlicherweise können wir für eine solch anspruchsvolle Aufgabenstellung nur einige Stichworte in die Diskussion werfen – der pragmatische Ausgangspunkt für diese, wie für unsere ganze Problemskizze, ist unsere Tätigkeit in der Umweltverwaltung, zu der auch die Entwicklung, Ausschreibung, Betreuung und Auswertung von ressortspezifischen, d.h. streng anwendungsorientierten Forschungs- und Entwicklungsprojekten gehört.

2. Die Bedeutung der Bewusstseins-Verhaltens-Diskrepanz für die Umweltkommunikation

Was für die Umweltökonomie die Frage der ,externen Kosten' (bzw. in anderer Ausdrucksweise: die ,Kollektivgutproblematik' u.ä.) geworden ist, nämlich eine Art zentrale Problembeschreibung, stellt für die sozialwissenschaftliche Umweltforschung die sog. ,Kluft zwischen Umweltbewusstsein und Umweltverhalten' dar. Seit zu Beginn der 70er Jahre die systematische Forschung zu diesen Fragenkreisen begann, wird diese Kluft immer wieder erhoben. Inzwischen ist sie längst selber als solche sozusagen populär geworden und kaum ein Kommentator der Umweltproblematik in der öffentlichen (und v.a. der veröffentlichten) Meinung versäumt den Hinweis darauf, dass die Menschen ihr allgemein hohes Umweltbewusstsein (in den fortgeschrittenen Industriegesellschaften) trotzdem nicht in ihrem eigenen Alltagsverhalten umsetzen würden.

Und in der Tat: Dem ist ja auch so! Wobei freilich oft übersehen wird: Dass eben diese Tatsache wiederum selber einen nicht gerade unwesentlichen Aspekt des gegenwärtigen Umweltbewusstseins ausmacht. So haben beispielsweise in der Repräsentativumfrage „Umweltbewusstsein in Deutschland 2000" rund zwei Drittel der Befragten ihre Zustimmung zu folgenden Statements kundgetan: „Derzeit ist es immer noch so, dass sich der größte Teil der Bevölkerung wenig umweltbewusst verhält" und „Es ist immer noch so, dass die Politiker viel zu wenig für den Umweltschutz tun" (BMU/UBA 2000, S. 20). 20% davon stimmen dem in Bezug auf die Mitmenschen, 29% im Hinblick auf die Politiker sogar „voll und ganz" zu. Und etwa ein Viertel der Befragten wählte auf der fünfstufigen Vorgabenskala die mittlere Antwortkategorie „teils/teils". Was bedeutet, dass nur recht kleine Minderheiten, deutlich unter 10% der Befragten, mit den umweltpolitischen Leistungen „der Bevölkerung" oder „der Politiker" zufrieden genug sind, um die genannten Statements abzulehnen – gar nur je 1% wollte sich dabei für die Vorgabe „stimme überhaupt nicht zu" entscheiden. Solche Umfrageergebnisse – und viele weitere, ähnlich gelagerte – zeigen sehr deutlich, dass die Menschen auf breiter Basis davon überzeugt sind, dass das gegenwärtige Umweltbewusstsein an einem massiven Umsetzungsdefizit leide. Und insofern gehört zu den Merkmalen des (aktuellen) Umweltbewusstseins auch das Bewusstsein von der verbreiteten Kluft zwischen Bewusstsein und Verhalten.

Aber: Was steckt eigentlich ‚hinter‘ dieser ‚Kluft‘? Sicher: Es handelt sich um eine Bewusstseins-Verhaltens-Diskrepanz, aber solche gibt es in anderen Verhaltens- und Orientierungsbereichen schließlich auch... Wer kann beispielsweise, jedenfalls unter den Bedingungen der modernen Gesellschaft und Kultur, schon seine religiösen Überzeugungen konsequent in sein Alltagsverhalten umsetzen? Die – besonders populären – moralischen Klagen über diese Diskrepanz und die davon abgeleiteten entsprechenden Appelle führen also offenkundig nicht wirklich weiter. Und das vor allem gerade deswegen nicht, weil sie immer auf eine hohe Zustimmung in breitesten Bevölkerungskreisen werden rechnen können. Nur: Dabei wird jede(r) Einzelne bei den Mitmenschen hinreichend Belege für moralisches Versagen entdecken können, genauso leicht aber auch gute Gründe dafür finden, sich selber zumindest ein aufrichtiges Bemühen im Rahmen der gegebenen Möglichkeiten zu konstatieren.

Fatalerweise ist es eben das Bewusstsein der besagten Kluft, bzw. genauer: die verbreitete Meinung von deren Existenz, die solche Verdrängungen nicht nur einfach macht, sondern sogar nahelegt. Wenn ich nicht damit rechnen kann, dass die anderen hinreichend mitziehen, dann wird auch mein eigener Beitrag irrelevant – und mein eigenes Streben nach Konsequenz im Umweltverhalten im schlimmsten Fall sogar zur Donquichotterie... Sage ich das den anderen, können und werden sie mir nur recht geben, aber eben deswegen kommen wir nicht weiter: Die Umweltkommunikation landet notgedrungen in einem – aus den gegenseitigen „Schuldverschiebungen" erst so richtig resultierenden – „Verständigungsdilemma" (vgl. Schluchter/Dahm 1996, S. 184f).

Insofern ist die heutige Krise der Umweltkommunikation durchaus verständlich. Zumal die Umweltpolitik auf regionaler und auch nationaler Ebene in der Tat beeindruckende Erfolge aufzuweisen hat: „Schöner als jedes Märchen" erschien beispielsweise dem SPIEGEL in einem besonders emphatischen Bericht der Umstand, dass in Rhein und Elbe sogar der Lachs zurückkehrt, bedroht nur noch – von den Umweltschützern, die gemäß diesem Artikel mit ihrem Bau von hochsubventionierten und auch ökologisch nicht besonders sinnvollen „Kleinwasserkraftanlagen" zwecks Erzeugung von „grünem Strom" die flussabwärts strebenden Junglachse unabsichtlich, aber wirksam „zu Sushi" verarbeiten (vgl. Bölsche 2000). Aber auch wenn man solche – in der gegenwärtigen Diskussion allerdings nicht unwichtige – Kritik an den kontraproduktiven Formen von Umweltbewusstsein und ökologischen Maßnahmen einmal beiseite lässt, bleibt als unleugbare und auch in Repräsentativumfragen feststellbare Tatsache übrig, dass große Bevölkerungsmehrheiten erhebliche Fortschritte in der deutschen Umweltpolitik konstatieren können.

In der Rangfolge der drängendsten politischen Probleme, so wie diese sich in Meinungsumfragen darstellt, ist dementsprechend die Umweltpolitik zu Ende der 90er Jahre dramatisch abgefallen. Wieso aber dann der oben erwähnte Eindruck vom massiven Umsetzungsdefizit? Hat sich die ‚Kluft'-Thematik inzwischen womöglich so sehr verselbständigt, dass die Wahrnehmung von großen Fortschritten in der Umweltpolitik im öffentlichen Bewusstsein mittlerweile gewissermaßen koexistieren kann mit einer erheblichen Unzufriedenheit über die einschlägige ‚Performance' sowohl der Mitmenschen als – erst recht – der Politiker?

Aber was auf den ersten Blick nur widersprüchlich aussieht, kann sich bei vertiefender Betrachtung als durchaus verständlich, und in gewisser Hinsicht sogar als ‚rational' erschließen. Dabei ist zunächst – gewissermaßen noch auf der Metaebene der Betrachtung – zu beachten, dass die Wahrnehmung von Fortschritten in der Umweltpolitik eine *kognitive* Frage darstellt, dagegen die Kluft-Thematik, insofern sie mit der (In-)Konsistenz zwischen Bewusstsein und Verhalten zu tun hat, ein *moralisches* Problem betrifft. Es resultiert somit keineswegs notwendigerweise ein Widerspruch daraus, wenn jemand in kognitiver Hinsicht eine erhebliche Entspannung der realen Umweltverhältnisse beobachtet, gleichzeitig aber in Sachen der – ja ebenfalls empirisch, und ebenso alltagsweltlich, zu beobachtenden – herrschenden Umweltmoral höchst unzufrieden ist.

Viele Kritiker des ökologischen Diskurses setzen bekanntlich hier an und ziehen dabei die Rationalität bzw. das Rationalisierungspotenzial der „ökologischen Kommunikation" überhaupt in Zweifel (vgl. v.a. Luhmann 1986). Dabei wird dann aber wiederum allzu leicht übersehen, dass es auch gute *kognitive* Gründe für eine erweiterte und anspruchsvollere Umwelt*moral* geben kann:

– Erstens haben sich die heute relevanten Umweltprobleme selber gewandelt, denn es sind globale Gefährdungen entstanden, die mit regionalen und lokalen umweltpolitischen Fortschritten nicht zu beheben sind. Aber auch beim ‚Ozonloch', beim ‚Artensterben' oder dem ‚Treibhauseffekt' gilt natürlich, dass die ganz konkreten alltagsweltlichen Konsummuster und Verhaltensformen, also die gewohnten und verbreiteten ‚Lebensstile', besonders in den Industriegesellschaften, für die Verursachung der globalen Gefährdungspotenziale wesentlich sind.

– Zweitens ist der Stellenwert der Umweltpolitik auch ganz einfach deswegen abgesunken, weil andere, scheinbar aktuell dringlichere Probleme die Umweltsorgen gewissermaßen überholt haben. Das gilt natürlich in erster Linie für die fortbestehende Massenarbeitslosigkeit und die immer offenkundiger werdende Krise der überkommenen Systeme der sozialen Sicherung, zumal der viel thematisiert und heiß umstrittene Prozess der ‚Globalisierung' den entsprechenden Druck auf Gesellschaft und Kultur ja nicht gerade schmälert... Nur: Auch diese Krisensymptome haben mit den Schwierigkeiten zu tun, die industriegesellschaftliche Wachstumsökonomie auf eine Weise fortführen zu können, die nicht allzu viele Opfer fordert – und insofern hängen die Fragen der (noch möglichen) Solidarität und Mitmenschlichkeit natürlich in Wirklichkeit sehr eng mit der Problematik der (hinreichenden oder nicht hinreichenden) Umweltmoral zusammen.

– Drittens ist schließlich die Umweltpolitik selber in einen Prozess der Neuorientierung eingetreten, seit sich das Leitbild der ,nachhaltigen Entwicklung' als der zentrale Bezugspunkt einschlägiger Strategien innerhalb der Fachdiskussion durchgesetzt hat. Eine nachhaltige Entwicklung kann nicht durch ordnungsrechtliche Rahmensetzung seitens der Staatsmacht erzwungen werden – ohne eine Aktivierung der Fähigkeiten zivilgesellschaftlicher Selbstorganisation ist dieses Leitbild schon fast ein Widerspruch in sich... Daher zeigt ja auch jeder Blick in das Aktionsprogramm der ,Agenda 21', dass eben diese Aktivierung schon in der allgemein akzeptierten Programmschrift einen wesentlichen Raum einnimmt: Der gesamte Teil 3 der Agenda ist bekanntlich der „Stärkung der Rolle wichtiger Gruppen" gewidmet. Aber eine etwas genauere Lektüre zeigt schnell, dass diese Aktivierungsthematik auch in den anderen Teilen der Agenda 21 immer zumindest latent vorhanden ist. Das ist auch nötig, insofern sich die Umweltpolitik immer mehr am Integrationsprinzip ausrichtet, was bekanntlich bedeutet, das Auftreten von Umweltbelastungen nicht nachsorgend zu bekämpfen, sondern vorsorgend bereits bei Planung und Produktion zu vermeiden. Die dazu geforderte Entwicklung und Durchsetzung von nachhaltigen Produktions- und Konsummustern kann aber nur als gesamtgesellschaftliche Aufgabe, also in der und durch die Kooperation der beteiligten und relevanten Akteure gelingen.

Dass dazu ganz besonders viel und eine ganz besonders anspruchsvolle Umweltmoral gefordert ist, liegt auf der Hand. Und ebenso klar ist, dass dabei keineswegs eine Diskrepanz zwischen Bewusstsein und Verhalten bei den Beteiligten auftreten darf. Aber trotzdem: Mit dem Verweis auf die Umweltmoral und vor allem mit der Kluft-Thematik, jedenfalls in deren bisher üblicherweise diskutierten Form, kommt man gerade in der *Umweltkommunikation* nicht wirklich voran. Beide leisten offenbar viel zu viel bei der ,Reduktion von Komplexität' (um einen Ausdruck des frühen Luhmann zu gebrauchen). Gerade weil die Umweltpolitik einer Situation der erheblich gestiegenen Komplexität, sowohl auf Seiten der Probleme als auch auf Seiten der zu ihrer Bewältigung geforderten Strategien, konfrontiert ist, bedarf es auch komplexerer Formen der Umweltkommunikation. Als ein erster Schritt dazu kann die Ausdifferenzierung der verschiedenen relevanten Problemdimensionen dienen.

3. Die Multiperspektivität der Bewusstseins-Verhaltens-Diskrepanz

In der sozialwissenschaftlichen Literatur findet sich eine große Bandbreite an Erklärungen für die Kluft zwischen Umweltbewusstsein und –verhalten. Aufgrund der Komplexität der Problematik selber können diese jedoch alle – verständlicherweise – nur eine begrenzte Reichweite haben. Folglich ist keine hinreichend für ein adäquates Verständnis. Daher kommt es darauf an, immer alle verschiedenen Problemdimensionen gleichzeitig im Auge zu behalten. Mit anderen Worten: Jede einzelne Erklärungsvariante stellt immer nur eine bestimmte Perspektive dar, aus der die Gesamtproblematik, und damit das Verhältnis von Umweltbewusstsein und Umweltverhalten betrachtet werden kann. Als die wichtigsten Problemdimensionen lassen sich unterscheiden [1]:

Wahrnehmungsprobleme: Umweltprobleme sind nicht unmittelbar erfahrbar

Probleme, von denen man im Prinzip weiß, deren eigentliche Gestalt aber gar nicht oder nur sehr verschwommen wahrgenommen werden kann, können gerade daher erhebliche Ängste auslösen. Dass das für die von einer charakteristischen „Nichterfahrung aus zweiter Hand" gekennzeichneten (globalen) Umweltprobleme besonders zutrifft, hat Ulrich Beck sehr anschaulich im Kontext seiner Beschreibung der neuen gesellschaftlichen Konstellation der „Risikogesellschaft" betont:

„Die Bedrohungen der Zivilisation lassen eine Art neues ‚Schattenreich' entstehen, vergleichbar mit den Göttern und Dämonen der Frühzeit, das sich hinter der sichtbaren Welt verbirgt und das menschliche Leben auf dieser Erde gefährdet. Man korrespondiert heute nicht mehr mit den ‚Geistern', die in den Dingen stecken, sondern sieht sich ‚Strahlungen' ausgesetzt, schluckt ‚toxische Gehalte' und wird bis in die Träume hinein von den Ängsten eines ‚atomaren Holocaust' verfolgt. An die Stelle einer anthropomorphen Interpretation von Natur und Umwelt ist das moderne, zivilisatorische Risikobewusstsein mit seiner nicht wahrnehmbaren und doch überall präsenten Latenzkausalität getreten" (Beck 1986, S. 96f).

Daher werden im Hinblick auf die Wahrnehmung von Umweltproblemen immer wieder typische Muster festgestellt, für deren Wirksamkeit einerseits die ‚Globalität' der (neuen) Umweltprobleme und andererseits die verbreiteten Formen der Medienkommunikation zumindest indirekt wesentlich sind. Zu beobachten ist ganz allgemein, dass die Situation der räumlich näheren

---

1   Die folgenden Ausführungen sind eine gekürzte und inhaltlich etwas modifizierte sowie, wie wir hoffen, (dadurch) präzisierte Neufassung bereits früher veröffentlichter Überlegungen, vgl. dazu UBA 1998, S. 48-57.

Umwelt in Umfragen meist deutlich positiver eingeschätzt wird als der Umweltzustand allgemein oder entfernte bzw. globale Umweltprobleme (siehe dazu auch unten Abschn. 4). Das hat aber keineswegs nur mit den entsprechenden Wahrnehmungsmustern zu tun, sondern ist durchaus auch in der Sache selbst begründet: Während in den 70iger und 80iger Jahren noch zahlreiche Umweltbeeinträchtigungen und -bedrohungen unmittelbar sinnlich erfahrbar waren (z.B. Luft- und Wasserbelastungen), ist dieses heute insbesondere bei globalen Umweltproblemen kaum möglich. Stichworte: Ozonschichtreduzierung (,Ozonloch') oder Platin-Abbau in der dritten Welt. Dass für die Gewinnung von einer Tonne Platin zur Ausrüstung ,unserer' Autokatalysatoren ein Erdaushub von 400.000 Tonnen – mit den damit verbundenen Umweltbelastungen – erforderlich ist, kann nicht ,wahrgenommen' werden, sondern bleibt notwendigerweise immer eine ,abstrakte' Art von Information.

Informationsprobleme: Kausale Vernetzungen sind schwer zu denken

Spätestens seit der zweiten Hälfte der 80er Jahre nehmen Umweltthemen in rein quantitativer Hinsicht Spitzenplätze bei der Medienberichterstattung ein (Brand 1993, S. 20). Das kann aber auch dazu führen, dass es aus der Sicht des Publikums eher ein Zuviel an Informationsangeboten gibt. Die Folge ist dann u.U. das Gefühl, gerade wegen dieser so schwer zu verarbeitenden Informationsfülle nicht wirklich informiert zu werden. Einschlägige Interviewaussagen (Poferl u.a. 1997, S. 109) belegen die entsprechenden Schwierigkeiten:

„Es wird immer wahnsinnig viel angeschnitten und viel gebracht dann, auf einmal wenn man denkt, so und wie geht es damit jetzt weiter, was ist jetzt da damit ja, dann auf einmal hört man nichts mehr (...) Ungewissheit, ja man weiß nicht.(...) Bist allein gelassen. Dir wird was an den Kopf hingeworfen, so und jetzt werde mit der Situation fertig" (Hausfrau, 29 Jahre).

Darüber hinaus führt das Überangebot an Nachrichten nicht selten zu einer Art von ,Informationsüberflutung', und bei fehlerhaften Angaben – insbesondere bei Zahlenwerten und Dimensionen – zur Verwirrung der an Umweltschutztechnik interessierten Laien. Beispielsweise sind – nach unserer Schätzung bzw. Erfahrung – bei ca. 50% der fachlich orientierten Zeitungsartikel quer durch den Blätterwald von ,taz' bis ,FAZ' immer wieder grobe Fehler festzustellen, die nicht selten die Botschaft des Artikels nicht erfassen lassen. Energie wird z.B. fälschlicherweise in Watt und Zahlenwerte werden um Zehnerpotenzen falsch angegeben. Beispielsweise wird bei einem Vergleich eines Benzin- mit einem Solarauto berichtet, dass das erstere eine ,Energie' von ,500 W' und das Solarauto nur eine ,Energie' von ,50 W' benötige. Gemeint war jedoch die Energie von 500 bzw. 50 ,Wh', die für 1 km benötigt wird. Die Botschaft der 10-fach höheren Energie für ein Benzinauto im Vergleich zu einem Solarauto und die Dimensionen sind hier verwirrend bzw.

falsch. Die in der Regel nicht ausbleibenden Gegendarstellungen und Richtigstellungen führen dann leicht dazu, dass statt Information überhaupt nur mehr Verwirrung übrig bleibt.

Dabei fällt es den Menschen schon ganz generell sehr schwer, sich auf komplexe und dynamische Handlungs- und Entscheidungssituationen einzustellen. Dies wurde in psychologischen Experimenten beispielsweise anhand von Computer-Simulationsspielen untersucht, in denen sich zeigte, dass auch intelligente Menschen oft große Probleme bekommen beim Umgang mit komplexen Situationen (vgl. Dörner 1992). Gerade ökologische Probleme zeichnen sich aber sozusagen naturgemäß durch ihre hohe Komplexität aus. So hat etwa der Rat von Sachverständigen für Umweltfragen in seinem Jahresgutachten 1994 betont, dass der Mensch die „Gesamtvernetzung" („Retinität") aller seiner Tätigkeiten und Erzeugnisse mit der ihn tragenden Natur zum ethischen Prinzip seines Handelns machen müsse (SRU 1994, S. 19). Offen bleibt dabei freilich, wie die dafür notwendigen Denkformen im Alltag entwickelt werden können.

Probleme auf emotionaler Ebene: Umweltverhalten als ‚Tropfen auf den heißen Stein'

Viele Menschen empfinden Gefühle der individuellen Ohnmacht und Einflußlosigkeit angesichts der Größe der Umweltprobleme und der nur als gering eingeschätzten Reichweite des eigenen Handelns. Denn was kann das individuelle und situationsspezifische Bemühen um konsistente umweltfreundliche Verhaltensweisen eigentlich helfen, wenn befürchtet werden muss, dass der dabei geleistete Beitrag zur Problembewältigung letztlich doch nur als bedeutungslos verpufft? Eine Interviewaussage (ebenfalls aus Poferl u.a. 1997) bringt das genau auf den Punkt:

„Manchmal denke ich mir, ob das nicht wirklich nur ein Tropfen auf den heißen Stein ist, dass die wirklichen Probleme irgendwo anders ablaufen ... Machtlos, ja das ist es, ja, dass ich mich dann auch machtlos fühle. Für meinen Bereich durchaus zufrieden, aber ob das reicht" (Pastoralreferent, 34 Jahre).

Eine mögliche Reaktion auf das gleichzeitige Auftreten von Bedrohungs- und Ohnmachtsgefühlen kann in der Ausbildung diffuser Ängste bestehen. Im Extrem können daher Umweltängste bereits als solche zu Krankheitsursachen eigener Art werden (vgl. Aurand u.a. 1993). Weiterhin ist oft zu beobachten, dass emotionale Reaktionen der Verdrängung, Verleugnung und Distanzierung von Umweltproblemen auftreten. Diese äußern sich z.B. in Form von sprachlichen Verharmlosungen und Immunisierungen (vgl. Preuss 1991).

Aber auch gut gemeinte Ratschläge können paradoxe Wirkungen entfalten: Individuelle Machtlosigkeit empfinden wir z.B., wenn wir zurecht zum Energie- und Wassersparen animiert werden – u.a. durch solche sinnigen

Vorschläge wie etwa, doch das Eierwasser zum Blumengießen zu verwenden –, dann jedoch erfahren (müssen), dass für die Produktion eines Autos ca. 400.000 Liter Wasser eingesetzt werden. Oder wir lesen, dass trotz Sparlampen im Kongresszentrum ICC in Berlin jährlich stolze 15 Mio. kWh elektrischer Strom verbraucht werden.

Vermittlungsprobleme: Das Fehlen von eingängigen Bildern

Es ist unbestreitbar, dass die ökologische Problematik eine gewaltige Aufwertung der (natur)wissenschaftlichen Betrachtungsweise mit sich gebracht hat, denn die aktuellen ökologischen Gefährdungen lassen sich in aller Regel gar nicht mehr anders qualifiziert ausdrücken als mithilfe (natur)wissenschaftlicher Beschreibungsweisen und Modellvorstellungen. Insofern ist der Bezug auf (natur)wissenschaftliches Wissen zu einer kulturellen Selbstverständlichkeit geworden. Das hat auch soziale Konsequenzen: Die wissenschaftliche Kompetenz und Erfahrung manifestiert sich heute in der Regel in der sozialen Rolle des Experten. Damit verbunden treten wiederum neue Vermittlungsprobleme auf. In dieser Situation fehlen im Alltag relevante Vorbilder im Hinblick auf eine umweltverträgliche Lebensführung. Denn globale Einschätzungen oder einfache, nur normative Beurteilungen von Verhaltensweisen als ‚gut' oder ‚schlecht' können nicht ausreichend sein, um umweltschonendere Verhaltensweisen zu verbreiten. Ein typisches Beispiel ist die Bewertung durch Ökobilanzen. Ist nun dem ggf. bevorzugten Import-Bier in Mehrwegflaschen die Einweg-Bierflasche aus der Region aus Umweltaspekten gar vorzuziehen? Hier fehlen Bilder und Vorbilder zum Verständnis von ‚gut' oder ‚schlecht' ebenso wie bei der Nutzung eines Autokatalysators. Darüber hinaus transportieren die noch vorhandenen und wirksamen ‚alten Geschichten' – z.B. die Märchen, die wir unseren Kindern erzählen – die ‚falschen' Botschaften, nämlich die Notwendigkeit der fortschreitenden Beherrschung von Natur und Umwelt zwecks Bestehen des (Überlebens-)Kampfes (vgl. Schenkel/Ax 1997).

Anthropologische Probleme: Ökologische Zivilisierung widerspricht elementaren Verhaltensdeterminanten

Ethologen und Verhaltensbiologen haben behauptet, dass auch in Bezug auf das Umweltverhalten der Menschen elementare Verhaltensdeterminanten wirksam werden, die sich im Prozess der Evolution herausgebildet haben. Diese sind den Menschen in ihrem Alltagsleben nicht unbedingt bewusst, da sie durch kulturelle Gewohnheiten und institutionelle Einbettungen sozusagen überlagert werden. So habe sich beispielsweise in der Menschheitsgeschichte eine „Kultur der Dominanz" und damit auch das „kulturelle Leitbild des Stärkeren" entwickelt. Dafür, dass dieses tief in unserem Alltagshandeln verankert ist, gibt es viele Beispiele. Das Streben nach Prestigegewinn, das zur genetischen Ausstattung (auch) des Menschen zu gehören scheint, kann dabei in ganz unterschiedlichen Formen auftreten. So kann z.B. Lärm eine wichtige Funktion in Bezug auf die Selbstdarstellung und den Kampf um soziales Ansehen erfüllen:

„Leise Motorräder verkaufen sich schlecht, und viele Fans frisieren darüber hinaus ihrer Maschine illegal den aggressiven ‚sportlichen' Sound an, und die Auspuffrohre bekommen auch in ihrem Design Ähnlichkeit mit einer Maschinenwaffe.

Auch aus der Elektrobranche hört man ähnliches, nicht nur was die Unterhaltungselektronik angeht. Selbst bei Staubsaugern lassen sich nicht unbedingt die leisesten Geräte gut absetzen, vielmehr traut man wohl eher den lauten die große Sauberkraft zu, und es wird vermutet, dass auch die Nachbarschaft etwas davon mitbekommen soll, wie gründlich hier sauber gemacht wird" (Verbeek 1994, S. 182).

Da viele der evolutionär herausgebildeten Muster der Informationsverarbeitung, der Wahrnehmungs-, Lern- und Handlungsfähigkeit im Hinblick auf eine künftige, tragfähige Entwicklung von Gesellschaft und Natur nicht mehr angepasst scheinen, muss eine neue, kulturell induzierte Weiterentwicklung stattfinden. Die dabei geforderte „ökologische Zivilisierung" stellt den Menschen daher vor die bestimmt nicht leichte Aufgabe, seine letztlich in den sehr langen Zeiträumen der bisherigen Natur- und Kulturgeschichte entstandenen Verhaltensdispositionen zu verändern (vgl. Kösters 1993).

Soziokulturelle Probleme: Umweltverhalten ist nur schwer zu vereinbaren mit in der Moderne geltenden Werten

Den Versuchen zu einer Neu- und Umorientierung stehen nicht nur die eingelebten soziokulturellen Orientierungen und Verhaltensstandardisierungen des Alltags entgegen, sondern auch manche Werthaltungen, die für die bestehenden Gesellschaftsformen sich als durchaus funktional erwiesen haben. Eine große Rolle in der ökologischen Diskussion spielt daher die Notwendigkeit einer ethischen Umorientierung im Sinne einer nachhaltigen Entwicklung. Vorschläge dazu stellen beispielsweise die ‚Leitbilder' dar, die in der vielbeachteten ‚Wuppertal-Studie' beschrieben werden. Anknüpfend an die Prämisse, dass sich der – quantitativ bestimmte – Lebensstandard in den Wohlstandsstaaten der Grenze der Güterausstattung nähert, aber die Zufriedenheit der Menschen nicht entsprechend mitwächst, werden neue – ökologisch orientierte – Leitbilder beschrieben wie beispielsweise „Gut leben statt viel haben" (BUND/MISEREOR 1996, S. 149ff.). Die Kritik gilt dabei der Überflussgesellschaft, gefordert wird dagegen eine „Entflechtung" der hoch arbeitsteiligen Gesellschaften, eine „Entkommerzialisierung" und „Entrümpelung der Lebensstile" sowie die Kultivierung der „Einfachheit" gegen die wachstumsgesellschaftliche Expansion (vgl. Sachs 1993). Offen bleibt in der

Regel auch hier wieder, wie solche Werte unter den gegebenen Bedingungen – z.B. des Globalisierungsprozesses und der damit entstehenden verschärften Bedingungen um die Wettbewerbsfähigkeit des jeweiligen wirtschaftlichen Standortes – realisierbar sein sollen.

Politische Probleme: Die herrschenden Rahmenbedingungen stimmen nicht

Obwohl es unbestreitbar und auch unbestritten deutliche Erfolge im technischen Umweltschutz gibt, können doch negative Trends im Hinblick auf Umweltbelastungen weiterhin vorherrschen, und das vor allem dann, wenn die durch technische Verbesserungen und den effizienteren Einsatz von Ressourcen erreichten Erfolge durch einen Mengenanstieg bei Verbrauchs- und Bestandszahlen sozusagen ausgehebelt werden. Der Bereich Verkehr ist hier bekanntlich besonders problematisch. So haben technische Effizienzverbesserungen bei Pkws letztlich nicht zu allgemeinen Einsparungen geführt, denn der Kraftfahrzeugbestand, die Leistung der Kraftfahrzeuge, die mittlere gefahrene Geschwindigkeit und die durchschnittlich jährlich zurückgelegte Wegstrecke je Pkw nehmen zu. Gewaltige Steigerungsraten weist auch der Flugverkehr auf. Bei dem anhaltenden Trend zu mehr Straßen- und Luftverkehr spielt die steigende Freizeitmobilität eine wichtige Rolle. Dementsprechend kann eine Neugestaltung des öffentlichen Verkehrs allein für eine ökologische Umorientierung nicht ausreichen. Schon aufgrund der vorherrschenden Logik der Expansion in der Wirtschaft und einer entsprechenden Tendenz zu räumlicher Erweiterung und Erschließung ergibt sich eine grundlegendere Dilemmasituation:

„Solange die technische und politische Ausdehnung von Möglichkeitsräumen dominanter Trend bleibt, gleicht eine ökologisch orientierte Verkehrspolitik einem Kampf gegen Windmühlen" (Canzler 1997, S. 215).

Ein weiteres Beispiel ist die Effizienzsteigerung von Heizungssystemen im Haushalt sowie Wärmedämmmaßnahmen, die in den letzten 30 Jahren zu einer Verminderung des jährlichen Heizenergieverbrauchs von ca. 400 auf ca. 100 kWh/m^2 führten. (Hier wird der vom Wuppertal-Institut propagierte ‚Faktor Vier' einmal Realität!). Trotz dieser herausragenden umwelttechnischen Verbesserungen stieg der gesamte Heizenergieverbrauch aber in den letzten Jahren u.a. durch größere Wohnungen und umweltignorantes Verhalten leicht an.

Verteilungsprobleme: Ökologisch-soziale Dilemmasituationen

Aus der Sicht des einzelnen Handelnden kann es einen individuellen Vorteil bedeuten, wenn er nicht zur Aufrechterhaltung eines öffentlichen Gutes beiträgt. Weiterhin können individuelle Vorteile auf Kosten der Allgemeinheit dadurch gesucht werden, dass Güter, die allen zur Verfügung stehen, gerade deswegen besonders stark genutzt werden. Eine allgemeine Erklärung für die Diskrepanz zwischen Umweltbewusstsein und Umweltverhalten gemäß dieser ökonomischen Ansatzweise liegt in der Unterscheidung von „High cost"- und „Low cost"-Situationen vor. Diese besagt, dass umweltgerechtes Verhalten eher in „Low cost"- Situationen auftritt, wo die Kosten für die Betroffenen nicht zählen; hingegen wird Umweltverhalten in „High cost"-Situationen seltener umgesetzt, wenn dieses aus der Sicht des Individuums mehr Aufwand an Zeit, Geld und Mühen kostet (vgl. Diekmann/Preisendörfer 1992). Andere Autoren sprechen von einem sozioökonomischen Dilemma, das dadurch zustande kommt, dass im Hinblick auf die gewünschten – und letztendlich für ein menschenwürdiges Überleben notwendigen – Umweltqualitäten

„trotz eines von den Individuen als dringlich eingestuften Bedürfnisses im Markt kein hinreichendes Angebot zur Befriedigung dieses Bedürfnisses zustande kommt" (Krol 1993, S. 663).

Dabei ist zu beachten, dass neben dem sozialen Dilemma (= die Nicht-Kooperation zahlt sich scheinbar für die einzelnen Individuen aus, aber die Gruppe insgesamt erzielt ein „suboptimales" Ergebnis), noch eine „Zeitfalle" existiert, die in der Zeitverzögerung der Handlungseffekte gerade bei ökologischen Problemen besteht (Ernst 1998, S. 70). Wenn das ‚öffentliche Gut' zu sehr übernutzt oder gar so zerstört wird, dass eine schwerwiegende gesellschaftliche Krise daraus entsteht, sind alle bis dahin erzielten individuell-ökonomischen (Nutzen-)Erfolge unsinnig geworden. Und daraus kann man natürlich die – in der ökologischen Diskussion in der Tat öfters vertretene – These ableiten, dass das kurzfristig (scheinbar) „rationale" (ökonomische Eigennutzen-)Verhalten selber einen wesentlichen Problemaspekt darstellt, da es die Menschen von kooperativen Formen der Gegenwartsbewältigung und Zukunftssicherung abbringt. Dabei gibt es Strategien, wie Menschen sich aus diesen Dilemma-Situationen befreien können:

„Modell-Lernen, Belohnungssysteme, Kooperation, Aufklärung, Kommunikation, Altruismus (...) Ungeklärtes Problem bleibt allerdings, wie Bedingungen geschaffen werden könnten, um diese Strategien einzusetzen angesichts heutiger Umweltprobleme, die in aller Regel eine ganze Gesellschaft oder sogar die gesamte Menschheit betreffen" (Bolscho 1995, S. 34).

Und darüber hinaus müssten diese Strategien so gestaltet werden, dass sie in die konkreten Bereiche des Verhaltens hinzuwirken vermögen, denn in den bislang vorliegenden Zusammenfassungen der Untersuchungsergebnisse in der sozialwissenschaftlichen Umweltforschung ist immer wieder festgestellt worden, dass die Situationsbedingungen („die Umstände") am meisten Einfluss auf das konkrete Verhalten zu haben scheinen. Die grundlegende Bedeutung der Situation wird besonders offensichtlich, wenn die einzelnen Teilbereiche des Verhaltens sowie der Umweltprobleme, wie Energie, Abfall oder Verkehr, betrachtet werden (vgl. Fietkau 1984, Schahn/Giesinger 1993).

4. Umweltbewusstsein als Zweifel an der Zukunftsfähigkeit

Diese ganz unterschiedlichen Thematisierungsmöglichkeiten und Beschreibungsformen der Bewusstseins-Verhaltens-Diskrepanz in Sachen Umweltschutz verweisen einerseits sehr deutlich auf die Notwendigkeit von vermehrten Bemühungen im Hinblick auf Inter- und wenn möglich sogar Transdisziplinarität bei den Beschreibungen und Erklärungsversuchen von Umweltbewusstsein und Umweltverhalten, inkl. einer Neubelebung der Frage nach den anthropologischen Grundlagen des menschlichen Verhaltens.

Andererseits stellen sich aber auch empirisch begründbare Zweifel an der Kluft-Thematik ein. Nicht dass die Konstatierung dieser Kluft einfach als falsch zurückgewiesen werden könnte – was freilich gelegentlich auch versucht wird, u.E. aber mit Argumenten, die sozusagen ,das Kind mit dem Bade ausschütten', denn als praktisches Problem sind die Bewusstseins-Verhaltens-Diskrepanzen ja doch kaum zu leugnen –, sondern der springende Punkt liegt auch hier wieder in den Differenzierungen bei Erklärungsversuchen, nicht nur zwischen den einzelnen Fachgrenzen. Denn beispielsweise ist in einer vertiefenden sozialwissenschaftlichen Analyse zu den BMU/UBA-Umfragen in den 90er Jahren auf der Basis von fünf Merkmalen des Umweltbewusstseins und fünf korrespondieren Bereichen des (erfragten) Umweltverhaltens[2] eine Typologie im Hinblick auf die systematischen Zusammenhänge von Umweltbewusstsein und Umweltverhalten erstellt worden (Preisendörfer 1999). Der gemäß sind:

- 10% der Bevölkerung ,Umweltignoranten'
  (mit unterdurchschnittlichen Werten bei Bewusstsein und Verhalten)
- 30% der Bevölkerung ,konsequente Umweltschützer'
  (mit überdurchschnittlichen Werten bei Bewusstsein und Verhalten)
- 32% ,Umweltrhetoriker'
  (= durchschnittliche Bewusstseins-, unterdurchschnittliche Verhaltenswerte)
- 28% ,einstellungsungebundene Umweltschützer'
  (= unterdurchschnittliche Bewusstseins-, überdurchschnittliche Verhaltenswerte).

---

2   allgemein und nach den Bereichen: Einkaufen und Konsum, Müll und Recycling, Energie- und Wassersparen, Auto und Verkehr.

Dabei zeigte sich u.a. wieder einmal, dass vor allem bei der jüngeren Generation deutliche Widersprüche zwischen dem hohen Umweltbewusstsein auf der Einstellungsebene und den (selbstberichteten) Verhaltensweisen existieren. Auf der Ebene der Umwelteinstellungen erreicht die jüngste der unterschiedenen Altersgruppen (18-30jährige) fast durchweg die höchsten Werte. Ganz anders stellen sich die Verhältnisse auf der Ebene des Umweltverhaltens dar, wobei die Erklärung gemäß der oben beschriebenen Typenbildung darin liegt, dass unter den jüngeren deutlich mehr Umweltrhetoriker und deutlich weniger einstellungsungebundene Umweltschützer zu finden sind.

Ganz anders sieht es aber bei den älteren Befragten aus: Hier gibt es ebenfalls eine Diskrepanz zwischen den Einstellungs- und den Verhaltenswerten, aber in der umgekehrten Richtung, denn mit fortgeschrittenem Alter wird der Typ der ‚einstellungsungebundenen Umweltschützer' deutlich wichtiger... Also: Es gibt diese berühmte ‚Kluft' auch empirisch in zweifacher Weise, einerseits als ein den eigenen (politischen) Ansprüchen nicht gerecht werdendes praktisch-alltagsweltliches Umweltverhalten, andererseits aber eben auch in der Form hoher einschlägiger Verhaltensbereitschaften bei gleichzeitig einem geringen Umweltbewusstsein. Auch das ist (umwelt-)politisch höchst interessant und relevant, denn die älteren Menschen haben sich offenkundig bestimmte Verhaltensroutinen angewöhnt, ausgerichtet an ‚traditionellen Werten' wie Sparsamkeit und Ordnungsliebe, die dafür sorgen, dass ihr (selbstberichtetes) Umweltverhalten als sehr umweltfreundlich erscheint, gleichzeitig existieren aber in diesen Bevölkerungssegmenten auch deutliche Vorbehalte gegen den ökologischen Diskurs und die von ihm geforderten umweltfreundlichen Einstellungen, die zu den niedrigen Bewusstseinswerten in der Kategorie der ‚Einstellungsungebundenen' führen.

Ebenso interessant ist im Zusammenhang mit dieser Typologie, dass – neben dem Alter – das Geschlecht einer der wichtigsten Erklärungsfaktoren für einschlägige Unterschiede ist: Bei den Frauen ist der Typ Ignorant (6% zu 14% bei den Männern) und der Typ Rhetoriker weniger verbreitet (28% zu 36%), dafür gibt es deutlich mehr Einstellungsungebundene (31% zu 25%) und Konsequente (35% zu 25%).

In der neuen Umfrage „Umweltbewusstsein in Deutschland 2000" (BMU/ UBA 2000) hat sich eine Nah/fern-Differenz im Hinblick auf die Umweltsorgen als besonders wichtig erwiesen. Diese Erkenntnis ist als solche nicht neu: So ging schon aus anderen Umfragen immer wieder hervor, dass beispielsweise die große Mehrheit der Befragten meint, die Qualität des Wassers habe in den vergangenen Jahrzehnten kontinuierlich abgenommen, wenn man nach der allgemeinen Entwicklung fragt. Gleichzeitig wird aber die Qualität des Leitungswassers, so wie es am eigenen Wohnort aus der Leitung kommt, immer besser eingestuft (vgl. Hansen 1995). Diese Nah/fern-Differenz zeigt sich als international und über verschiedene Umweltbereiche hinweg gültig – das herrschende Umweltbewusstsein ist daher von de Haan und Kuckartz generell als „ferninduziert" bezeichnet worden (de Haan/Kuckartz 1996, S. 189).

Zur Überprüfung dieser Nah/Fern-Differenzen in räumlicher und zeitlicher Hinsicht wurden im Rahmen von „Umweltbewusstsein in Deutschland 2000" die Befragten zunächst gefragt, wie wohl sie sich hier in Deutschland fühlen: 83% fühlen sich wohl, davon 21% „ausgesprochen wohl" (in den neuen Bundesländern allerdings nur 14%) und 62% „ziemlich wohl" (in Ost und West). Dann wurden die Befragten mit kurzen, zu einzelnen Statements verdichteten Zukunftsszenarien konfrontiert und gebeten, ihre Einschätzung dazu abzugeben, ob die entsprechenden Ereignisse nach ihrer Meinung im Zeitraum der nächsten 20 bis 50 Jahre zu erwarten seien. Die meisten Befragten konstatierten hier, dass es eine spürbare Erwärmung des Klimas geben werde: 41% meinen, das „wird bestimmt eintreffen", weitere 50% entschieden sich für die Vorgabe, das „wird wahrscheinlich eintreffen". Ähnlich hohe Zustimmungsraten bekam auch das Statement, dass die globale Umweltverschmutzung zunehmen werde. Auch dass gutes Trinkwasser knapp und sehr teuer werden wird, glauben 27% „bestimmt" und halten 46% für „wahrscheinlich".

Auf den ersten Blick verwirrend an diesen breit geteilten Zukunftserwartungen ist nun, dass die Liste der zu bewertenden Vorgaben in dieser Umfrage auch Aussagen enthält, die in den größten Teilen der ökologischen Diskussion als Erfolgsmeldungen gewertet werden würden. Große Mehrheiten glauben auch an den erfolgreichen Vollzug des Atomausstiegs, an die Umstellung der Landwirtschaft auf biologischen Anbau und daran, dass das 3-Liter-Auto zum Regelfall werden wird.

Diese vermeintlichen Widersprüche lösen sich aber schnell auf, wenn berücksichtigt wird, dass die umweltpolitischen Auseinandersetzungen für die meisten Menschen offenbar eine recht diffuse und schwer im einzelnen nachvollziehbare Bedrohungsgemengelage konstituieren. Das verweist sehr deutlich darauf, dass für die Umweltpolitik eine die Menschen wirklich erreichende Umweltkommunikation das eigentliche Hauptproblem ist.

Im Hinblick auf die Verhaltensbereitschaften der einzelnen Menschen hat das entsprechende Konsequenzen: Solange Umweltprobleme als diffuse, eigentlich nur die globalen und zukünftig erwartbaren, dann aber umso bedrohlicheren Entwicklungen betreffen, haben es die Menschen schwer, für sich selber, d.h. für hier und heute, sinnvolle Verhaltensmöglichkeiten zu sehen. Und daher ist es kein Wunder, sondern sogar sehr verständlich, wenn dagegen das – als solches von großen Mehrheiten dringlich eingeforderte – ökologisch aufgeklärte und die Krise abwendbare Verhalten vor allem von den anderen erwartet wird, von der Regierung vor allem. Der Eindruck, dass dieses Verhalten ausbleibe, führt dann zu weiterem Misstrauen und (noch) negativeren Zukunftseinschätzungen. Es ist somit vor allem der Zweifel an der Zukunftsfähigkeit unserer Gesellschaft und Kultur, der dazu führt, dass trotz der – als solche durchaus wahrgenommenen und konstatierten – Fortschritte in der Umweltpolitik der allgemeine Eindruck vom umweltpolitischen Umsetzungsdefizit weiter besteht.

So verstanden erscheinen die Bewusstseins-Verhaltens-Diskrepanzen in einem neuen Licht: Wenn die negativen Zukunftserwartungen selber einen

wesentlichen Teilaspekt des Umweltbewusstseins ausmachen, ja offenbar sogar zu dessen wesentlichem Kern gehören, wenn also das Umweltbewusstsein
zwar auch, aber doch *nicht vorrangig* die ‚Wiederentdeckung der natürlichen
Lebensgrundlagen' – oder Ähnliches, meist damit Assoziiertes – beinhaltet,
sondern vielmehr in den Kontext des die gesamte Geschichte der Moderne
durchziehenden ‚Krisenbewusstseins' gehört[3], dann ist es durchaus verständlich, wenn gerade hohe Ausprägungen von Umweltbewusstsein mit einer Art
Verweigerung des umweltschonenden Alltagsverhaltens einhergehen können,
und zwar besonders bei jüngeren Menschen...

5. Vom ‚Unterbau' der Umweltkommunikation zur ‚Kultur der Nachhaltigkeit'

Daher ist es besonders wichtig, den Umweltschutz als einerseits längerfristige
und andererseits auch gesellschaftspolitische Aufgabe stärker zu profilieren.
Dazu erweist sich vor allem aber eine veränderte öffentliche Kommunikation
über Umweltbelange und die Umweltpolitik als dringend notwendig.
    Einerseits geht es dabei um die Aufgabenstellung einer stärkeren Veran-
kerung des Nachhaltigkeitsleitbildes in der Umweltkommunikation. Wie
schwer es aber bereits ist, Strategien zur bloßen Popularisierung dieses Leitbildes zu entwickeln, also nur dessen öffentlichen Bekanntheitsgrad zu erhöhen, hat u.a. ein dieser Aufgabenstellung gewidmetes Fachgespräch im Umweltbundesamt ergeben (vgl. UBA 2000). Noch viel anspruchsvoller stellt
sich die Aufgabe dar die herkömmliche Umweltbildung zu einer umfassenden
Bildung für Nachhaltigkeit weiterzuentwickeln. Die dabei geforderte Inter-
oder Transdisziplinarität wird u.a. auch sich auf eine erneuerte Diskussion
darüber erstrecken müssen, wie die allgemeine Evolutionstheorie – in den Sozialwissenschaften heute oft ausgegrenzt oder auf die These von der ‚funktionellen Differenzierung moderner Gesellschaften' reduziert – wieder in ihrer
vollen Breite (von der Verhaltensbiologie bis hin zu sozialökologischen Neu-
ansätzen) für eine Kritik der Moderne fruchtbar gemacht werden kann.
    Das allgemeine Ziel dabei ist nicht schwer zu beschreiben: Die Umwelt-
kommunikation bedarf eines erheblich verstärkten ‚Unterbaus'. Mit dem Begriff
‚Unterbau' ist hier ein soziokultureller Diskussions- und Verständigungsprozess
gemeint, in dessen Rahmen das Leitbild der Nachhaltigkeit in alle gesellschaft-

---

3   Das Krisenbewusstsein in der modernen Gesellschaft und Kultur hat bereits am An-
    fang des 20. Jahrhunderts einen ersten Höhepunkt – z.B. im soziologischen Werk
    Max Webers – erreicht und kann daher keinesfalls auf die aktuellen Problemkonstel-
    lationen zurückgeführt werden, obwohl es auf der ‚Metaebene' sehr interessante Pa-
    rallelen zur heutigen Situation gibt, beispielsweise im Hinblick auf den Zusammen-
    hang der Durchsetzung ‚konstruktivistischer' Argumentationsweisen mit dem (davon
    ausgehenden) Krisenbewusstsein (vgl. Wehrspaun 1994).

lichen und kulturellen Handlungssysteme integriert wird und dort diese im Sinne eines ökologischen Struktur- und Bewusstseinswandels zu transformieren hilft. Erst wenn in allen gesellschaftlichen Funktionssystemen, also in Wirtschaft, Wissenschaft, Recht, Politik, Kunst, Publizistik, Unterhaltungsindustrie usw. der Bezug auf und die Orientierung an Nachhaltigkeit zur Selbstverständlichkeit geworden ist – soziologisch ausgedrückt: wenn das Nachhaltigkeitsleitbild als ein ‚kommunikativer Code' (um hier wiederum einen Begriff aus der Systemtheorie Luhmanns zu verwenden[4]) fungiert –, wird das Nachhaltigkeitsleitbild auch für die Alltagskommunikation und das Alltagsverhalten zu einem echten Bezugspunkt der Orientierungen werden können.

Was dann entstanden ist, lässt sich als eine allgemeine ‚Kultur der Nachhaltigkeit' bezeichnen. Diese wird einerseits ein ‚Prinzip Verantwortung' umfassen müssen, dem gemäß die umweltpolitisch geforderten Notwendigkeiten sozusagen in alltagspragmatische Handlungsorientierungen ‚übersetzt' werden können. Andererseits wird ohne eine Wiederbelebung (und auch philosophische Neufassung) des ‚Prinzips Hoffnung' es kaum möglich werden, den oben beschriebenen, das aktuelle Umweltbewusstsein noch immer prägenden Teufelskreis aus negativen Zukunfterwartungen, Bewusstseins-Verhaltens-Diskrepanzen und den daraus folgenden gegenseitigen Schuldzuschreibungen aufzubrechen.

Ist er freilich einmal aufgebrochen, gibt es keinen Grund, warum sich das Umweltbewusstsein nicht zu so etwas wie einem allgemeinen „Nachhaltigkeits-Bewusstsein" (vgl. Wehrspaun/Wehrspaun 1998) sollte weiter entwikkeln können. In diesem kann das ‚Prinzip Verantwortung' – und der Glaube, dass auch die Mitmenschen und die Politik sich daran halten – zur eigentlichen Grundlage eines (eben nicht ‚utopischen', sondern an der Achtung vor der Natur orientierten) ‚Prinzips Hoffnung' werden. Anknüpfungspunkte dazu gibt es jetzt schon genug, in allen verschiedenen gesellschaftlichen Subsystemen, nicht zuletzt übrigens in der Wirtschaft, die ‚im Prinzip' längst die Bedeutung des umweltschonenden Wirtschaftens für die Möglichkeit langfristiger Standort- (und Kapital-)sicherung erkannt hat. Die Schwierigkeit mit der

---

4   Mit dem soziologischen Begriff der Codes soll – kurz (und vereinfachend) ausgedrückt – der Sachverhalt angesprochen werden, dass auch die Alltagskommunikation nicht einfach aus ‚freier Spontaneität' entsteht. Was innerhalb einer gegebenen Kultur als ‚sinnvolle' Aussage, Feststellung, Stellungnahme, ja sogar: Wahrnehmung interpretiert werden kann und dementsprechend in dieser Kultur kommunizierbar (‚anschlussfähig') ist, wird von bestimmten gesellschaftlich-kulturellen Regeln festgelegt. Diese Regeln müssen natürlich einerseits den Gesetzmäßigkeiten des alltagspragmatischen Handelns gehorchen (also funktional hinreichend an die jeweiligen Vorgaben von Natur und Technik ‚angepasst' sein), aber andererseits geht ihre Leistung weit darüber hinaus. Wieder etwas vereinfacht ausgedrückt: Sie legen die in einer Kultur verbreiteten Vorstellungs- und (damit auch praktischen) Möglichkeitsräume sowie -horizonte fest. Besagte ‚Codes' lassen sich somit als Grundregeln innerhalb dieser Regelsysteme verstehen. Was innerhalb einer Gesellschaft/Kultur dann beispielsweise als ein bestimmter ‚Lebensstil' möglich ist, wird natürlich ebenfalls von diesen Codes vorstrukturiert.

Kultur der Nachhaltigkeit resp. mit der Integration des entsprechenden Leitbildes in alle Handlungssysteme und Diskurse liegt daher auch nicht darin,
dass die Menschen sich nicht von einem solchen Leitbild überzeugen lassen
würden (übrigens auch nicht an dem – in der ‚Szene‘ freilich immer wieder
behaupteten – Umstand, dass sie für ein entsprechendes Engagement einfach
zu uninteressiert und träge wären[5]), sondern darin, dass die – noch immer
herrschende – Kultur der Moderne für ein notwendig ‚integratives‘ Kulturver-
ständnis nicht sehr gut vorbereitet ist (vgl. Kurt/Wehrspaun 2001).

Wir möchten unser diesbezügliches zentrales Argument abschließend an
einem Schema deutlich machen:

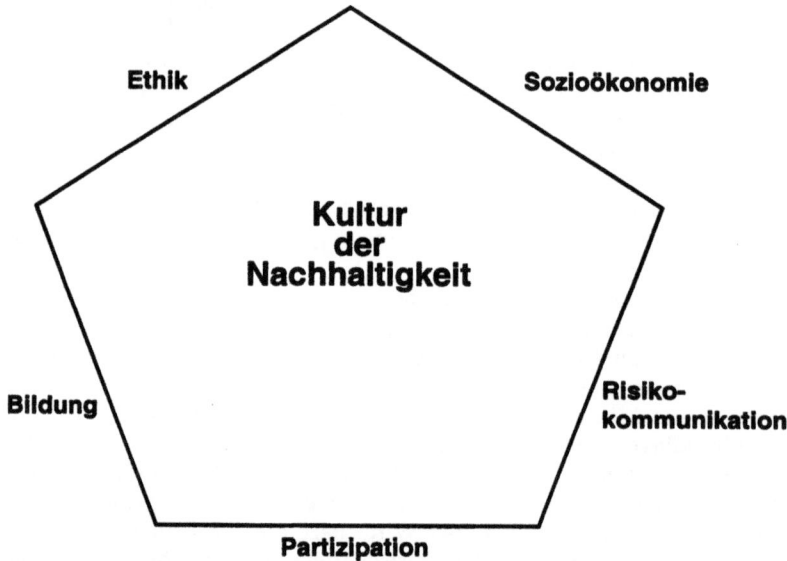

In diesem ‚Pentaprisma‘ sind zunächst fünf für die Umweltkommunikation
zentrale umweltpolitische Aufgabenstellungen durch Stichworte angedeutet.
Dabei handelt es sich um

– die Verankerung einer Umweltethik im Alltagsverhalten,
– die Umstellung auf dauerhaft-umweltgerechte und global verallgemeinerbare Pro-
  duktions- und Konsummuster (= die sozioökonomische Aufgabenstellung),
– die Versachlichung der Risikokommunikation,
– die Erprobung und Institutionalisierung neuer Partizipationsformen, und schließlich
– die Weiterentwicklung von Umweltaufklärung, -beratung und -bildung bis hin zu ei-

---

5   So lässt sich in der empirischen Forschung zeigen, dass gerade Jugendliche potenziell
    sehr gut aktivierbar sind für die Belange der Umweltpolitik – vorausgesetzt aller-
    dings, dass sie dabei das Gefühl haben, mit eigenen Gestaltungsbeiträgen wirklich
    mitwirken zu können (vgl. Wehrspaun 1997).

ner umfassenden Bildung für nachhaltige Entwicklung (vgl. UBA 1998).

In dem Schema sind die entsprechenden Stichworte außerhalb der Figur angeordnet, um damit zu symbolisieren, wie die jeweiligen Diskussionen heute unserer Einschätzung nach in der Tat laufen: unkoordiniert, nebeneinander her, aneinander vorbei, nicht selten sogar: gegeneinander abgeschottet, kurz: alles andere als integrativ orientiert... Manche der dabei gegebenen – von der Sache her eigentlich offensichtlichen – Wechselwirkungen (z.B. im Falle von Umweltethik einerseits und Risikokommunikation andererseits) können fast schon als sogar tabuisiert gelten.

Ganz anders würde dagegen die Umweltkommunikation laufen, wenn die einzelnen Teilbereiche *innerhalb* des Prismas, also als Teilaspekte einer Kultur der Nachhaltigkeit angeordnet werden könnten. Aber dazu dürfte beispielsweise die Umweltethik nicht einfach nur – wie noch weithin üblich – die Anwendung ethischer Fragestellungen und traditioneller einschlägiger Argumentationsbestände auf die ökologische Problematik beinhalten, sondern eben diese Problematik müsste als grundlegende Herausforderung für die überkommenen Argumentationsweisen angenommen – und ernstgenommen – werden. Und die Bildung für Nachhaltigkeit müsste vor allem als diejenige Herausforderung thematisiert werden, die darin liegt, Nachhaltigkeit in der und für die Bildung zu sichern.

Als Teilaspekte einer Kultur der Nachhaltigkeit könnten somit die (Teil-) Ergebnisse und (Teil-)Erfolge der verschiedenen Diskursformationen und -varianten sich gewissermaßen ineinander spiegeln, um so die dabei erarbeitete Energie zu erhalten und für die eigenen Anliegen sinnvoll einsetzen zu können – in der heutigen Situation geht dagegen in der und durch die Umweltkommunikation viel Energie verloren. Die Folge: Die vielen real existierenden Initiativen und gutgemeinten Maßnahmen, ob von staatlicher Seite oder von ‚privaten' Akteuren, bleiben immer wieder Stückwerk, die Energie verpufft letztendlich...

Und damit sind wir wieder bei der Kluft zwischen Umweltbewusstsein und Umweltverhalten, und dem Verdacht, dass diese Kluft in unserer Gesellschaft so weit verbreitet sei. Die springende Punkt liegt nun u.E. darin, ob die Umweltkommunikation – mit einem geeigneten Unterbau – im Sinne einer (Selbst-)Thematisierung der (angestrebten) Kultur der Nachhaltigkeit funktioniert oder nicht: Solange dezidiert negative und pessimistische Zukunftsprojektionen, ob in expliziter oder impliziter Form, mit dem Umweltbewusstsein verbunden sind, müssen notwendigerweise jegliche einschlägigen Bewusstseins-Verhaltens-Diskrepanzen als zusätzliche Bedrohungspotenziale wirken, weisen sie doch darauf hin, dass selbst bei einer weiteren Verbreitung von Erkenntnissen und Einsichten, sollte diese gelingen, nicht mit Verbesserungen in der konkreten (Alltags-)Wirklichkeit gerechnet werden kann. Umgekehrt: Je mehr es gelingt, die ‚konstruktiven', auf die zukünftigen Gestaltungspotenziale im Rahmen einer (angestrebten) Kultur der Nachhaltigkeit

abhebenden Diskursformen zu stärken, desto eher werden auch die Bewusstseins-Verhaltens-Diskrepanzen zwar nie verschwinden, aber als zukunftser-
schließende, den Weg steter ,Verbesserungen' anmahnende, damit auch für
die Verbindung mit einem ,evolutionären Optimismus' geeignete Herausforderungen erscheinen können.

Die oben skizzenhaft beschriebene Multiperspektivität der verschiedenen
Problemdimensionen kann bei einer solchen ,konstruktiven Wende' des ökologischen Diskurses ebenfalls als ,positive' Herausforderung angesehen werden, nämlich eben mit dem Ziel und Zweck, die verschiedenen Facetten und
Sichtweisen zum allgemeinen Unterbau der Umweltkommunikation beizutra-
gen. Das ist in der Tat eine sehr anspruchsvolle Aufgabenstellung und wird
womöglich schon deswegen für manche ,kritisch' gesinnten Zeitgenossen als
,utopisch' erscheinen – insofern aber in den heute noch vorherrschenden
Formen der Umweltkommunikation die verschiedenen, jeweils hervorgeho-
benen Problemaspekte immer wieder als Weltuntergangsszenarien, Fünf-vor-
Zwölf-Beschwörungen oder als Aufrufe zum (endgültigen) ,Ausstieg' aus Industriegesellschaft und kultureller Moderne unter die Leute gebracht werden,
liegt der Schlüssel zu einer wirklich ,nachhaltigen Umweltkommunikation'
(die konsequent am Nachhaltigkeitsleitbild orientiert und gleichzeitig selber
,sustainable', d.h. auch morgen noch sinnvoll und intersubjektiv sinnstiftend
ist) womöglich einfach nur in vermehrter Bescheidenheit...

Literatur

Aurand K./Harzard B. P./Tretter F. (1993). Umweltbelastungen und Ängste. Erkennen –
    Bewerten – Vermeiden, Opladen (Westdeutscher Verlag)
Beck U.(1986): Risikogesellschaft. Auf dem Weg in eine andere Moderne. Frankfurt a.M.
    (Suhrkamp).
BMU/UBA (Bundesumweltministerium/Umweltbundesamt) (2000) (Hrsg.): Umweltbe-
    wusstsein in Deutschland 2000. Ergebnisse einer repräsentativen Bevölkerungsum-
    frage (durchgeführt von Prof. Udo Kuckartz, Universität Marburg, in Kooperation mit
    EMNID), Berlin
Bölsche, J. (2000): Schöner als jedes Märchen. In: Der Spiegel Nr. 35 v. 28.8.2000, S. 52-
    59
Bolscho, D. (1995): Umweltbewusstsein zwischen Anspruch und Wirklichkeit. Anmer-
    kungen zu einem Dilemma. Frankfurt a.M. (VAS Verlag)
Brand, K.-W. (1993): Strukturveränderungen des Umweltdiskurses in Deutschland. In:
    Forschungsjournal Neue Soziale Bewegungen, Bd. 6, H. 1/1993, S. 16 – 24
BUND/MISEREOR (1996) (Hrsg.): Zukunftsfähiges Deutschland. Ein Beitrag zu einer
    global nachhaltigen Entwicklung. Studie des Wuppertal Instituts für Klima, Umwelt,
    Energie, Basel (Birkhäuser Verlag)
Canzler, W. (1997): Zur Dialektik von Verkehr und Mobilität. Die Grenzen ökologischer
    und politischer Modernisierung. L. Mez/H. Weidner (Hrsg.) Umweltpolitik und
    Staatsversagen. Berlin (edition sigma), S. 205-216

Diekmann, A./Preisendörfer, P. (1992): Persönliches Umweltverhalten: Diskrepanzen zwischen Anspruch und Wirklichkeit. In: Kölner Zeitschrift für Soziologie und Sozialpsychologie, Jg. 44, H. 2, S. 226-251

Dörner, D. (1992): Die Logik des Mißlingens. Strategisches Denken in komplexen Situationen. Reinbek (Rowohlt)

Ernst, A. (1998): Psychologie des Umweltverhaltens. In: Spektrum des Wissenschaft, 4/98, München, S. 70-75

Fietkau, H.-J. (1984): Bedingungen ökologischen Handelns. Gesellschaftliche Aufgaben der Umweltpsychologie, Weinheim/Basel (Beltz) 1984

de Haan, G./Kuckartz, U. (1996): Umweltbewußtsein. Denken und Handeln in Umweltkrisen, Opladen (Westdeutscher Verlag)

Hansen, J. (1995): Wie man die Umwelt selbst erlebt und wie in den Medien. In: G. de Haan (Hrsg.): Umweltbewußtsein und Massenmedien, Berlin (Akademie Verlag)

Kösters, W. (1993): Ökologische Zivilisierung. Verhalten in der Umweltkrise. Darmstadt (Wissenschaftliche Buchgesellschaft)

Krol, G.-J. (1993): Ökologie als Bildungsfrage? Zum sozialen Vakuum der Umweltbildung. In: Zeitschrift für Pädagogik Jg. 39 (1993), S. 651-672

Kurt, H./Wehrspaun, M. (2001): Kultur: Der verdrängte Schwerpunkt des Nachhaltigkeits-Leitbildes. In: GAIA 10, Nr. 1, S. 18-27

Luhmann, N. (1986): Ökologische Kommunikation, Opladen (Westdeutscher Verlag)

Poferl, A./Schilling, K./Brand, K.-W. (1997): Umweltbewußtsein und Alltagshandeln, hrsg. vom Umweltbundesamt, Opladen (Leske + Budrich)

Preisendörfer, P. (1999): Umwelteinstellungen und Umweltverhalten in Deutschland. Empirische Befunde und Analysen auf der Grundlage der Bevölkerungsumfragen ,Umweltbewußtsein in Deutschland 1991-1998', herausgegeben vom Umweltbundesamt, Opladen: Leske + Budrich 1999

Preuss, S. (1991): Umweltkatastrophe Mensch. Heidelberg (Asanger)

Sachs, W. (1993): Die vier E's. Merkposten für einen maßvollen Wirtschaftsstil. In: Politische Ökologie special „Lebensstil oder Stilleben", München, S. 69-72

Schahn, J./Giesinger, T. (1993): Einführung. In: J.Schahn/T.Giesinger (Hrsg.): Psychologie für den Umweltschutz. Weinheim (Beltz/PVU), S. 1-16

Schenkel, W./Ax, C. (1997): Schlaraffenland – Alte Märchen und neue Wirklichkeit. In: Jahrbuch Ökologie 1998. Müchen (Beck), S. 31-39

Schluchter, W./Dahm, G. (1996): Analyse der Bedingungen für die Transformation von Umweltbewusstsein in umweltschonendes Verhalten, Berlin: Umweltbundesamt, Reihe Texte 49/96

SRU (Der Rat von Sachverständigen für Umweltfragen) (1994): Für eine dauerhaft umweltgerechte Entwicklung, Drucksache 12/6995, Bonn

UBA (Umweltbundesamt) (1998) (Hrsg.): Angewandte sozialwissenschaftliche Umweltforschung. Konzeptionelle Überlegungen und Forschungsfragen, Berlin (Schriftenreihe der UNESCO-Verbindungsstelle für Umwelterziehung)

UBA (Umweltbundesamt) (2000) (Hrsg.): Strategien der Popularisierung des Leitbildes ,Nachhaltige Entwicklung' aus sozialwissenschaftlicher Perspektive, Tagungsdokumentation in 2 Bänden, Berlin (Schriftenreihe der UNESCO-Verbindungsstelle für Umwelterziehung)

Verbeek, B. (1994): Die Anthropologie der Umweltzerstörung. Die Evolution und der Schatten der Zukunft. Darmstadt (Wissenschaftliche Buchgesellschaft)

Wehrspaun, C. (1997): Umweltbewusstsein als Generationenproblem. Neue Sozialisationsaufgaben durch steigendes Bedrohungsempfinden. In: Mansel, J. et al. (Hrsg.): Generationen-Beziehungen. Austausch und Tradierung, Opladen (Westdeutscher Verlag), S. 192-204

Wehrspaun, M. (1994): Kommunikation und (soziale) Wirklichkeit: Weber, Elias, Goffman. In: Rusch, G. (Hrsg.): Konstruktivismus und Sozialtheorie (Delfin 1993), Frankfurt/M. (Suhrkamp), S. 11-46

Wehrspaun, M./Wehrspaun C. (1998): Die Bedeutung der Umweltkommunikation für die Förderung eines Nachhaltigkeits-Bewusstseins. In: Studenteninitiative Wirtschaft & Umwelt e.V., (Hrsg.).: Umweltsensibilisierung – Gefahr erkannt, Gefahr gebannt? Münster (Eigenverlag), S. 39-92

Eve-Marie Engels

Von der naturethischen Einsicht zum moralischen Handeln

Ein Problemaufriss*

1. Das Ausgangsproblem

Unter „Nachhaltigkeit" verstehe ich eine Form des Umgangs mit der Natur, die das langfristige Überleben heutiger und zukünftiger Generationen von Pflanzen, Tieren und Menschen sichert. Daher wird mit dem Rahmenthema unserer Veranstaltung „Fit für Nachhaltigkeit? Biologisch-anthropologische Grundlagen einer Bildung für nachhaltige Entwicklung" in mehrfacher Hinsicht das zentrale Anliegen einer interdisziplinären Naturethik im Kern angesprochen. Das Interesse an Naturethik und die Einsicht in deren dringende Notwendigkeit bildete sich vor einigen Jahrzehnten unter dem Eindruck einer konkreten, globalen Problemlage heraus, welche im Wesentlichen durch menschliches Handeln herbeigeführt worden war und allgemein als *„ökologische Krise"*[1] bezeichnet wird. Boden-, Luft- und Gewässerverschmutzung, Zerstörung der Ozonschicht, anthropogen verursachte Naturkatastrophen, Vernichtung der Artenvielfalt im Pflanzen- und Tierreich und vieles mehr sind die Kennzeichen dieser *globalen Problemsituation*, in der nicht nur die außermenschliche Natur, sondern auch Gesundheit und Leben des Menschen durch sein eigenes Handeln und Verhalten gefährdet sind. Von daher lässt sich das Problem einer nachhaltigen Entwicklung und die damit zugleich vielfach angesprochene Herausforderung der „Globalisierung" in einem *zweifachen Sinn* verstehen: Erstens hat unser individuelles Handeln und Verhalten

* Der Text ist eine erweiterte und unwesentlich modifizierte Fassung meines unter demselben Titel veröffentlichten Aufsatzes, der in kürzeren Fassungen mit je spezifischen Akzentsetzungen in der Jahrespublikation 2000 von *Ethik und Unterricht* „Total global. Weltbürgerliche Erziehung als Überforderung der Ethik?" hrsg. von Hans-Peter Mahnke und Alfred K. Treml, S. 43-50, und in Sigrid Görgens/Annette Scheunpflug/Kasimir Stojanov: Universalistische Moral und weltbürgerliche Erziehung. Die Herausforderung der Globalisierung im Horizont der modernen Evolutionsforschung. IKO Verlag, Frankfurt/Main 2001, S. 154-178, erschienen ist. Wir danken Verlag und Herausgebern für die Genehmigung des Wiederabdrucks.
1 Der exakte Begriff wäre *Umweltkrise*, da „Ökologie" die Bezeichnung für eine Disziplin ist.

unter den heutigen Lebensbedingungen der Industrienationen in zunehmendem Maße globale Auswirkungen in der *räumlichen, zeitlichen* und *sachlichen Dimension.* Die Betroffenen der von uns verursachten Auswirkungen sind nicht nur wir selbst und andere Menschen, Tiere und Pflanzen in unserem Nahbereich, sondern auch Lebewesen einschließlich des Menschen im räumlichen Fernbereich sowie zukünftige Generationen von Menschen, Tieren und Pflanzen. Darüber hinaus affizieren sie die unterschiedlichsten Lebensbereiche.[2] Zweitens kann dieser globalen Gefährdung wiederum nur mit der Einnahme einer *globalen* und *prospektiven Perspektive* begegnet werden, wozu auch die Bereitschaft der Verantwortungsübernahme für unser Handeln gegenüber den aktuell und potentiell Betroffenen *außerhalb* unseres räumlichen und zeitlichen Nahbereichs gehört.[3] Mit den Worten der soziologischen Risikoforschung ausgedrückt, ist diese Möglichkeit aber durch „Entkoppelungsphänomene" gefährdet, die auftreten, wenn „der Zusammenhang von Handlungen und Handlungsfolgen unscharf wird..."[4] Im Kontext meines Themas besteht die Herausforderung der Globalisierung daher sowohl in der mehrdimensionalen Globalität der Auswirkungen unseres Handelns als auch in der daraus erwachsenen Notwendigkeit einer globalen und prospektiven Verantwortungsübernahme für dessen Folgen.

Der Begriff „Oecologie" wurde 1866 von dem Jenenser Biologen Ernst Haeckel in seinem Werk *Generelle Morphologie der Organismen* eingeführt: „Unter *Oecologie* verstehen wir die gesammte *Wissenschaft von den Beziehungen des Organismus zur umgebenden Aussenwelt,* wohin wir im weiteren Sinne alle 'Existenz-Bedingungen' rechnen können. Diese sind theils organischer, theils anorganischer Natur;... "[5] Zu den anorganischen Existenzbedingungen gehören die physikalischen und chemischen Eigenschaften des Wohnortes eines Organismus, das Klima, die Beschaffenheit des Wassers und des Bodens usw. Die organischen Existenzbedingungen umfassen alle Beziehungen des Organismus zu den übrigen Organismen, mit denen er in Berührung kommt und von denen die meisten für ihn nützlich oder schädlich sind, die für ihn Freunde oder Feinde darstellen. Haeckel erklärt die Herausbildung dieser komplexen Anpassungsverhältnisse zwischen den Organismen und ih-

---

2   Vgl. Wolfgang Bonß, Vom Risiko. Unsicherheit und Ungewißheit in der Moderne, Hamburg 1995, S. 62, dessen in anderem Zusammenhang entwickelte Überlegungen hier in modifizierter Form fruchtbar gemacht werden können.

3   Zu diesem Thema seien hier nur der Klassiker dieses Gedankens, Hans Jonas, Das Prinzip Verantwortung. Versuch einer Ethik für die technologische Zivilisation, Frankfurt 1984 (1. Aufl. 1979), sowie Dieter Birnbacher, Verantwortung für zukünftige Generationen, 2. Aufl. Stuttgart 1995 (1. Aufl. 1988) genannt.

4   Bonß 1995, wie Anm. 2, S. 62.

5   Ernst Haeckel, Generelle Morphologie der Organismen. Allgemeine Grundzüge der organischen Formen-Wissenschaft, mechanisch begründet durch die von Charles Darwin reformirte Descendenz-Theorie, Bd. 2, Allgemeine Entwickelungsgeschichte der Organismen, Berlin 1866, S. 286.

ren Existenzbedingungen, die „Stellung, welche jeder Organismus im Natur-haushalte, in der Oeconomie des Natur-Ganzen einnimmt"[6], auf der Grundla-ge der Darwinschen Selektionstheorie und der für ihn daraus folgenden Des-zendenztheorie, die für ihn die wissenschaftliche Basis aller biologischen Disziplinen darstellt.

Die Beziehungen zwischen den Organismen und ihren Existenzbedingun-gen, ihrer Umwelt, sind in unserem Jahrhundert in bisher nie da gewesenem Ausmaß durch die Eingriffe des Menschen in den Naturhaushalt gefährdet worden, so dass neben die Ökologie als naturwissenschaftliche Beschreibung und Erklärung der komplexen Beziehungen zwischen den Organismen und ih-ren Existenzbedingungen eine ökologische Ethik bzw. Naturethik treten muss.[7]

Als eine Bereichsethik der *anwendungsbezogenen Bioethik* hat die Natur-ethik die Aufgabe, eine *normative Verständigung* über die ethisch vertretba-ren und wünschbaren Handlungsweisen des Menschen im Umgang mit der Natur sowie über deren Spielräume und Grenzen herbeizuführen. Neben die-ser normativen Orientierung gehören jedoch zu einer Naturethik auf Grund ihres Anwendungsbezuges notwendigerweise auch die Berücksichtigung der Kenntnisse der *empirischen Wissenschaften* sowie eine *praktische Ausrich-tung*. Denn naturethische Einsichten allein genügen nicht, um vom Erkennen der Wünschbarkeit oder Notwendigkeit des Naturschutzes[8] auch zu verant-wortlichem Handeln gegenüber der Natur zu gelangen. Daher gilt es, im *in-terdisziplinären Dialog* die Bedingungen und Mechanismen aufzudecken, die naturfreundliches Handeln und Verhalten hemmen oder fördern. Darüber hi-naus sind die mutmaßlichen Wege aufzuzeigen, wie naturethische Einsichten in konkretes Handeln umsetzbar sind, wie der *Brückenschlag* zwischen nor-mativ-ethischer Theorie, moralischem Bewusstsein, individueller und kollek-tiver Motivation zu naturfreundlichem Handeln und konkreter Naturschutz-praxis zu leisten ist.

Unter *naturethischer Einsicht* verstehe ich hier im weiteren Sinne alle Überzeugungen von der Notwendigkeit eines Schutzes der Natur. Damit sind nicht nur die von professionellen Ethikern vertretenen Positionen gemeint, sondern auch die bewussten Einstellungen, die es hierzu in unserer alltägli-chen Lebenswelt gibt. Letztere würde man besser als Natur- oder Umwelt*mo-ral* bezeichnen, da es sich hierbei nicht um eine Disziplin handelt. Der Kürze halber verwende ich jedoch den Begriff der Naturethik, sofern es vom Kon-text her nicht anders erfordert wird.

---

6   Haeckel 1866, a.a.O., S. 287.
7   Zur Terminologie siehe Fußnote 15.
8   Wenn nicht anders erläutert, verwende ich den Begriff des Naturschutzes der Ein-fachheit halber im weiten Sinn und schließe damit auch Umwelt- und Tierschutz ein. Spezifizierungen werden dort vorgenommen, wo sie für einzelne Argumente relevant sind (vgl. Abschnitt 2). Dasselbe gilt für den Begriff „naturfreundlich".

Diese oben formulierten Aufgaben stellen sich, weil zum einen weder aus theoretisch-empirischen noch aus ontologischen Gründen Anlass zu der Hoffnung besteht, dass die Natur als Ganze wie ein gigantischer Superorganismus funktioniert, der sich dank seiner eigenen Rückkoppelungsmechanismen erhalten kann – so das Gaia-Modell[9] der Erde –, noch die Einsicht in die Notwendigkeit des Naturschutzes bisher in ausreichendem Maße zu einer konkreten Verhaltensveränderung geführt hat. Obwohl sich in zahlreichen Industrienationen eine Sensibilisierung für ökologische Probleme vollzogen hat, hinkt die Bereitschaft zu einer tatsächlichen Verhaltensveränderung der theoretischen Einsicht hinterher. In empirischen Studien zum Umweltbewusstsein wurde gezeigt, „daß umweltbewußte Einstellungen nicht als hinreichende Bedingung für umweltschonendes Verhalten anzusehen sind", ja dass die Kluft zwischen Einstellung und Verhalten in diesem Bereich besonders ausgeprägt zu sein scheint[10]. „Das hohe Umweltbewußtsein kontrastiert mit einem nach wie vor wenig umweltgerechten Verhalten."[11] Allem Anschein nach fehlt den Menschen entweder die Motivation oder die Fähigkeit bzw. Möglichkeit, ihre kurzfristigen Interessen zugunsten einer Perspektive zurückzustellen, die global und weitsichtig genug ist, das Wohl der heute und in Zukunft existierenden Lebewesen im Auge zu behalten. Dies hängt teilweise damit zusammen, dass unsere Gesellschaft von ihren öffentlichen Einrichtungen her schlecht auf die Unterstützung des Einzelnen[12] bei seinem Versuch, naturfreundliches Verhalten zu praktizieren, eingerichtet ist. Die Politik ist ein sehr langsam reagierender Apparat, und von der Wahrnehmung eines Problems bis zum institutionalisierten Versuch seiner Bewältigung können Jahrzehnte vergehen. Dieses Strukturproblem entlastet den Einzelnen jedoch keineswegs davon, in seinem jeweiligen Kontext und Praxisfeld so weit wie möglich die Verantwortung für sein Handeln zu übernehmen, sondern fordert ihn dagegen um so mehr. Daher umfasst eine Naturethik alle Disziplinen, die einen Beitrag zur Aufhellung und Lösung des Problems leisten können, wie naturethische Einsicht in moralische Praxis umsetzbar ist. Hierzu gehören Biologie, Psychologie, Pädagogik, Ökonomie, Rechts- und Politikwissenschaften und andere. Ein Blick auf die Literatur der letzten Jahre zeigt, dass sich in diesen Diszi-

9   Zur kritischen Diskussion des Gaia-Modells siehe Wolf-Ernst Reif, The basic structure of Gaia: Homeostatic fluxes or evolutionary stable ecosystems?, in: Neues Jahrbuch für Geologie und Palaeontologie, Monatshefte (1999) 11, S. 647-660.
10 Marcel Hunecke, Ökologische Verantwortung, Lebensstile und Umweltverhalten. Unveröffentlichte Dissertation. Bochum: Fakultät für Psychologie, 2000.
11 Gerhard de Haan/Udo Kuckartz, Umweltbewußtseinsforschung und Umweltbildungsforschung: Stand, Trends, Ideen, in: dies. (Hrsg.), Umweltbildung und Umweltbewußtsein. Forschungsperspektiven im Kontext nachhaltiger Entwicklung, Opladen 1998, S. 22.
12 Mit der maskulinen Form sind hier jeweils beide Geschlechter gemeint.

plinen ein verstärktes Bewusstsein für Umweltprobleme und deren Bewältigung herausgebildet hat.[13]

Obwohl die Klärung normativer Fragen ein wesentlicher Bestandteil der Naturethik ist, wird die ethische Begründungsproblematik in meinem Beitrag in den Hintergrund treten, da das Rahmenthema dieser Veranstaltung andere Akzentsetzungen nahe legt. Ich möchte untersuchen, was die moderne Evolutionsforschung – in Verbindung mit den genannten übrigen Disziplinen – als möglicher theoretischer Bezugsrahmen zur Beantwortung der Frage beisteuern kann, ob der Mensch „fit für Nachhaltigkeit" ist bzw. welche theoretischen und praktischen Voraussetzungen notwendig sind, um ihn für ein auf Nachhaltigkeit angelegtes Verhalten und Handeln fit zu machen. Was können die Evolutionsforschung und diese Disziplinen zum Verständnis menschlichen Handelns und Verhaltens und der Stellung des Menschen in der Natur unter den Bedingungen der Globalisierung leisten? Können sie *empirische Bausteine* zu einer so dringlich erforderlichen *Verantwortungsethik* beisteuern und helfen, die Kluft zwischen Einsicht und Handeln zu überwinden? Bevor ich näher ausführe, wie sich das Rahmenthema im Kontext einer Naturethik konkretisiert, werde ich jedoch kurz den Begriff der *Natur* erläutern und die verschiedenen *Bereiche der Naturethik* sowie einige *naturethische Grundpositionen* vorstellen. Denn ein wichtiger Diskussionsgegenstand sind die Fragen, ob diese naturethischen Grundpositionen erstens einen Einfluss auf die *Art* konkreter Naturschutzmaßnahmen haben, und ob sie zweitens die *Bereit-*

---

13 Als Beispiele aus den Erziehungswissenschaften: Susanne Bögeholz, Qualitäten primärer Naturerfahrung und ihr Zusammenhang mit Umweltwissen und Umwelthandeln, Opladen 1999; Gerhard de Haan/Udo Kuckartz (Hrsg.) 1998, wie Anm. 11; als Beispiele aus der Psychologie zunächst Gerhard Kaminski, der einer der Pioniere der Umweltpsychologie in Deutschland ist: Gerhard Kaminski (Hrsg.), Umweltpsychologie. Perspektiven – Probleme – Praxis, Stuttgart 1976; ders., Psychologie und Umweltschutz, in: Umweltpsychologie 2, 1997, S. 6-24; Andreas Homburg/Ellen Matthies, Umweltpsychologie. Umweltkrise, Gesellschaft und Individuum, München 1998; Elisabeth Kals, Verantwortliches Umweltverhalten. Umweltschützende Entscheidungen erklären und fördern, Weinheim 1996; dies., Umwelt und Gesundheit. Die Verbindung ökologischer und gesundheitlicher Ansätze, Weinheim 1998; Elisabeth Kals/Daniel Schumacher & Leo Montada, Naturerfahrungen, Verbundenheit mit der Natur und ökologische Verantwortung als Determinanten naturschützenden Verhaltens, in: Zeitschrift für Sozialpsychologie 29, 1998, S. 5-19; Henriette Katzenstein, Umweltbewußtsein und Umweltverhalten. Kurseinheit 2: Umweltverhalten: Determinanten und Strategien in der Veränderung, Fernuniversität-Gesamthochschule in Hagen 1995; als Beispiel aus der Ökonomie: Hans G. Nutzinger (Hrsg.), Naturschutz – Ethik – Ökonomie. Theoretische Begründungen und praktische Konsequenzen, Marburg 1996; als Beispiel aus den Rechtswissenschaften: Julian Nida-Rümelin/Dietmar v. d. Pfordten (Hrsg.): Ökologische Ethik und Rechtstheorie, Baden-Baden 1995; als Beispiel aus der Biologie: Edward O. Wilson, Biophilia. The human bond with other species, Cambridge, Mass./London 1984; Stephen R. Kellert/Edward O. Wilson (Eds.), The Biophilia Hypothesis, Washington 1993.

schaft moralischen Handelns gegenüber der Natur beeinflussen (siehe auch die Abschnitte 5 und 6).

2.   Bereiche und Grundpositionen der Naturethik

Der Begriff der Natur umfasst alles in der Erfahrungswelt, was nicht vom Menschen gemacht wurde. Naturgebilde haben ihre eigene Entwicklungspotentialität und -dynamik, die Fähigkeit des Wachstums, der Veränderung und der Selbstbewegung, wie es bereits von Aristoteles beschrieben wurde, der die Natur in diesem Sinne von Artefakten abgrenzte. Dieses Naturverständnis wird in der Naturethik weitgehend vorausgesetzt und kommt auch der allgemein verbreiteten Auffassung von Natur am nächsten.[14] Damit ist die Überformung der Natur durch den Menschen nicht ausgeschlossen, so dass im Begriff der Natur auch jene Naturbereiche mit erfasst werden, die vom Menschen kultiviert und domestiziert wurden. Denn auch diese unterscheiden sich von künstlich hergestellten Artefakten.

Die *Naturethik* umfasst die *Naturschutzethik*, die *Umweltethik* und die *Tierethik*[15]. Unter *Naturschutz* ist der Arten-, Biotop- und Landschaftsschutz zu verstehen. „*Ziel* des Naturschutzes ist die *Erhaltung und Entwicklung der Vielfalt aller Organismenarten und der für sie notwendigen Lebensbedingungen sowie ‚typischer‘ Landschaften.*"[16] In dieser Definition wird zunächst ein-

---

14   Siehe hierzu z.B. Angelika Krebs, Naturethik im Überblick, in: dies. (Hrsg.), Naturethik, Frankfurt 1997, S. 337-379, hier S. 340; Uta Eser/Thomas Potthast, Naturschutzethik. Eine Einführung für die Praxis, Baden-Baden 1999, S. 14; der Klassiker Aristoteles hat dies in seiner Physik (192 b 8ff.) ausgeführt: Aristoteles, Physikvorlesung, übersetzt von Hans Wagner, Darmstadt 1979, S. 32.

15   Hierbei handelt es sich um eine gängige Systematik (vgl. Dieter Birnbacher, Landschaftsschutz und Artenschutz: Wie weit tragen utilitaristische Begründungen?, in: Hans G. Nutzinger (Hrsg.) 1996, wie Anm. 13, S. 49-71; Konrad Ott, Zum Verhältnis naturethischer Argumente zu praktischen Naturschutzmaßnahmen unter besonderer Berücksichtigung der Abwägungsproblematik, in: Hans G. Nutzinger (Hrsg.) 1996, wie Anm. 13, S. 93-134; Angelika Krebs 1997, a.a.O.; Uta Eser/Thomas Potthast 1999 a.a.O.), wobei als Oberbegriff häufig auch der Begriff „ökologische Ethik" statt „Naturethik" verwendet wird. Ich bevorzuge jedoch den Begriff der Naturethik, weil „ökologische Ethik" häufig synonym mit „Umweltethik" verwendet wird und damit der Besonderheit der Tierethik nicht gerecht wird. Reichhaltiges Quellenmaterial bieten auch die Schriften von Gotthard M. Teutsch, der seit Jahrzehnten einer der engagiertesten Naturethiker ist. Hier seien nur sein Lexikon der Umweltethik, Göttingen/Düsseldorf 1985 und Mensch und Tier. Lexikon der Tierschutzethik, Göttingen 1987 genannt. Seit Jahren erscheint von ihm jährlich in der Zeitschrift ALTEX (Alternativen zu Tierexperimenten) ein Überblick über die aktuelle Diskussion zum Thema „Mensch und Mitgeschöpf unter ethischem Aspekt".

16   Uta Eser/Thomas Potthast 1999, a.a.O., S. 15. Siehe auch ihre Ausführungen zum Umwelt- und Tierschutz.

mal von direkten menschlichen Nutzungsinteressen abstrahiert. Denn beim Naturschutz ist das primäre Schutzobjekt die außermenschliche Natur selbst, also Pflanzen und Tiere in ihrer Vielfalt, in ihrer wechselseitigen Bedeutung füreinander und in ihrer jeweiligen Besonderheit und Seltenheit. Ökosysteme sind durch eine komplexe Vernetzungsstruktur charakterisiert, und Störungen in einem Bereich können die Existenzgrundlage der dort und anderswo beheimateten Pflanzen- und Tierarten tangieren oder gar vernichten. Nicht alle diese Lebewesen sind für die Interessen und das Überleben des Menschen von Belang und können unabhängig davon schützenswerte Güter darstellen.

Die *Umweltethik* fokussiert mit ihrer Forderung des *Umweltschutzes* demgegenüber auf die Natur, insofern diese als überlebensrelevante bzw. überlebensnotwendige Umwelt des Menschen in Erscheinung tritt. Daher stehen hier andere Schutzaspekte und -güter als beim Naturschutz im Vordergrund. Der Schutz von Luft, Boden und Gewässern wird direkt im Hinblick auf die Gesundheit und das Wohlergehen des Menschen postuliert und begründet, d.h. primäres Schutzobjekt und primärer Nutznießer des Umweltschutzes ist der Mensch selbst.

In der *Tierethik* steht schließlich ein bestimmter Bereich der Natur, nämlich das *Tier*, als Schutzobjekt im Vordergrund, wobei es hier um das Wohlergehen individueller Tiere als Nutz-, Haus- und Wildtiere geht. Nicht das Tier als Repräsentant einer Art ist hier von Bedeutung, sondern das individuelle Tier in seiner Empfindungsfähigkeit, in seinem Wohlbefinden und Leiden.

Zwischen diesen drei Bereichen der Naturethik wird nicht immer scharf differenziert, und manchmal sind die Übergänge fließend. Je nach theoretischer und praktischer Fragestellung und Problemlage empfiehlt es sich jedoch, die genannten Unterscheidungen zu treffen.

Innerhalb der Naturethik wird zwischen vier Grundpositionen oder Einstellungsweisen des Menschen zur Natur unterschieden. Diese sind der *Anthropozentrismus*, der *Pathozentrismus*, der *Biozentrismus* und der *Holismus*.[17] In den letzten Jahren sind sie einer intensiven Diskussion und vielfältiger Kritik ausgesetzt worden. Zudem werden die Begriffe nicht immer einheitlich verwendet. Hierauf sowie auf die Kritik kann ich an dieser Stelle jedoch nicht näher eingehen. Zum Einstieg in die Problematik und Diskussion stelle ich hier diejenigen Definitionen vor, die weit verbreitet sind und Anlass für die Auseinandersetzung gegeben haben. Die Positionen unterscheiden sich hinsichtlich der Gegenstände oder Entitäten, denen ein *Eigenwert* und damit eine Schutzwürdigkeit *um ihrer selbst willen* zukommen soll. Im *Anthropozentrismus* wird nur dem Menschen ein Eigenwert zugesprochen und die übrige Natur als Ressource des Menschen mit instrumentellem Wert für dessen Interessen betrachtet. Natur- und Tierschutz reichen hier so weit, wie sie dem Menschen dienlich sind. Im Unterschied dazu schließt der *Pathozentrismus*

---

17   Vgl. z.B. Gotthard Teutsch 1987, wie Anm. 15.

unabhängig vom Nutzen für den Menschen alle leidensfähigen Lebewesen in den Kreis der um ihrer selbst willen Schutzwürdigen ein, also nicht nur den Menschen, sondern alle empfindungsfähigen Tiere. Für den *Biozentrismus* ist die gesamte lebendige Natur mit einem Eigenwert ausgestattet, und im *Holismus* gilt dies auch für die unbelebte Natur. Es findet sich auch die Zweiteilung in *Anthropozentrismus* und *Physiozentrismus*, wobei der Physiozentrismus wiederum in einen Pathozentrismus, Biozentrismus und radikalen Physiozentrismus – letzterer entspricht dem Holismus – unterteilt wird.[18]

Extreme Positionen werden in der heutigen naturethischen Diskussion kaum mehr vertreten und setzen sich großen Schwierigkeiten aus. In neueren naturethischen Arbeiten wird daher für einen *Brückenschlag* zwischen anthropozentrischen und physiozentrischen Positionen plädiert und empfohlen, den unfruchtbaren Streit zwischen Anthropozentrik und Physiozentrik aufzugeben.[19] Wenn unter Anthropozentrismus *nicht* die Position verstanden werde, dass nur der Mensch Gegenstand des moralischen Schutzes sei, sondern vielmehr, dass die moralische Relevanz der Natur nur vom Menschen her *begründbar* sei, so lasse sich mit dem Anthropozentrismus auch eine naturethische Position vereinbaren, die der Natur einen *Eigenwert* beimisst, der ihren reinen Gebrauchswert, den instrumentellen Wert, übersteigt. Die Natur kann ästhetische Werte, Erinnerungswerte, Heimatwerte u.a. verkörpern. Plädiert wird für einen „unverkürzten, eudämonistisch reichen Anthropozentrismus"[20], der sich an einer umfassenden Idee des guten, gelungenen oder geglückten Lebens statt an kurzsichtigen ökonomischen Interessen orientiert. Damit lasse sich die unglückliche Alternative „Mensch oder Natur" überwinden. Allerdings begründen sich unsere moralischen Pflichten gegenüber Naturgebilden, denen ein Eigenwert zukommt, nach dieser Position in der besonderen *Beziehung*, die bestimmte Menschen zu ihnen haben, nicht im Wert der Objekte selbst. In dieser unverkürzten, anspruchsvolleren Variante des Anthropozentrismus treten nach Auffassung der Befürworter an die Stelle instrumenteller Interessen im engeren Sinne qualitativ höherwertige Interessen. Da jedoch auch im unverkürzten Anthropozentrismus die Gegenüberstellung von Mensch und Natur insofern beibehalten wird, als die moralische Relevanz der Natur nur von ihrer Wertschätzung durch den Menschen her begründet wird, bleibt hier die Frage offen, wie ein Naturschutz auch für diejenigen überzeugend zu begründen ist, die beim Anblick der Natur keinen ästhetischen Genuss verspüren, keine Erinnerungs- und Heimatwerte mit ihr verbinden und diese Wertschätzung nicht teilen.

---

18 Siehe Angelika Krebs 1997, wie Anm. 14.
19 Ulrich Hampicke, Anthropozentrik ist nicht Anthropokratie, in: Hans G. Nutzinger (Hrsg.) 1996, wie Anm. 13, S. 135-153; Dieter Birnbacher, Landschaftsschutz und Artenschutz, in: Hans G. Nutzinger (Hrsg.) 1996, wie Anm. 13, S. 49-71; Uta Eser/Thomas Potthast 1999, wie Anm. 14; Angelika Krebs 1997, wie Anm. 14.
20 Angelika Krebs 1997, wie Anm. 14, S. 378; vgl. auch Uta Eser/Thomas Potthast 1999, wie Anm. 14, S. 54.

Eine weitere Möglichkeit für die Überwindung des Dualismus von Anthropozentrismus und Physiozentrismus wird in sogenannten „inklusiven Ethiken" gesehen, die den Menschen stets im Kontext der Natur betrachten, insofern er auch ein Naturwesen ist.[21] Es wäre wünschenswert, die in einer inklusiven Ethik angelegten Möglichkeiten der Vermittlung von Mensch und übriger Natur weiter auszuloten, da ein Anthropozentrismus, sofern dieser als Gegensatz zum Physiozentrismus konzipiert wird, auf einem *verkürzten Menschenbild* basiert. Er grenzt sich nicht nur von der *nichtmenschlichen* Natur *ab*, sondern grenzt auch wesentliche Bestandteile des *menschlichen* Lebewesens *aus*.

Wie diese Ausführungen verdeutlichen und auch die neuere Literatur zeigt, ist die Diskussion um eine angemessene Begründung der Naturethik nicht entschieden.[22]

Es kann jedoch in dem Sinne von einem weitgehenden *naturethischen Konsensus* ausgegangen werden, dass im Allgemeinen die Notwendigkeit eines schonenderen Umgangs mit der Natur zugestanden und gefordert wird. Zudem wird darüber diskutiert, ob sich die Unterschiede in den naturethischen Grundpositionen auf die *theoretische Begründbarkeit* konkreter Naturschutzmaßnahmen auswirken. So wird auf die von Bryan G. Norton formulierte *Konvergenzhypothese* verwiesen, wonach sich im Ausgang von unterschiedlichen naturethischen Positionen dieselben Maßnahmen zum Schutz der Natur theoretisch begründen lassen.[23] Allerdings ist diese Hypothese innerhalb der Naturethik auch auf heftige Kritik gestoßen. Nach Martin Gorke, einem engagierten Verfechter des Holismus, lässt sich mit einer *anthropozentrischen* Ethik „weder ein *allgemeiner* Artenschutz begründen, noch der sozialpsychologische Kontext stimulieren, der für die Verwirklichung dieses intuitiv verankerten moralischen Postulates erforderlich wäre. Mit einer *nichtanthropozentrischen* Ethik ist dies dagegen – jedenfalls im Rahmen dessen, was man überhaupt von einer Ethik erwarten kann – zumindest *grundsätzlich* möglich. Denn bei ihr hat die Natur ungeachtet ihres Nutzens einen moralischen Status."[24] Die Konvergenzhypothese ist also innerhalb der Naturethik im engeren Sinne keineswegs ausdiskutiert, und es wäre voreilig, ihr zuzu-

---

21　Siehe Uta Eser/Thomas Potthast 1999, wie Anm. 14, S. 48 und Thomas Potthast, Wo sich Biologie, Ethik und Naturphilosophie treffen (müssen): Epistemologische und moralphilosophische Aspekte der Umweltethik, in: Konrad Ott, Martin Gorke Hrsg.); Spektrum der Umweltethik. Marburg, 2000, S. 101-146, hier S. 131f.

22　Siehe zum Beispiel die Dissertation von Martin Gorke, Artensterben. Von der ökologischen Theorie zum Eigenwert der Natur, Stuttgart 1999 und Konrad Ott, Ethik und Naturschutz, in: W. Konold/R. Böcker/U. Hampicke (Hrsg.), Handbuch Naturschutz und Landschaftspflege (1999) II-7, S. 2-17.

23　Bryan G. Norton, Toward Unity among Environmentalists, New York/Oxford 1994, S. 237ff.; Uta Eser/Thomas Potthast 1999, wie Anm. 14, S. 63; zur Diskussion siehe auch Konrad Ott 1999, wie Anm. 21, S. 27f.

24　Martin Gorke, Artensterben. Von der ökologischen Theorie zum Eigenwert der Natur, Stuttgart 1999, S. 186f.

stimmen. Auch in empirischen Untersuchungen über den Zusammenhang zwischen bestimmten Wertorientierungen (egoistisch, sozialaltruistisch, biozentrisch usw.) und der Bereitschaft zu natur- und umweltfreundlichem Handeln ist man zu recht unterschiedlichen Resultaten gekommen (vgl. 5), so dass hier noch ein erheblicher Forschungsbedarf zur Überprüfung der Konvergenzhypothese besteht. Zum einen sind die bisher erschienenen empirischen Studien in einer vergleichenden Analyse näher auf ihre Gemeinsamkeiten und Unterschiede hin zu überprüfen, und es sind die Gründe für die Unterschiedlichkeit der Ergebnisse zu ermitteln, zum anderen gibt es bisher zu wenige empirische Studien zu dieser für das Überleben von Mensch und Natur so wichtigen Fragestellung.

3. Evolutionsbiologische Erklärungen von Egoismus und Altruismus

Seit Aristoteles haben Philosophen verschiedener Jahrhunderte darauf hingewiesen, dass sich beim Menschen eine bestimmte Verhaltenseigenschaft ausmachen lasse, die ich hier als „abgestuftes Wohlwollen" bezeichne, nämlich das Phänomen, dass wir Wohlwollen, Mitgefühl, Fürsorge im Allgemeinen nicht allen Menschen und Mitmenschen im gleichen Maße zukommen lassen. Aristoteles, Hutcheson, Hume, Sidgwick, sie alle wiesen darauf hin, dass die Bereitschaft, sich um das Wohl und Wehe anderer zu sorgen, vom Grad der Verwandtschaft und Bekanntschaft abhängig sei und dass es ein universelles Wohlwollen, das alle Menschen im selben Grade einbeziehe, nicht von vornherein gebe. Nach Francis Hutcheson könnte man das „universale Wohlwollen zu allen Menschen...mit dem Gravitationsprinzip vergleichen..., das sich vielleicht auf alle Körper des Universums erstreckt, aber ebenso wie die Liebe aus Wohlwollen mit abnehmender Entfernung zunimmt."[25] Diesen ernüchternden Beschreibungen der menschlichen Natur standen andererseits immer wieder Appelle gegenüber, Wohlwollen und moralisches Handeln auf die gesamte Menschheit und darüber hinaus auf alle empfindenden Wesen zu erstrecken.

Einen Erklärungsversuch für das Phänomen des abgestuften Wohlwollens bietet die Biologie an. Schon Charles Darwin widmete ihm in seinem Buch über die *Abstammung des Menschen* eingehende Überlegungen[26]. Für ihn gibt

---

25 Francis Hutcheson, Über den Ursprung unserer Ideen von Schönheit und Tugend, Hamburg 1986, S. 100 (1. engl. Aufl. London 1725).

26 Charles Darwin, Die Abstammung des Menschen und die geschlechtliche Zuchtwahl, nach der 2. engl. Auflage von 1874 übersetzt von J. Viktor, Dreieich 1986. Eine ausführliche Darstellung findet sich in Eve-Marie Engels, Darwins Popularität im Deutschland des 19. Jahrhunderts: Die Herausbildung der Biologie als Leitwissen-

es im Individuum keine sozialen Instinkte, die die Funktion *art-* oder gar *na-turerhaltender Mechanismen* erfüllen und individuelles Verhalten und Handeln entsprechend steuern könnten. Nicht *Art*erhaltung interessiere den Menschen zunächst einmal, sondern die Erhaltung der eigenen Bezugsgruppe. Nach Darwin besitzen wir „soziale Instinkte" für Eltern- und Kindesliebe, Geselligkeit, Treue und Hilfsbereitschaft. *Kooperation* unter den Mitgliedern derselben Bezugsgruppe sichert das Überleben gegenüber der Natur und fremden Gruppen und wird damit zur *Grundlage* im Ringen um die Existenz. Entgegen einer weit verbreiteten Auffassung nehmen somit Solidarität und Kooperation bei Darwin eine bedeutende Rolle ein. Die Sorge um Existenz und Wohl von Individuen, mit denen uns keine persönliche Bekanntschaft verbindet, sowie um fremde Nationen, Rassen und Lebewesen anderer Arten müsse demgegenüber ihre Grundlage in Vernunft und bewusster Entscheidung haben. Auf eine angeborene Sympathie den Fernstehendsten gegenüber könne sich der Mensch nicht verlassen. Dennoch glaubt Darwin an einen moralischen Fortschritt in der Kulturentwicklung des Menschen. Dieser besteht für ihn in der Überwindung der instinktiven Dispositionen des sogenannten primitiven Menschen, Wohlwollen und soziales Handeln auf Mitglieder des eigenen Sozialverbandes zu beschränken, und in der Einbeziehung der Angehörigen anderer Rassen, der Hilflosen, Kranken, Schwachen und schließlich auch der Tiere in das soziale Verhalten. In der Einschränkung der Fürsorge auf die Mitglieder des eigenen Stammes sieht er das Kennzeichen des „tiefsten Standes" der moralischen Entwicklung. Eine Überwindung dieser Dispositionen setzt voraus, dass die ursprünglich nur auf das Wohl der eigenen Gemeinschaft ausgerichteten sozialen Instinkte ihre volle Wirksamkeit einbüßen und menschliches Handeln unter die *Kontrolle des Intellekts* gestellt wird. Die Möglichkeit von Moralität ist nach Darwin daher an ein bestimmtes Niveau unserer geistigen Fähigkeiten gebunden, das es ermöglicht, nach *verallgemeinerbaren Regeln* zu handeln, Handlungsmotive billigen oder verwerfen zu können, die fernen Konsequenzen des eigenen Handelns abzusehen, Zukünftiges zu antizipieren. Moralisches Handeln ist also nur dort möglich, wo die Unterwerfung unter blinde Instinkte gebrochen ist. Das Prinzip des „survival of the fittest" wird von Darwin entgegen einer weit verbreiteten Auffassung nicht zum Maßstab für die Gestaltung der Gesellschaft erhoben, da sich moralischer und kultureller Fortschritt unter den Bedingungen der Zivilisation weitgehend von der Wirkungsweise der natürlichen Selektion befreit habe. *Intellekt* und *Moralfähigkeit* erlauben es dem Menschen, die sozialen Tugenden auch auf die entferntesten Lebewesen zu richten. Die *kulturrelevante Weitergabe von Information* auf der Basis *sprachlich vermittelter Erfahrung* wird von Darwin als entscheidender Faktor in diesem Prozess gesehen. In seinen Überlegungen zu den philosophischen Konsequenzen der Darwinschen

---

schaft, in: Achim Barsch/Peter M. Hejl (Hrsg.), Menschenbilder. Zur Pluralisierung der Vorstellungen von der menschlichen Natur (1850-1914), Frankfurt 2000.

Theorie hält der Philosoph Georg von Gizycki die „Ausdehnung der Humanität über die Grenzen der Menschheit hinaus bis auf Wohl und Wehe unserer ‚erstgeborenen Brüder'" für „die nächste Consequenz der Entwicklungslehre auf moralischem Gebiet"[27], indem er auf Überlegungen in Darwins Werk über die *Abstammung des Menschen* zurückgreift.

In der Nachfolge Darwins gibt es heute zwei theoretische Ansätze, die *Evolutionäre Erkenntnistheorie* und die *Soziobiologie*, welche zahlreiche Probleme, so auch unsere globalen Umweltprobleme, auf folgende Weise von der Evolutionsgeschichte des Menschen her zu erklären versuchen: Wie andere Lebewesen ist auch der Mensch in Anpassung an bestimmte Lebensbedingungen entstanden und verfügt damit nicht nur über angeborene körperliche Merkmale, sondern auch über angeborene kognitive, soziale und moralische Kompetenzen und Dispositionen, die auf jene Lebensbedingungen zugeschnitten sind, unter denen er entstanden ist. Damals waren sie funktional und ausreichend für das Leben unter relativ einfachen und überschaubaren Existenzbedingungen. Im Kontext unserer komplexen wissenschaftlich-technischen Zivilisation erweisen sie sich jedoch als *Anpassungsmängel*. Fähigkeiten und Mechanismen, die in der Steinzeit förderlich waren, stellen nun ein Handicap dar, da sie hinter den heute zu lösenden Problemen in qualitativer und quantitativer Hinsicht herhinken. In der Evolutionären Erkenntnistheorie hat sich zur Bezeichnung jenes Bereichs, an den sich der Mensch im Laufe der Evolution angepasst habe, der Begriff „Mesokosmos" durchgesetzt. Der Mesokosmos wird auch als „kognitive Nische" des Menschen oder als „Umwelt" im Sinne von v. Uexkülls[28] bezeichnet. Nach dieser Theorie reichen unsere angeborenen Erkenntnisstrukturen zur kognitiven Bewältigung der Komplexität unserer wissenschaftlich-technischen Zivilisation nicht aus. Eine analoge These findet sich in der *Evolutionären Ethik* und *Soziobiologie*, so dass man hier von einem „sozialen Mesokosmos" sprechen könnte. Gemeint ist damit das zuvor beschriebene Phänomen des abgestuften Wohlwollens mit der Annahme, dass es eine Disposition zum uneingeschränkten Altruismus[29], der sich auch auf die entferntesten Lebewesen erstreckt, von Natur aus nicht gebe.

Dieses Phänomen erklären Soziobiologen unter Berufung auf die *natürliche Selektion*, wobei sie sich zweier Erklärungsmodelle bedienen, die sich am Adressaten oder Nutznießer des prosozialen Verhaltens orientieren in Abhängigkeit davon, ob eine genetische Verwandtschaft mit dem prosozial Handelnden besteht oder nicht. In beiden Modellen wird davon ausgegangen, dass

---

27 Georg von Gizycki, Philosophische Consequenzen der Lamarck-Darwinschen Entwicklungstheorie, Leipzig/Heidelberg 1876.

28 Gerhard Vollmer, Mesokosmos und objektive Erkenntnis – Über Probleme, die von der Evolutionären Erkenntnistheorie gelöst werden (1983), in: ders., Was können wir wissen? Bd.1, Die Natur der Erkenntnis, 2. Aufl. Stuttgart 1988, S. 57-115 (1. Aufl. 1985).

29 In der Soziobiologie hat sich zur Bezeichnung prosozialen Verhaltens der Begriff „Altruismus" durchgesetzt.

die *Gene* ein Verhalten steuern, welches sich für ihre *eigene Reproduktion* auszahlt. Daher ist zur Bezeichnung dieses Genkonzeptes der Begriff „*selfish gene*", „*egoistisches Gen*", geprägt worden[30]. Dabei werden den Genen keine bewussten Motive unterstellt, sondern es werden die *Konsequenzen* der Wirkungsweise von Genen beschrieben, wobei die Nutznießer dieser Konsequenzen die Gene selbst sind, die ihre eigene Reproduktion steuern. Zur Erklärung altruistischen Verhaltens gegenüber genetisch Verwandten wird das Modell der „*inclusive fitness*" („*Gesamtfitness*") von Haldane und Hamilton[31] angewandt, während altruistisches Verhalten gegenüber Nichtverwandten nach dem Modell des „*reziproken Altruismus*" von Trivers[32] erklärt wird. Die Autoren gehen davon aus, dass es eine *genetische Disposition* zum Altruismus gibt. Dabei bezeichnet die Gesamtfitness den umfassenden Fortpflanzungserfolg der *Gene* eines Individuums.

Nach dem Modell der *Verwandtenselektion* („*kin selection*") von Haldane und Hamilton können sich die Gene eines Altruisten innerhalb einer Population auch dann halten, wenn das betreffende Individuum beim altruistischen Verhalten ums Leben kommt, vorausgesetzt, es steuert zum Überleben seiner genetisch Verwandten bei. Dies können alle Verwandten des Altruisten sein, nicht nur seine Kinder. Die Wahrscheinlichkeit, mit seinen Verwandten bestimmte Gene gemeinsam zu haben, wird mit abnehmendem Verwandtschaftsgrad geringer, was auch für die Gene für Altruismus gilt. Nach diesem Modell ist zu erwarten, dass die Bereitschaft zu altruistischem Verhalten gegenüber Verwandten mit zunehmendem Verwandtschaftsgrad wächst, weil sich die Gene eines Individuums in einer Population andernfalls nicht hätten ausbreiten können. Damit werden keine Aussagen über bewusste Kalkulationen gemacht. Vielmehr wird versucht zu erklären, wie sich unsere Vorfahren verhalten haben müssen, wenn die genetische Disposition zum Altruismus, die dabei vorausgesetzt wird, durch natürliche Selektion entstanden sein soll. Haldane soll einmal „auf die Frage, ob er bereit sei, sein Leben für seinen Bruder zu opfern, scherzhaft geantwortet" haben, „für einen nicht, wohl aber für drei Brüder; ersatzweise auch für neun Vettern."[33]

---

30 Richard Dawkins, Das egoistische Gen, Berlin/Heidelberg/New York 1976 (1. engl. Aufl. Oxford 1976).

31 John Burdon Sanderson Haldane, Population Genetics, in: New Biology 18, 1955, S. 34-51, William. D. Hamilton, The Genetical Evolution of Social Bahviour. I, II, in: Journal of Theoretical Biology 7, 1964, S. 1-52; zur weiterführenden Diskussion siehe Robert Axelrod, Die Evolution der Kooperation, 3. Aufl. München/Wien 1995 (1. amerikan. Aufl. 1984) und Rudolf Schüßler, Kooperation unter Egoisten: Vier Dilemmata, München 1997.

32 Robert L. Trivers, The Evolution of Reciprocal Altruism, in: The Quaterly Review of Biology 46, 1971, S. 35-57.

33 Norbert Bischof, Das Rätsel Ödipus. Die biologischen Wurzeln des Urkonfliktes von Intimität und Autonomie, München/Zürich 1985, S. 188.

Altruismus gegenüber Nichtverwandten wird mit Hilfe des spieltheoretischen Modells des *reziproken Altruismus* erklärt. Danach zahlt sich kooperatives Verhalten für den Einzelnen auf Dauer mehr aus als egoistisches, nur am augenblicklichen eigenen Vorteil orientiertes Verhalten, wenn die Bedingungen gegeben sind, dass sich der Empfänger des altruistischen Verhaltens bei entsprechender Gelegenheit gleichwertig revanchiert. Die Disposition zu altruistischem Verhalten gegenüber Nichtverwandten konnte sich im Laufe der Evolution durchsetzen, weil kooperativ handelnde Individuen gegenüber ihren rein egoistisch handelnden Artgenossen größere Reproduktionschancen hatten. Auch hier mussten jedoch bestimmte Kosten-Nutzen-Relationen zwischen Altruist und Nutznießer gewahrt bleiben. Der Nutzen des Empfängers musste größer sein als die Kosten des Altruisten, weil der Vorgang sonst ineffektiv gewesen wäre und der Empfänger sich bei nächster Gelegenheit nicht hätte revanchieren können. Dieses Verhalten des reziproken Altruismus wird in der Spieltheorie als „tit for tat", „Wie Du mir, so ich Dir", bezeichnet. Auch nach diesem Modell ist also mit einem uneingeschränkten Altruismus allen Menschen gegenüber nicht zu rechnen.

Beide Modelle haben sich in der Biologie etabliert und werden zur Erklärung einer Fülle von Verhaltensphänomenen im Tierreich herangezogen. Soziobiologen wenden sie jedoch auch auf den Menschen an, woraus sich für sie weitreichende *anthropologische* und *ethische* Konsequenzen ableiten lassen. Ihrer Auffassung nach gelangen wir hierdurch zu einem *illusionsloseren* und *realistischeren Menschenbild*. Da altruistisches Handeln letztlich der Reproduktion unserer genetischen Programme diene, lassen sich laut Edward O. Wilson, einem der Pioniere der Soziobiologie, unsere nobelsten Handlungsmotive auf den Egoismus der Gene zurückführen. Auch die zuvor beschriebene abgestufte Hilfsbereitschaft wird von Soziobiologen mit diesen Modellen erklärt.

Wilson hat sich in den achtziger Jahren auch der Natur- und Umweltschutzproblematik zugewandt und seine Position mit dem Begriff „*biophilia*" zusammengefasst. Der Buchtitel *Biophilia* mit der Erläuterung „The human bond with other species" deutet die Richtung seiner Überlegungen an. Mit Biophilia bezeichnet Wilson „the innate tendency to focus on life and lifelike processes."[34] Er plädiert für die Erfindung einer „neuen und mächtigeren Ethik" und fordert uns auf, die Wurzeln unserer Motivation freizulegen und zu verstehen, warum und unter welchen Bedingungen wir Leben schätzen und schützen.[35] „It is clear that the key to precision lies in the understanding of motivation, the ultimate reasons why people care about one thing but not another – why, say, they prefer a city with a park to a city alone. The goal is to join emotion with the rational analysis of emotion in order to create a deeper

---

34 Edward O. Wilson 1984, wie Anm. 13, S. 1.
35 Edward O. Wilson 1984, wie Anm. 13, S. 138f.

and more enduring conservation ethic."[36] In der konkreten Ausführung seines Programms bleibt Wilson jedoch vage und kommt nicht über die bekannten soziobiologischen Grundannahmen egoistischer Gene, eine persönliche Schwärmerei für die Wildnis und Appelle an den Leser, die Natur zu respektieren, hinaus. Theoretisch vertritt er einen „evolutionären Realismus", der – „at the risk of offending some readers" – in die Aussage mündet, dass wir unseren *entfernten Nachkommen* gegenüber keinerlei Pflichten haben. „Obligations simply lose their meaning across centuries." Wilson verbindet mit seiner Naturschutzethik *nicht* die Sorge um zukünftige Generationen um *derentwillen*, sondern verbleibt im Nahbereich der Theorie egoistischer Gene: *Uns selbst* schulden wir seiner Meinung nach die Erhaltung der Natur, und wir sichern *unsere* Existenz, indem wir uns für das Überleben zukünftiger Generationen einsetzen. Die Erhaltung unserer *eigenen Gene* betrachtet Wilson als Ausdruck „höchster Moralität". „It is for ourselves, and not for them or any abstract morality, that we think into the distant future...For if the whole process of our life is directed toward preserving our species and personal genes, preparing for future generations is an expression of the highest morality of which human beings are capable."[37] Unter Berufung auf Garrett Hardin plädiert er für eine „stärkere Dosis biologischen Realismus". Das *erste Gesetz des menschlichen Altruismus* laute, niemals von jemandem etwas zu verlangen, das seinen eigenen besten Interessen zuwiderläuft. „The only way to make a conservation ethic work is to ground it in ultimately selfish reasoning – but the premises must be of a new and more potent kind."[38]

Mit dieser Position verbinden sich zahlreiche Probleme, die hier nur kurz benannt werden sollen[39]: *Erstens* lassen sich aus der reinen Beschreibung natürlicher Dispositionen, diese einmal vorausgesetzt, keine normativen Handlungsanweisungen ableiten (Problem des naturalistischen Fehlschlusses[40]), was Wilson jedoch tut. Aus der Existenz egoistischer Gene lässt sich keine moralische Verpflichtung ableiten, diese Gene zu erhalten. *Zweitens* bleibt in Wilsons biologischem Theorierahmen unverständlich, wie es überhaupt zur Umweltkrise, die auch Leben und Gesundheit des Menschen gefährdet, kommen konnte. Würde der Mensch tatsächlich unter dem Einfluss seiner ‚egoistischen Gene' stehen, die ihn zu einem Verhalten disponieren, das ihre eigene Reproduktion fördert, wäre von ihm natur- und umweltschützendes Ver-

---

36 Edward O. Wilson 1984, wie Anm. 13, S. 119.
37 Edward O. Wilson 1984, wie Anm. 13, S. 121.
38 Edward O. Wilson 1984, wie Anm. 13, S. 131.
39 Zur weiteren Diskussion siehe Thomas Potthast, Die Evolution und der Naturschutz. Zum Verhältnis von Evolutionsbiologie, Ökologie und Naturethik, Frankfurt/New York, 1999, S. 162ff.
40 Eve-Marie Engels, G.E. Moores Argument der ‚naturalistic fallacy' in seiner Relevanz für das Verhältnis von philosophischer Ethik und empirischen Wissenschaften, in: Lutz Eckensberger/Ulrich Gähde (Hrsg.), Ethische Norm und empirische Hypothese, Frankfurt 1993, S. 92-132.

halten zu erwarten gewesen, nicht aber Handlungsweisen, die ihn selbst gefährden. Wilson appelliert hier an genetischen Egoismus, dessen Begrenztheit
jedoch offenkundig ist. Da der Mensch mit der Gefährdung zukünftiger Generationen auch das Überleben seiner eigenen Gene gefährdet, stößt der Egoismus der Gene hier offensichtlich an eine Grenze. Unsere Gene sind nicht so
egoistisch, dass sie um der Selbsterhaltung willen auch auf die Erhaltung unserer globalen Umwelt, die den räumlichen und zeitlichen Nahbereich über-
schreitet, ausgerichtet sind. *Drittens* widerspricht Wilsons genetischer Reduktionismus unserer Selbsterfahrung. Wer für Umwelt- und Naturschutz
plädiert, denkt in der Regel nicht an die Reproduktion der eigenen *Gene*, sondern hat das Wohl und Wehe konkreter Schutzgüter vor Augen. Das Gefühl
der moralischen Verpflichtung diesen gegenüber lässt sich nicht damit ausre-
den, dass wir nur unseren eigenen Genen gegenüber verpflichtet sind.

Im Kontext der Umweltproblematik wird gern auf Garrett Hardins „Tragedy of the Commons"[41] verwiesen, der mit seinen Ausführungen über die
„Tragödie der Allmende" („Allmende-Klemme", „social trap") eine Diskussion über die Frage ausgelöst hat, wie die Umweltproblematik unter den Bedingungen der Allmende-Klemme überhaupt lösbar sei. Die „Tragödie der
Allmende" bezeichnet ein *Dilemma*, bei dem es sowohl einen Konflikt zwischen individuellen und gemeinschaftlichen Interessen als auch zwischen
kurzfristigen und langfristigen Zielen, also einen *sozialen* und einen *ökologischen* Aspekt gibt: Jeder Dorfbewohner hat das Recht, entsprechend seinen
individuellen Interessen eine unbegrenzte Anzahl von Tieren auf der Gemein-
deweide (‚commons') grasen zu lassen. Als rationaler Egoist bemüht sich jeder Einzelne um seine kurzfristige, persönliche Gewinnmaximierung, mit
dem Ergebnis, dass die Allmende schließlich überweidet und damit die ge-
meinschaftliche Existenzgrundlage zerstört wird. Das an kurzfristigem Nutzen orientierte Streben nach Gewinnmaximierung führt somit langfristig mit
schicksalhafter Unausweichlichkeit zur Zerstörung des gemeinschaftlich genutzten Gutes, auf das jeder Einzelne angewiesen ist. Die Umweltverschmutzung ist nach Hardin ebenfalls eine Manifestationsweise der „Tragedy of the
Commons". Dem rationalen Egoisten erscheinen die Kosten für die Aufbereitung seiner Abfallprodukte vor ihrer Entsorgung in die Umwelt zu hoch,
und so lange sich jeder als „unabhängiger, rationaler, freier Unternehmer"
verhält, beschmutzen wir unser Nest und zerstören die Umwelt. Luft und
Wasser lassen sich nicht einzäunen, so dass die „Tragödie der Allmende" als
„Jauchegrube" mit verschiedenen Mitteln verhindert werden muss, durch Gesetze und steuerliche Anreize für umweltfreundliches Verhalten. Hardin hält
die Umweltproblematik für eine Folge der Überbevölkerung und bezweifelt
es, dass sich für die „Tragödie der Allmende" eine „technische Lösung" fin-

---

41 Garrett Hardin, The Tragedy of the Commons, in: Science 162, 1968, S. 1243-1248;
    siehe auch die Diskussion in Elisabeth Kals 1996, wie Anm. 13, S. 4ff. und in Hom-
    burg/Matthies 1998, wie Anm. 13, S. 151ff.

den lässt. Er hält deren Überwindung nur für möglich, wenn jeder bereit ist, aus Einsicht in die Notwendigkeit seine reproduktive Freiheit einzuschränken, was eine „fundamental extension in morality"[42] beinhalte. „„Freedom is the recognition of necessity' – and it is the role of education to reveal to all the necessity of abandoning the freedom to breed. Only so, can we put an end to this aspect of the tragedy of the commons."[43] Da die Grundstruktur der „tragedy of the commons" für eine Vielzahl von Umweltproblemen kennzeichnend ist, wurde Hardins Veröffentlichung in zahlreichen Wissenschaftsdisziplinen, die sich mit der Rolle kooperativen Verhaltens im Kontext der Umweltproblematik befassen, diskutiert.[44]

Es wäre unbegründet, Hardins Argumentation als einen Beweis für die Unausweichlichkeit globaler Umweltkrisen und anderer strukturell ähnlicher Probleme zu deuten, wie dies bisweilen geschieht, zumal Hardin selbst einen Ausweg aus der Tragödie weist. In der „Allmende-Tragödie" werden bestimmte Voraussetzungen zugrunde gelegt, die keineswegs selbstverständlich sind und sich nicht verallgemeinern lassen, wobei als Wegweiser für den Ausweg aus der „Tragödie" sowohl empirische Beobachtungen und Untersu-

---

42 Garrett Hardin 1964, a.a.O. S. 1243.
43 Garrett Hardin 1964, a.a.O. S. 1248.
44 Siehe Homburg/Matthies 1998, wie Anm. 13, S. 156. Wie Martin Held in seinem Vortrag ausgeführt hat (siehe auch seine Ausführungen in diesem Band), stellen Hardins Beitrag selbst sowie dessen Rezeption die eigentliche Tragödie dar. Denn in Hardins Beitrag stehe keineswegs das Problem von „commons" zur Diskussion, worunter etwa ein Gemeindeanger zu verstehen sei, an dem eine begrenzte Zahl von Familien gemeinsam spezifizierte Eigentumsrechte haben. Vielmehr treffe seine Problematisierung auf die Situation freier Güter mit offenem Zugang (open access) zu. Meines Erachtens bedeutet dies jedoch lediglich, dass Hardin einen falschen Begriff für die Bezeichnung der Güter verwendet hat, die er beschreiben will, d.h. sein Gegenstand ist die „tragedy of goods with open access". Und diese Problematik existiert zweifelsohne, wie die in globalem Maßstab stattfindende Luft-, Boden- und Gewässerverschmutzung bezeugen. Die von David Hume 1751 beschriebene Situation trifft heute nicht mehr zu. In seiner Untersuchung über die Prinzipien der Moral (Enquiry concerning the Principles of Morals) konnte er noch schreiben, daß wir selbst „in der gegenwärtigen dürftigen Lage der Menschheit" sehen, „daß überall dort, wo von Natur aus ein nützlicher Gegenstand in unbegrenzter Fülle zur Verfügung steht, dieser stets Gemeingut bleibt und wir keine Unterscheidungen nach Recht und Eigentum vornehmen. Wasser und Luft, obwohl von allen Dingen die allernotwendigsten, werden nicht als der Besitz einzelner in Erwägung gezogen; auch kann niemand, selbst bei äußerst verschwenderischem Gebrauch und Genuß dieser Güter, eine Ungerechtigkeit begehen. In fruchtbaren, ausgedehnten und dünn besiedelten Gebieten wird Land auf dieselbe Art und Weise behandelt. Und auf keinen Punkt berufen sich diejenigen so nachdrücklich, die die Freiheit der Meere verteidigen, als auf die Tatsache, daß der Nutzen der Meere durch die Schiffahrt nicht erschöpft werden kann." David Hume: Eine Untersuchung über die Prinzipien der Moral, Stuttgart, 2. gründlich revidierte Auflage 1996, S. 102.

chungen als auch theoretische Überlegungen relevant sind[45]: Die Ausgangssituation der „Allmende-Tragödie" ist die Annahme isolierter Individuen, die außerhalb jeder sozialen Gemeinschaft kalkulieren und handeln. Dieser Idealtypus eines ‚rationalen Egoisten' ist jedoch eine *Konstruktion*, welche in der zum Funktionieren des Dilemmas notwendigen Allgemeinheit in der Wirklichkeit nicht existiert. Darüber hinaus wäre zu analysieren, wie sich individuelle Einstellungen zu Natur und Umwelt, das Natur- und Umweltbewusstsein, auf das jeweilige Kooperationsverhalten auswirken. Hinzu kommt, dass die Komponente des *Lernens* aus der inzwischen langjährigen Erfahrung der Umweltkrise zu berücksichtigen ist. Sie kann in die Formulierung kurzfristiger Handlungsziele eingehen, welche wiederum auch langfristig dem Schutz von Umwelt und Natur dienen können. Hier ließe sich auch aus der Diskussion um das Gefangenendilemma lernen. „Das vielversprechende Resultat ist, daß die Evolution der Kooperation beschleunigt werden kann, wenn vorausschauende Beteiligte die Fakten der Theorie der Kooperation kennen."[46] Schließlich wurde eingewandt, dass Allmendeprobleme „nicht einer individuellen Rationalität zuzuschreiben" seien, sondern erst dann auftreten, „wenn es bei der Nutzung einer kollektiven Ressource an der notwendigen sozialen Einbettung fehlt."[47] Homburg und Matthies sehen in der Existenz funktionierender Allmenden „einen deutlichen Hinweis darauf, daß es keine generelle Disposition des Menschen gibt, Gemeinschaftsgüter mit dem Ziel eines individuellen Gewinns zu plündern."[48] Nach Frey und Bohnet spiegelt das Gefangenen-Dilemma die mit der Umweltproblematik gegebenen Situation gerade nicht wider und ist daher für dessen Konzeptualisierung unangemessen.[49] Empirische (experimentelle) Befunde widersprechen den spieltheoretischen Voraussagen. Hardins pointierte Darstellung des Problems kann aber zum Anlass genommen werden, den Blick stärker auf die „strukturellen Bedingungen des Umwelthandelns und seine soziale Einbettung" zu lenken, wie dies in den vergangenen Jahren teilweise bereits geschehen ist.[50]

---

45 Siehe Bruno S. Frey/Iris Bohnet, Tragik der Allmende. Einsicht, Perversion und Überwindung, in: A. Diekmann/C. C. Jaeger (Hrsg.), Umweltsoziologie. Sonderband 36/1996 der Kölner Zeitschrift für Soziologie und Sozialpsychologie, S. 292-307.
46 Robert Axelrod 1995, wie Anm. 31.
47 Homburg/Matthies 1998, wie Anm. 13, S. 155, die sich hier auf eine Argumentation aus den Sozialwissenschaften (McCay und Jentoft) stützen.
48 Homburg/Matthies 1998, wie Anm. 13, S. 155.
49 Bruno S. Frey/Iris Bohnet 1996, wie Anm. 45.
50 Homburg/Matthies 1998, wie Anm. 13, S. 156. Die Autoren beziehen sich hier u.a. auf Henriette Katzenstein 1995, wie Anm. 13.

4. Der Mensch als evolutionäres Zwitterwesen

„It is a common theme of moralists of many creeds, that man is born with an imperfect nature. He has lofty aspirations, but there is a weakness in his disposition that incapacitates him from carrying his nobler purposes into effect...The whole moral nature of man is tainted with sin, which prevents him from doing the things he knows to be right...We men of the present centuries are like animals suddenly transplanted among new conditions of climate and of food: our instincts fail us under the altered circumstances...The sense of original sin would show, according to my theory, not that man was fallen from a high estate, but that he was rapidly rising from a low one."[51]

Francis Galton (1865)

Um die von der Evolutionären Erkenntnistheorie und der Soziobiologie vertretene These von den Anpassungsmängeln der menschlichen Vernunft und Moral einschätzen zu können, werde ich einen weiteren Aspekt der menschlichen Evolution ins Spiel bringen. Es ist die *Doppelnatur des Menschen*, auf die Darwin bereits mit anderen Worten hingewiesen hat. Auch wenn wir von einer Verwurzelung des Menschen in der biogenetischen Evolution ausgehen, spielen in seiner Entwicklung doch Kultur und Kulturgeschichte eine immens große Rolle. Durch die Kultur hat sich der Mensch zur Evolution, der er entsprungen ist, in Beziehung gesetzt. Die *biogenetische Evolution* bedeutet für den Menschen Fessel und Sprungbrett zugleich: Fessel deshalb, weil er durch seine Einbettung in eine Phylogenese und in die Evolution des Lebendigen insgesamt bestimmten Grenzen und sogar Zwängen, „constraints", unterworfen ist; Sprungbrett deshalb, weil die Evolution mit dem Menschen ein Lebewesen hervorgebracht hat, das über Kompetenzen und Kapazitäten verfügt, die es ihm ermöglichen, sich in weit höherem Maße als andere Lebewesen von seiner Evolutionsgeschichte zu *befreien*. Damit wächst jedoch gleichzeitig auch die *Verantwortung* des Menschen für sein Handeln und dessen Konsequenzen, und insoweit dieses Handeln weitreichende Auswirkungen in Raum und Zeit hat, nimmt die *Fernverantwortung* des Menschen zu.

Der Mensch ist somit ein *evolutionäres Zwitterwesen*. Trotz aller Dynamik, die die biogenetische Evolution nach heutiger Auffassung im Vergleich mit der älteren Vorstellung von der Konstanz der Arten hat, wirkt sie im Vergleich mit der Geschwindigkeit der Kulturgeschichte nahezu statisch. Bei der Evolution des Menschen haben wir es daher mit *zwei Informationssystemen* zu tun, die sich hinsichtlich ihrer Träger und daher auch ihrer Übertragungs- bzw. Verbreitungsgeschwindigkeit erheblich voneinander unterscheiden:

---

51 Francis Galton, Hereditary Talent and Character, in: MacMillan's Magazine 12, 1865, S. 327.

Während die *biogenetische Evolution* über den Mechanismus der *Vererbung* läuft und sich daher in extrem langen Zeiträumen vollzieht, verläuft die *Kulturgeschichte* auf der Basis von *Sprache* und *Schrift* als Informationsträgern und daher mit einer viel größeren Geschwindigkeit. Dies hat nicht nur positive Auswirkungen, sondern auch die negative Konsequenz, dass der Mensch durch seine kulturschöpferische Tätigkeit, zu der auch Wissenschaft, Technik und Technologien gehören, in relativ kurzer Zeit Lebewesen zu zerstören vermag, die für ihre Evolution Hunderttausende von Jahren benötigten. Der in der Soziobiologie vielfach verwendete Begriff der *Koevolution* besagt, dass sich die biogenetische Evolution des Menschen und seine Kulturgeschichte auf harmonische Weise wechselseitig bedingen. Natur- und Umweltzerstörung zeigen jedoch, dass sich kulturelle Fertigkeiten destruktiv auf Natur und Evolution auswirken können.

Zudem wird die Zugehörigkeit des Menschen zur biogenetischen Evolution durch seine Einbettung in einen kulturellen Kontext nicht aufgehoben, so dass der Mensch mit dem Erbe der Phylogenese auf die Welt kommt, was zusätzliche Probleme mit sich bringt. Diese wurden bereits mit den Begriffen „kognitive" und „soziale Nische" kurz thematisiert. Es sind jedoch keine *kognitiven* Anpassungsmängel, die einem verantwortungsvollen Handeln im Wege stehen, denn es fehlt uns ja nicht an kognitiver Kompetenz oder Einsicht in Umweltprobleme und andere Probleme globaler Reichweite. In ihrer Zusammenfassung wichtiger Ergebnisse der Umweltbewusstseinsforschung stellen die Umweltpädagogen Gerhard de Haan und Udo Kuckartz fest, dass sich „die Effekte von Umweltwissen...insgesamt betrachtet als enttäuschend gering" erweisen und dass sich manchmal sogar diejenigen, die über ein größeres Umweltwissen verfügen, weniger umweltgerecht verhalten. Außerdem sei „Wissen über (ferne) Umweltprobleme und -katastrophen...weitaus stärker verbreitet als Wissen über lokale Umweltzustände", was die Autoren auf die Art der Präsentierung von Umweltthemen in den Medien zurückführen[52].

Im Folgenden werde ich versuchen, einige der Gründe und Ursachen zu benennen, die uns davon abhalten können, unsere naturethischen Einsichten in verantwortungsvolles Handeln umzusetzen. Wie lässt sich die *Diskrepanz* zwischen unserer ungeheuren *kognitiven Flexibilität* und *Kompetenz*, die es uns ermöglicht hat, eine Welt derartiger Komplexität zu erzeugen, und dem *Mangel* an *verantwortungsbewußtem Umgang* mit dieser von uns selbst erzeugten Komplexität erklären?

Dieser Mangel kann auf fehlende *motivationale Kompetenz* und *Bereitschaft* zur *Verantwortungsübernahme*, aber auch auf das Gefühl der *Hilflosigkeit* und der *Verstrickung* in *globale politische* und *ökonomische Vernetzungen* zurückführbar sein. Es kann sich also einmal um *Defizite* unserer *motivationalen Struktur* handeln, auf Verhaltensweisen zu verzichten, die natur- und selbstzer-

---

52 Gerhard de Haan/Udo Kuckartz, Umweltbewußtseinsforschung und Umweltbildungsforschung: Stand, Trends, Ideen, in: dies (Hrsg.) 1998, wie Anm. 11, S. 22.

störerische Wirkungen entfalten. Kognitive Einsicht in die Notwendigkeit umweltbewussten Handelns einerseits und Motivation zu ökologisch verantwortungsbewusstem Handeln andererseits wären danach schlecht synchronisiert. Zahlreiche Biologen führen dies auf unsere phylogenetische Vergangenheit zurück, in der motivationale und moralische Kompetenzen dieser Art nicht erforderlich waren, ja eine über die Erhaltung der eigenen Familie oder Sippe hinausgehende Sorge um das Überleben fremder Sippen und Stämme möglicherweise gar dysfunktional gewesen wäre.[53] Allerdings ist damit nicht gemeint, dass der Mensch durch seine Verhaltensdispositionen vollkommen determiniert wäre. Eine Umwelt im strengen Sinne, wie dieser Begriff von Jakob von Uexküll eingeführt wurde, gibt es für den Menschen nicht. Er kann in einer Vielfalt von Biotopen leben und sich eine Mannigfaltigkeit ökologischer Nischen konstruieren.[54] Die Rede vom Mesokosmos als einer kognitiven und sozialen Nische des Menschen darf nicht dahingehend missverstanden werden, dass der Mensch durch seine angeborenen Dispositionen komplexen Problemen hilflos ausgeliefert ist. Die genannten Defizite können zum anderen durch bestimmte *Systembedingungen*, unter denen der Einzelne lebt und handelt, verstärkt oder kompensiert werden. Dieses komplexe Zusammenspiel zwischen internen individuellen Vorgaben und externen gesellschaftlichen Bedingungen gilt es auf der Suche nach einem Ausweg aus der Krise im Auge zu behalten.

5. Einige Ergebnisse der sozialpsychologischen Altruismusforschung

Um das Phänomen der ‚motivationalen Scheuklappen' noch besser verstehen zu können, empfiehlt sich auch ein Blick in die *sozialpsychologische Altruismusforschung*. Hier wurde im Anschluss an einen spektakulären Fall unterlas-

---

53 Vgl. z.B. Hans Mohr, Natur und Moral, Darmstadt 1987; Berhard Verbeek, Die Anthropologie der Umweltzerstörung. Die Evolution und der Schatten der Zukunft, 2. Aufl. Darmstadt 1994 (1. Aufl. 1990); ders., Kultur als kritische Phase der Evolution. Ethik als Richtschnur, in: Eve-Marie Engels (Hrsg.), Biologie und Ethik, Stuttgart 1999, S. 71-99.

54 In der Biologie wird zwischen der ökologischen Nische und dem Biotop einer Art unterschieden. Während das Biotop den größeren Lebensraum darstellt, in dem sich eine Tierart aufhält, bildet die ökologische Nische jenes System innerhalb eines Biotops, mit dem die Organismen einer Art durch ihre spezifische Organisation auf vielfältige Weise in Wechselwirkung stehen. Dieser Unterschied wird auch metaphorisch durch die Begriffe „Adresse" für Biotop und „Beruf" für ökologische Nische ausgedrückt. Wenn in der heutigen Ökologiediskussion von Umweltproblemen und Umweltzerstörung die Rede ist, so ist damit meist gemeint, dass durch den Menschen nicht nur einzelne ökologische Nischen zerstört werden, sondern dass wir ganze Ökosysteme ausrotten und damit auch die materiellen Grundlagen zerstören, die für Organismen den Aufbau von ökologischen Nischen erst ermöglichen.

sener Hilfeleistung[55] seit Mitte der sechziger Jahre eine Vielzahl sozialpsychologischer Untersuchungen über die Frage durchgeführt, wovon Hilfsbereitschaft bzw. der Verzicht und die Verweigerung von Hilfe im Einzelfall abhängen. Eine andere Formulierung dieser Frage ist die nach den Bedingungen der Bereitschaft, *Verantwortung* zu übernehmen.

Die im Hinblick auf unsere Fragestellung interessanten Ergebnisse sind folgende: Erstens wurde festgestellt, dass die Bereitschaft zur Hilfeleistung beim Einzelnen von der Anzahl der anwesenden Personen abhängt und in Gruppen gehemmt wird. Hierfür wurde der Begriff „*Verantwortungsdiffusion*" oder „*Aufteilung der Verantwortung*" geprägt.[56] Dieses Phänomen wird damit erklärt, dass sich bei Anwesenheit mehrerer Zeugen, etwa bei einem Unfall, jeder Einzelne weniger verantwortlich für das Wohlergehen des Opfers fühlt und die Verantwortung somit untereinander aufgeteilt wird. Als weitere Faktoren, die in derartigen Situationen relevant sind, wurden u.a. „pluralistische Ignoranz", „soziale Erleichterung" und das Ausmaß der Gesamtbelastung, der ein potentieller Helfer ausgesetzt ist, angeführt. „Pluralistische Ignoranz" bedeutet, dass durch das Verhalten einer Person in einer Notsituation für andere Anwesende eine Situationsnorm vermittelt wird, so dass durch passives Verhalten der Eindruck entsteht, als sei ein Eingreifen nicht erforderlich. Mit „sozialer Erleichterung" ist gemeint, dass Handlungsweisen, die gut beherrscht werden, im Beisein von Beobachtern noch erfolgreicher durchgeführt werden. Das Umgekehrte gilt für nicht gut beherrschte Handlungsweisen, so dass sich daraus die geringe Hilfsbereitschaft in Notsituationen erklärt, in denen auch Dritte anwesend sind[57]. Häufig mag die Bereitschaft zur Hilfe vorliegen, aber das ‚Know-how' fehlt, wie sich vor allem bei Unfällen im Straßenverkehr zeigt, bei denen Erste Hilfe nicht geleistet wird. Auf der Grundlage der sozialpsychologischen Forschungsergebnisse zu den Bedingungen der Hilfsbereitschaft und Hilfeleistung lässt sich verdeutlichen, dass *prosoziales Verhalten* bzw. *Handeln* ein *hochkomplexes Phänomen* ist, das eine Reihe unterschiedlichster Kompetenzen *sachlicher* und *emotionaler* Art voraussetzt, sich an einer *Vielfalt von Normen* orientiert und *situationsspezifischen Bedingungen* unterworfen ist, so dass es mir angemessen erscheint, nur in einem weiten Sinn von einer genetischen Disposition zu altruistischem und verantwortungsvollem Verhalten auszugehen. Denn die meisten

---

55 Siehe hierzu Bibb Latané/John M. Darley, The Unresponsive Bystander: Why doesn't he help?, New York 1970.

56 Siehe hierzu Hans Werner Bierhoff/Leo Montada (Hrsg.), Altruismus. Bedingungen der Hilfsbereitschaft, Göttingen/Toronto/Zürich 1988; Hans Werner Bierhoff, Psychologie hilfreichen Verhaltens, Stuttgart/Berlin/Köln 1990; ders., Verantwortungsbereitschaft, Verantwortungsabwehr und Verantwortungszuschreibung. Sozialpsychologische Perspektiven, in: Kurt Bayertz (Hrsg.), Verantwortung. Prinzip oder Problem?, Darmstadt 1995, S. 217-240.

57 Siehe hierzu Hans-Dieter Schneider, Helfen als Problemlöseprozeß, in: Hans-Werner Bierhoff/Leo Montada (Hrsg.) 1988, wie Anm. 55, S. 16 und Werner Bierhoff (1990), wie Anm. 55, S. 23.

der *Komponenten* prosozialen Handelns, wie etwa das Verfügen über bestimmte kognitive Kompetenzen, die Fähigkeit der Wahrnehmung einer Notsituation, sachgerechter Einsatz von Wissen, das Vermögen der Empathie und andere emotionale Fähigkeiten finden sich auch in anderen Handlungszusammenhängen und sind für sich betrachtet nicht spezifisch für Altruismus. Daher mag zwar die *Fähigkeit* und die *Neigung* zu altruistischem Verhalten bzw. Handeln eine genetische Grundlage haben, nicht jedoch deren konkrete Realisation, die einer flexiblen Adjustierung an die vielfältigen Bedingungen bedarf, unter denen unser Handeln im Einzelfall stattfindet. So sieht die sozialpsychologische Altruismusforschung auf dem Gebiet der Aufklärung individueller Bedingungen der Hilfsbereitschaft auch noch einen großen Forschungsbedarf.

Die Frage, wie sich die Ergebnisse der sozialpsychologischen Altruismusforschung mit Überlegungen zum Natur- bzw. Umweltschutz verknüpfen lassen, steht im Mittelpunkt zahlreicher Untersuchungen der letzten Jahre. So wurde das von Shalom H. Schwartz[58] ursprünglich zum Verständnis des Altruismus entwickelte Norm-Aktions-Modell des Altruismus aufgegriffen, um es für den Kontext des Natur- bzw. Umweltschutzes fruchtbar zu machen, da es erlaube, *„environmentalism as a type of altruism"*[59] zu behandeln. Stern, Dietz und Kalof kommen in ihrer Untersuchung an 349 amerikanischen College-StudentInnen zu dem Ergebnis, dass natur- bzw. umweltfreundliches Handeln erfolgt, wenn verschiedene Werte als bedroht betrachtet werden, nämlich die Biosphäre und nichtmenschliche Lebewesen, andere Menschen einschließlich der zukünftigen Generationen und die eigene Person. Dementsprechend unterscheiden sie zwischen einer *biozentrischen*, einer *sozial-altruistischen* und einer *egoistischen Wertorientierung*. Ihr Resultat ist, dass alle drei Wertorientierungen für die Bereitschaft zu umweltschützendem Handeln relevant sind. Finanzielle Belastungen für den Umweltschutz (Steuern, erhöhte Benzinpreise) werden jedoch vorrangig zur Abwendung von Bedrohungen der eigenen Person, also aus egoistischen Gründen, in Kauf genommen, wobei allerdings geschlechtsspezifische Unterschiede herausgestellt wurden. Danach zeigen Frauen generell eine größere Bereitschaft zu umweltpolitischen Aktionen und zur Entrichtung von Umwelt- und Benzinsteuern.

Im Unterschied dazu kommt Elisabeth Kals in zwei von ihr in Deutschland durchgeführten Studien am Beispiel der Luftverschmutzung zu dem Ergebnis, dass *„Bereitschaften und Entscheidungen mit Konsequenzen für die globale Luftqualität vor allem moral- und verantwortungsmotiviert sind."* Eine selbstbezogene Motivbasis umweltbezogenen Handelns, wie *„Angst vor den Folgen der*

---

58 Shalom H. Schwartz, Normative Influences on Altruism, in: Leonard Berkowitz (Ed.), Experimental Psychology 10, New York/San Francisco/London 1977, S. 221-279.

59 Paul C. Stern/Thomas Dietz/Linda Kalof, Value Orientation, Gender, and Environmental Concern, in: Environment and Behavior 25/3, 1993, S. 322-338, hier S. 325 (Hervorhebung von E.E.); siehe auch Marcel Hunecke 2000, wie Anm. 10 und Andreas Homburg/Ellen Matthies 1998, wie Anm. 13, Kap. 5.

Umweltverschmutzung oder das *Erleben eigener Belastungen durch Luftver-schmutzung im eigenen Lebensraum*" erweisen sich hingegen weitaus weniger bedeutsam zur Erklärung der ökologisch relevanten Bereitschaften."[60]

Hinsichtlich der Erklärung umweltschützenden Verhaltens stellt die Autorin fest, dass bisher noch kein zusammenhängendes Wissensnetz vorliegt und dass es eigenständige umweltpsychologische Theorien bisher nur in Ansätzen gebe.[61] Auch Stern, Dietz und Kalof bezeichnen ihre Ergebnisse als vorläufig und melden weiteren Forschungsbedarf an. Sie schließen nicht aus, dass egoistische, sozialaltruistische und biozentrische Wertorientierungen Grade in einer Dimension moralischer Reichweite repräsentieren, wie es mit dem Modell der Verwandtenselektion nahegelegt wird.

6. Naturethik als Forschungs-, Ausbildungs- und Lebensprogramm

Abschließend sollen nun die wichtigsten Ergebnisse der Diskussion zusammengefasst und im Lichte unserer Ausgangsproblematik interpretiert werden sowie ein Ausblick auf weiteren Forschungs- und Handlungsbedarf gegeben werden.

Als Grundmerkmal der gegenwärtigen Problemsituation wurde von Vertretern verschiedener Disziplinen übereinstimmend herausgestellt, dass unser Handeln zunehmend Konsequenzen hat, die sich als *Fernwirkungen* unserem unmittelbaren Erfahrungshorizont entziehen. In der Soziologie spricht man von *Entkoppelungsphänomenen* (vgl. Abschnitt 1), in der Umweltpsychologie von der *„Zeitfalle"*[62] und anderen „Fallen". Damit ist nicht gemeint, dass unser *Wissen* über den Zusammenhang von Handlungen und langfristigen Handlungsfolgen mangelhaft ist und wir schlecht informiert sind. Doch erweisen sich „die Effekte von Umweltwissen...insgesamt betrachtet als enttäuschend gering, wobei die Wirkung auf die Umwelteinstellungen meistens noch größer ausfällt als auf das Umweltverhalten."[63] Das Wissen um die Zerstörung von Natur und Umwelt hat also eine Sensibilisierung auf der Bewusstseins- und der Einstellungsebene zur Folge, die jedoch nicht im selben Masse in die Tat umgesetzt wird, was darauf zurückzuführen sein mag, dass einerseits die Möglichkeit einer *direkten Erfahrung*, des *unmittelbaren Erlebens* der Auswirkungen unseres Handelns auf Menschen, Tiere und Pflanzen in der zeitlichen, räumlichen und sachlichen Dimension fehlt und uns andererseits die

---

60   Elisabeth Kals 1996, wie Anm. 13, S. 126.
61   Elisabeth Kals 1996, wie Anm. 13, S. 56.
62   Andreas M. Ernst, Psychologie des Umweltverhaltens, in: Spektrum der Wissenschaft April 1998, S. 70-75, hier S. 70 (Hervorhebung von E.E.).
63   Gerhard de Haan/Udo Kuckartz 1998, wie Anm. 11, S. 22.

„Kosten" für naturfreundliches Verhalten in vielen Bereichen als zu hoch erscheinen. Berücksichtigen wir zudem die Ergebnisse der Evolutionsforschung, wonach der Mensch auf Grund seiner Entstehungsbedingungen in seiner psychischen Struktur (Empathie usw.) und in seinem Sozialverhalten auf den Nahbereich eingestellt ist, so wird diese Situation erklärbar, unser Verhalten damit aber noch nicht ethisch vertretbar. Aus all diesen Einzelergebnissen lassen sich jedoch Anhaltspunkte für einen möglichen Ausweg aus der Krise gewinnen.

Es ist zu erwarten, dass eine Sensibilisierung für die Natur, die nicht allein auf der Einstellungsebene verbleibt und sich in bloßen Lippenbekenntnissen äußert, sondern in konkrete Verantwortungsübernahme durch naturfreundliches Handeln mündet, die Möglichkeit unmittelbaren Naturerlebens voraussetzt. Diese Thematik, welche eine Schnittstelle von Pädagogik und Psychologie bildet, wird gegenwärtig vor allem in der pädagogischen Literatur intensiv als das *environmental sensitivity*-Konzept diskutiert. Dieses Konzept bezeichnet eine *einfühlende Perspektive* („*empathetic perspective*") gegenüber der Umwelt, „die insbesondere durch vielfältige, lang andauernde Erfahrungen im naturnahen Freiland hervorgerufen wird".[64] Eine ganze Reihe *naturpädagogischer Ansätze* haben neben der Bewusstseinsbildung somit auch die Vermittlung positiver Erfahrungen mit der Natur zum Ziel. Dabei gehen sie von der Annahme aus, dass der Naturerfahrung eine zentrale Bedeutung für die Motivierung zu natur- und umweltfreundlichem Handeln zukommt. „Ungeachtet der Heterogenität der zugrunde liegenden theoretischen Modellvorstellungen wird recht einheitlich die These vertreten, daß Naturerleben bzw. emotionale Verbundenheit mit der Natur für die Ausbildung eines Bewußtseins über die Gefahren der Naturzerstörung sowie entsprechender Verzichts- und Handlungsbereitschaften zum Schutz der Natur förderlich ist...'"[65] Zu dieser „Erlebnispädagogik" gehören konsequenterweise auch Projekte, die es ermöglichen sollen, die Natur an außerschulischen Lernorten sinnlich zu erfahren. Auf diesem Gebiet besteht jedoch noch großer Forschungsbedarf, weil trotz einzelner Befunde eine systematische Untersuchung des Zusammenhangs von Naturerleben und naturfreundlichem Handeln noch aussteht. In ihrer eigenen empirischen Studie an Erwachsenen kommen Kals, Schumacher und Montada zu dem Ergebnis, dass „Entscheidungen zum Schutz bzw. zu Lasten der Natur nicht nur verantwortungsbezogen motiviert" sind, sondern „auch auf direkte Erfahrungen mit der Natur, Interesse an der Natur und ganz besonders auf emotionale Bindungen an die Natur" zurückgehen. „Dabei sind die naturbezogenen Erfahrungen und Bindungen auch geeignet, Verantwortungszuschreibungen für den Schutz der Natur sowie wahrgenommene Rechte auf ihre Nutzung als Vermittlungsvariablen vorherzusa-

---

64 Susanne Bögeholz 1999, wie Anm. 13, S. 19.
65 Elisabeth Kals/Daniel Schumacher & Leo Montada 1998, wie Anm. 13, S. 6.

gen."[66] Auch Susanne Bögeholz setzt sich mit ihrer Studie an Kindern und Jugendlichen das Ziel, empirische Erkenntnisse über die Bedeutung von Naturerfahrung für Umweltwissen und Umwelthandeln zu ermitteln, „um die Grundlagen für Empfehlungen für den Biologieunterricht und die Umwelterziehung abzusichern" und „den Boden für vertiefte anwendungsorientierte Forschung" zu bereiten[67]. Bögeholz untersucht fünf Dimensionen der Naturerfahrung (ästhetisch, erkundend, instrumentell, ökologisch, sozial[68]) in ihrer Relevanz für konkretes Umwelthandeln und kommt zu dem Ergebnis, dass die erkundende, ästhetische und ökologische Dimension einen besonderen Einfluss haben. Ein wichtiges Ergebnis der Studie ist die Beobachtung, dass *Naturerfahrungsdimensionen „einen etwa doppelt so starken Einfluß auf Umwelthandeln wie die (wahrgenommene) Bedrohung"* haben[69]. Dies könnte ein Indiz dafür sein, dass natur- und umweltfreundliches Handeln auch unabhängig von der Wahrnehmung der Bedrohung durch Umweltschädigungen motiviert ist und seine Entstehung nicht auf eine spezifische Krisensituation zurückzuführen ist, sondern in der Liebe zur Natur begründet liegt, welche durch das Erleben der Natur geweckt werden kann. Daher wage ich die Hypothese, dass diejenigen, welche in ihren theoretischen Überzeugungen und moralischen Intuitionen auch das Wohl der nichtmenschlichen Natur um dieser selbst willen im Auge haben, statt Natur- und Umweltschutz nur um des menschlichen Wohls und des Wohls zukünftiger Generationen willen zu fordern, größere Anstrengungen unternehmen werden, ihre ethische Einsicht in moralische Praxis umzusetzen als die anderen. Denn das langfristige Wohl zukünftiger, unbekannter Generationen von Menschen ist ein recht abstrakter Gesichtspunkt im Vergleich zu den im Hier und Jetzt lebenden Tieren und Pflanzen, deren Lebensraum wir zerstören.

Diese Ansätze zeigen die besondere Bedeutung, welche einer systematischen Natur- und Umwelterziehung zukommt. Sie sollte daher fester Bestandteil des gesamten Erziehungs- und Ausbildungssystems sein, sich in ihren Inhalten und Formen an der jeweiligen Entwicklungsstufe des Kindes und Jugendlichen orientieren und sie vom Kindergarten bis zum Abitur begleiten. Diese im Nahbereich entwickelte, einfühlende Perspektive, die ein empathisches Verständnis von den Wirkungen des eigenen Handelns auf die Natur entstehen lässt, kann auch zur Grundlage für ein Bewusstsein der eigenen Verantwortung für die Fernwirkungen unseres Handeln werden. Dazu muss die Natur als Gegenstand möglicher Erfahrung jedoch überhaupt erst einmal ins Blickfeld rücken können. Die Sorge um Wohl und Wehe anderer Lebewesen und das Bedenken der entferntesten Wirkungen unseres Handelns müssen

---

66 Elisabeth Kals/Daniel Schumacher & Leo Montada 1998, wie Anm. 13, S. 17.
67 Susanne Bögeholz 1999, wie Anm. 13, S. 49.
68 Mit der sozialen Dimension ist hier das Pflegen einer besonderen Beziehung zu einem Tier gemeint.
69 Susanne Bögeholz 1999, wie Anm. 13, S. 186.

uns in Fleisch und Blut übergehen, so dass jeder einzelne die Übernahme von Verantwortung lernt.

Da die Bereitschaft zu natur- und umweltfreundlichem Handeln jedoch auch entscheidend von den damit verbundenen Kosten[70] abhängt, ist davon auszugehen, dass der Bereitschaft zu natur- und umweltfreundlichem Handeln in manchen Bereichen ‚nachgeholfen‘ werden muss. Es müssten ökonomische Anreize, Sanktionen und rechtliche wie institutionelle Regelungen eingeführt werden, die natur- und umweltfreundliches Verhalten erleichtern oder gar motivieren und sein Gegenteil sanktionieren. Denn globale ökologische Problem- bzw. Krisensituationen gehen über die Verantwortung des Einzelnen und die Möglichkeit *individueller* Verantwortungsübernahme weit hinaus, da es zahllose unterschiedliche Individuen und Institutionen gibt, die an der Herbeiführung dieser Krisensituationen beteiligt sind[71]. Es müssen daher Bedingungen auf Dauer gestellt werden, die dem Einzelnen auch die Möglichkeit zu verantwortungsvollem Handeln erleichtern. Dies bedeutet aber nicht, dass sich Individuen ihrer Verantwortung unter Berufung auf die allzu große Komplexität der Systeme, in denen sie leben, entledigen können und sie damit in eine ferne Zukunft hinausschieben können, wenn Gesellschaft und Ökonomie erst einmal so strukturiert sind, dass der Einzelne auch tatsächlich verantwortungsvoll handeln kann. Zur Vermeidung von *Verantwortungsdiffusion* müsste sich das Verhältnis von Verhaltensänderungen beim Einzelnen und der Institutionalisierung sozialer und politischer Systeme, die verantwortungsvolles Handeln erleichtern, als eine „bootstrapping"-Spirale gestalten, bei der sich individuelles Handeln und die Entstehung von Systemen, die verantwortungsvolles Handeln erleichtern, wechselseitig bedingen.

Natur- und umweltfreundliches Handeln mit Fernperspektive und Aussicht auf Nachhaltigkeit – dies ist das vorläufige Ergebnis der interdisziplinären Diskussion –, ist kein unmittelbares, „natürliches" Bedürfnis des Menschen, sondern muss seiner Neigungsstruktur *abgetrotzt* werden, indem Bedingungen hergestellt werden, die ein derartiges Handeln erleichtern oder gar ermöglichen. Dabei können wir nicht davon ausgehen, dass ein einziges Modell zur Erfassung aller Handlungssituationen angemessen ist. Dies gilt auch für die Lösung von Umweltproblemen, bei der eine Vielfalt beeinflussbarer Faktoren vorauszusetzen ist. Das Gefangenendilemma, insbesondere in seiner einfachsten Variante, wird der Komplexität dieser Situation nicht gerecht und eignet sich daher nicht zum Verständnis der vielfältigen Faktoren, die handlungsrelevant sind. Damit bestreite ich, dass der Mensch in einer ‚Mesokosmosfalle‘ oder einem ‚Mesokosmosdilemma‘ gefangen ist. Wie er durch seine Fähigkeit zur Theoriebildung

---

70 Mit Kosten ist hier nicht nur der finanzielle Aufwand gemeint, sondern jede Art von Aufwand, die natur- und umweltfreundliches Handeln erfordert.

71 Hans Lenk/Matthias Maring, Wer soll Verantwortung tragen? Probleme der Verantwortungsverteilung in komplexen (soziotechnischen-sozioökonomischen) Systemen, in: Kurt Bayertz (Hrsg.) 1995, wie Anm. 55, S. 241-286.

und zu wissenschaftlicher Erkenntnis den Nahbereich der auf Sinneswahrnehmung basierenden Alltagserkenntnis – seinen kognitiven Mesokosmos – transzendieren konnte, so besteht für ihn im Prinzip auch die Möglichkeit, durch Schaffung geeigneter Handlungsbedingungen aus der globalen Krise von Natur- und Umweltzerstörung einen Ausweg zu finden. Sollen setzt Können voraus, wie ein alter Grundsatz der Ethik lautet, aber umgekehrt muss sich das Können auch nach dem Sollen strecken. Hierzu bedarf es der Förderung einer *Naturethik* als *Forschungs- Ausbildungs-* und *Lebensprogramm*.

Eine *interdisziplinäre Naturethik* hat (mindestens) fünf Fragestellungen zu behandeln, die ich in meinem Beitrag zum Teil nur kurz anschneiden konnte und abschließend im Überblick zusammenfassen werde:

1. Wie lassen sich naturethische Positionen *begründen*, d.h. welches sind die jeweiligen metaethischen, philosophischen und theoretischen Voraussetzungen für die Begründung bestimmter normativer Postulate? Hier muss eine kritische Auseinandersetzung mit naturethischen Grundpositionen (Anthropozentrismus, Pathozentrismus, Biozentrismus, Holismus oder Anthropozentrismus versus Physiozentrismus sowie inklusiver Naturethiken) erfolgen. In diese haben auch naturphilosophische und anthropologische Überlegungen mit einzugehen, denn die Besonderheit der bioethischen Problemstellungen, zu denen auch die Naturethik gehört, besteht darin, dass wir nicht einfach Prinzipien und Normen auf individuelle Fälle anwenden und damit zu moralischen Entscheidungen kommen können, sondern zunächst einmal auf der Sachebene Klärungsbedarf besteht. Zur Naturethik gehört daher auch die Bestimmung des Verhältnisses von Mensch und Natur.

2. Wirken sich unterschiedliche *naturethische Positionen* auf die *theoretische Begründbarkeit* bestimmter Ziele und Maßnahmen des Naturschutzes aus? D.h., lassen sich einzelne *Maßnahmen* und *Ziele* im Ausgang von bestimmten Positionen besser begründen als andere, oder können wir von einer Konvergenz im Sinne Nortons ausgehen? Zur Beantwortung dieser Frage besteht noch ein erheblicher Forschungsbedarf auf naturethischem Gebiet im engeren, theoretischen Sinne als auch im Bereich empirischer Untersuchungen.

3. Wirkt sich die jeweilige *naturethische Begründungsweise* auf die *Bereitschaft* und *Motivation* naturschützenden Handelns und Verhaltens aus? Das heißt, werden Anthropozentriker stärker oder schwächer zum Naturschutz motiviert sein als Pathozentriker, Biozentriker oder Holisten? Von welchen Faktoren hängt die Motivation ab, welche Rolle spielen die Kosten des umweltfreundlichen bzw. –feindlichen Verhaltens usw.? Empirische Untersuchungen sind bisher zu keinen eindeutigen Ergebnissen gekommen, so dass auch hier ein Forschungsdesiderat vorliegt.

4. Welche internen und externen Bedingungen sind für die *konkrete Umsetzung* naturethischer Einsichten in Naturschutzpraxis relevant? Was muss

im Rahmen des Erziehungssystem verändert werden; welche ökonomischen, politischen und sonstigen Voraussetzungen müssen für diese Umsetzbarkeit erfüllt sein?

5. Wie kann auf diese Bedingungen Einfluss genommen werden? Welche Möglichkeiten der Einflussnahme bestehen für den Einzelnen sowie für Interessengruppen und soziale Kollektive?

Von der angemessenen Beantwortung dieser Fragen könnte das Überleben unseres Ökosystems abhängen. Allerdings sollten konkrete Umweltschutzmaßnahmen jedoch nicht erst dann beginnen, wenn diese Fragen beantwortet sind. Vielmehr müssen Theorie und Praxis Hand in Hand arbeiten. Sonst könnte es am Ende zu spät sein.

Gerd Michelsen

Bildung und Kommunikation für eine Nachhaltige Entwicklung: Sozialwissenschaftliche Perspektiven

Vorbemerkungen

Spätestens seit der Veröffentlichung des Brundtland-Berichts im Jahr 1987 (WCED 1987; Hauff 1987) findet eine breite Diskussion in sehr verschiedenen Facetten und mit unterschiedlichen Zielrichtungen zur Nachhaltigkeit statt. Diese Debatten sind in mittlerweile unzähligen Veröffentlichungen dokumentiert, wobei festzustellen ist, dass die Akzentsetzungen in den verschiedenen Publikationen je nach wissenschaftlicher Ausgangsdisziplin sehr unterschiedlich sind. Eine genauere Analyse der verschiedenen Diskussionsebenen wäre höchst spannend und würde die unterschiedlichen Interessenlagen in diesen Diskursen verdeutlichen können.

Einer dieser Diskussionsstränge bezieht sich auf Bildungs- und Kommunikationsaspekte, der vor allem durch das seit 1999 stattfindende Förderprogramm „Bildung für eine nachhaltige Entwicklung" der Bund-Länder Kommission für Bildungsplanung und Forschungsförderung (BLK), für die schulische Bildung, bestimmt wird. Auch zu diesem Diskursfeld sind zahlreiche Veröffentlichungen erschienen, die in ihrer Vollständigkeit gar nicht erwähnt werden können (u.a. Herz/Seybold/Strobl 2001; Beyer 1998; Fischer 1998; Bolscho/Michelsen 1997). Zu nennen ist in diesem Zusammenhang allerdings der Bericht des Club of Rome (Peccei 1979), der lange vor dem aktuellen Diskurs die Aspekte von Antizipation und Partizipation in die Bildungsdebatte eingebracht hat.

Die folgenden Ausführungen greifen einige sozialwissenschaftliche Gesichtspunkte der Diskussion um Bildung und Kommunikation auf, die im Nachhaltigkeitsdiskurs eine Rolle spielen.

Nachhaltigkeitsverständnis

Nach dem Verständnis der Enquete – Kommission des Deutschen Bundestages „Schutz des Menschen und der Umwelt" wird mit dem Leitbild einer

nachhaltigen Entwicklung oder Sustainable Development ein Entwicklungskonzept beschrieben, das den durch die bisherige Wirtschafts- und Lebensweise in den Industrieländern verursachten ökologischen Problemen und den
Bedürfnissen in den Ländern des Südens unter Berücksichtigung der Interessen künftiger Generationen gleichermaßen Rechnung trägt (Enquete-Kom-
mission 1994). Die Folgen nicht-nachhaltiger Wirtschafts- und Lebensweisen
lassen sich aufgrund empirischer Erkenntnisse sowie natur- und sozialwissenschaftlicher Analysen belegen, wie sie in zahlreichen Weltmodellen, internationalen und nationalen Studien oder auch regionalen Untersuchungen zusammengetragen wurden. Hieraus lassen sich Verknüpfungen von ökologischen, ökonomischen und sozialen Entwicklungen und Fragestellungen unter
besonderer Berücksichtigung der Nord-Süd-Perspektive ableiten (WBGU
1996).

Wir können zwischen schwacher und starker Nachhaltigkeit unterscheiden (Blank 2001; Altner/Michelsen 2001). Schwache Nachhaltigkeit als normatives Konzept impliziert eine anthropozentrische Position, wobei davon
ausgegangen wird, dass für fast alle Funktionen des sogenannten natürlichen
Kapitals ein Ersatz durch andere Kapitalarten möglich ist. Starke Nachhaltigkeit dagegen ist hinsichtlich der Substituierbarkeit von natürlichem Kapital
wesentlich pessimistischer. Hier wird von der These ausgegangen, dass intergenerationelle Gerechtigkeit den Erhalt der Bestände verschiedener Kapitalarten erforderlich macht. In dieser ökozentrischen Sichtweise stellt die
Weiterexistenz der Menschheit und das gute Leben der Menschen einen Wert
dar, der nicht weiter hinterfragt wird. Eine gesellschaftliche Entwicklung ist
dann nachhaltig, wenn sie dem Anspruch der inter- wie auch der intragenera-
tionellen Gerechtigkeit entspricht. Dazu gehören die Befriedigung der Grund-
bedürfnisse der Menschen heute und in Zukunft, der Erhalt der natürlichen
Lebensgrundlagen und die gerechte Verteilung des Zugangs zu Ressourcen
unter den Menschen. Nachhaltigkeit ist ein normatives Konzept, das aus unterschiedlichen ethischen Perspektiven auszulegen ist (hierzu u.a. Altner
2001; Bartmann 2001; Meyer-Abich 2001; Ott 2001; Renn 2001a; Scherhorn
2001).

Oft wird Nachhaltigkeit deshalb als drei- bzw. vierdimensionales Werte-
system dargestellt: Wirtschaftliche, ökologische, soziale und kulturelle Ziele
sollen gleichermaßen und im Rahmen einer integrierten Gesamtschau angestrebt werden (Stoltenberg/Michelsen 1999).

Eine auf Nachhaltigkeit angelegte *ökonomische* Entwicklung, die Arbeit
gerecht verteilt und die Grundversorgung sowie die Lebensqualität der Menschen gewährleistet, erfordert die Verringerung der derzeit immer stärker
wachsenden Stoff- und Energieströme und eine Effizienzsteigerung im Ener-
gie- und Materialeinsatz im Sinne einer ökologisch orientierten Produktion.
Diese Ziele sind ohne technologische Innovationen im Rahmen von Effizi-
enzsteigerungen nicht zu erreichen, sie erfordern aber auch eine Veränderung
ökonomischer Rahmenbedingungen. Dazu gehört insbesondere, dass die er-

neuerbaren Ressourcen und Energieträger im Umfang ihrer Regeneration genutzt und Emissionen so gering wie möglich gehalten werden sowie der Einsatz von Risikotechnologien auf ein Minimum begrenzt wird.

Abb. 1: Dimensionen von Nachhaltigkeit/Sustainable Development (nach Jüdes 1996)

Ökonomische Dimension:

Oköl. Produktion und Güter/ Dienstleistungen; Minimierung des Energieeinsatzes, Internalisierung externer Kosten; Kreislaufwirtschaft; Stoffstrom-Management u.a.

Ökologische Dimension:

Komplexität; Vernetzung; Biodiversität; Belastungsgrenzen; Regenerationsfähigkeit; Stabilität von Systemen u.a.

Leitbild „sustainable development" oder Nachhaltigkeit

Entwicklungs-/Soziale Dimension:

individuale, kollektive und globale Verantwortung; neue Produktions- und Konsumformen; eigenverantwortlichkeit; umweltgerechte Lebensstile u.a.

Kulturelle Dimension:

Weltbild; ganzheitliche Naturwahrnehmung; Rationalität; religion/Mythos; Zeitrhythmus; Identität; kulturelle Diversität u.a.

Große Bedeutung bekommen in diesem Zusammenhang der Aufbau und die Stärkung lokaler und regionaler Produktions- und Vermarktungsnetzwerke. Das heißt, es geht dabei u.a. um neue Formen der Kooperation zwischen Stadt und Land. Eine nachhaltige Entwicklung wird neue Formen der marktwirtschaftlichen und ordnungspolitischen Steuerung, insbesondere auch unter dem Aspekt der Globalisierung unserer Wirtschaft, etablieren müssen. Dazu gehört die Berücksichtigung der externen Kosten, die stringente Anwendung des Verursacherprinzips, eine Versicherungspflicht für Risikotechnologien wie auch eine ökologisch orientierte Reform des Steuersystems.

Eine nachhaltige Entwicklung orientiert sich in ihrer *ökologischen* Dimension ganz wesentlich am Ziel der Natur- und Umweltverträglichkeit. Dabei werden die Erhaltung der Artenvielfalt (Biodiversität) und die Sicherung der Regenerationsfähigkeit der natürlichen Lebensgrundlagen wie Boden, Wasser, Luft, Flora und Fauna zu zentralen Kriterien bzw. Indikatoren. Von zunehmender Bedeutung wird es darüber hinaus sein, Entwicklungsprinzipien natürlicher Systeme wie Selbstorganisation, Vielfalt oder Vernetzung sowie Problemlösungsstrategien der Natur (wie Solarenergienutzung, effizienter

Materialeinsatz) auf ihre Übertragbarkeit und Nutzung für die Lösung technisch-ökonomischer wie auch sozialer Probleme zu überprüfen. Das setzt ein besseres Verständnis der Entwicklungsverläufe und Funktionswesen natürlicher Systeme voraus. Es geht also nicht nur um den Schutz und die Pflege von Natur bzw. Naturressourcen, wenngleich dieses Ziel wesentlich bleibt. Die konsequente Einbindung wirtschaftlicher Prozesse in natürliche Kreisläufe und Systeme ist ein hervorgehobenes Ziel nachhaltiger Entwicklung.

Zentraler Gedanke der *sozialen* Dimension von Nachhaltigkeit ist Gerechtigkeit. Die Menschen und Völker haben demnach prinzipiell gleiche Ansprüche auf die Nutzung natürlicher Ressourcen und gleiche Rechte auf Entwicklung. Dabei wird es nicht nur um die gerechtere Form des Welthandels gehen und um Ausgleichmaßnahmen für bisher benachteiligte Regionen. Es stellt sich auch die politisch brisante Frage nach der innergesellschaftlichen Gerechtigkeit im Hinblick auf persönliche Lebens- und Entwicklungschancen: Armut auch in den Metropolen und die Ausbreitung von ausbeuterischer Kinder- und Frauenarbeit in vielen Regionen der Erde seien hier beispielhaft genannt. Die ethische Argumentation lässt sich pragmatisch fortführen: Eine gesellschaftliche Entwicklung, die nicht zu mehr Gerechtigkeit führt, birgt enorme Krisen- und Gewaltpotentiale, die auch jede Nachhaltigkeitsbemühung auch im ökologisch-ökonomischen Bereich gefährden.

Bei dem Leitgedanken Gerechtigkeit geht es um zwei Aspekte: zum einen um die Lebenschancen und -qualitäten aller derzeit auf der Erde lebenden Menschen (globale gegenwärtige Dimensionen, intragenerationelle Gerechtigkeit), zum anderen um die Lebenschancen und -qualitäten künftiger Generationen (Zukunftsdimension, intergenerationelle Gerechtigkeit). Dieser Leitgedanke lässt sich weiterhin differenzieren als Orientierung am Prinzip der Rechtsstaatlichkeit, Menschenwürde und Recht auf freie Entfaltung der Persönlichkeit in einem Gemeinwesen, des sozialen Friedens sowie am Prinzip einer solidarischen Gemeinschaft. Die Erfüllbarkeit der Prinzipien ist in den Industrienationen wie in den Ländern des Südens entscheidend abhängig von verfügbaren natürlichen Ressourcen und der Qualität Umwelt, aber auch davon, was jeweils konkret unter „gerecht" oder „Gerechtigkeit" verstanden wird.

In diesem Zusammenhang geraten die vorherrschenden Konsumgewohnheiten und Lebensstile in den Blick. Es steht die Entwicklung selbstgenügsamer Formen von Lebensqualität und Selbstentfaltung – was heute mit dem Begriff von „Suffizienz" verbunden wird – zur Diskussion, die nicht einseitig auf Kosten der Natur oder anderer Menschen gehen. Wortreiche Verzichts- und Selbstbescheidungsbekundungen werden hierbei wenig Erfolg haben. Neue Lebensweisen müssen zugleich attraktiv sein wie auch Akzeptanz finden. Sie sollten auf die Erfahrung vermehrter Lebensfreude durch sinnvolle Arbeit, intensive Begegnungen und Kommunikation, durch Bildung und Kultur, zielen. Daneben bleibt die Frage, ob und wieweit die Idee „Gerechtigkeit" auch ein Recht auf „nachholende Entwicklung" der bisher benachteiligten Regionen und sozialen Gruppen einschließt.

Wie Nachhaltigkeit inhaltlich gefüllt wird, lässt sich nicht allein aus der Natur ableiten – Nutzungsansprüche, Werthaltungen, ästhetische Prinzipien gegenüber der Natur sind kulturell entwickelt. Die Veränderungen auf dem Weg zur Nachhaltigkeit beinhalten somit auch ein *kulturelle* Dimension. Deshalb können und sollen kulturelle und lokale Besonderheiten zum Zuge kommen. Die Entwicklung muss zugleich die Vergewisserung und Förderung einer je eigenen kulturellen Identität ermöglichen, wenn sie von den Menschen mitgetragen werden soll. Nachhaltige Entwicklung gibt damit einen globalen Rahmen für facettenreiche lokale und regionale Wege ab, die den Menschen zugleich ein Gefühl von Besonderheit wie auch Zugehörigkeit vermitteln. Die lokale und kulturelle Vielfalt der Umsetzungswege beinhaltet zugleich die Chance für einen wechselseitigen Lernprozess.

Im Hinblick auf die vorgenannten Leitziele rücken jene Aspekte der kulturellen Tradition und Innovation besonders in den Vordergrund, die auf Naturverträglichkeit, ökonomische Dauerhaftigkeit, soziale Gerechtigkeit, individuelle Selbstbescheidung und Partizipation zielen, die zudem in Abgrenzung von einer einseitigen zweckrational-utilitarischen Haltung eine stärkere Integration von Rationalität und Emotionalität, Wertorientierung und ästhetischer Gestaltung sowie einen qualitativ veränderten Umgang mit Zeit anstreben. Entsprechend geförderte kulturelle Traditionen und Entwicklungen können zu einer Neuorientierung menschlicher Bedürfnisse und Lebensformen und zu einer veränderten, stärker von Empathie geprägten Mensch-Umwelt-Beziehung beitragen. Ein weiterer Aspekt spielt in diesem Zusammenhang eine Rolle: das solidarische Zusammenleben (De Haan/Harenberg 1999). Es umfasst die Bereitschaft und Fähigkeit zur Hilfe und Unterstützung auf der Ebene der kleinen Gemeinschaften wie Nachbarschaft, Schule, Arbeitsplatz u.a. sowie das Engagement in sozialen Diensten, im Bereich kollektiver und anonymer Solidarität. Hier geht es um die Absetzung oder Schaffung humaner, durch Wohlbefinden zu kennzeichnende Lebenssituationen.

Es wird aus verschiedenen Perspektiven auch Kritik an der Diskussion um das Leitbild der Nachhaltigkeit geäußert (Huber 2001; Stoltenberg/Michelsen 1999; Eblinghaus/Stickler 1996), wobei in jüngerer Zeit vor allem der Gerechtigkeitsaspekt in den Mittelpunkt gerückt ist (u.a. De Haan 2001). Auf die einzelnen Kritikpunkte soll in diesem Zusammenhang nicht näher eingegangen werden.

2.   Risiken und Gefahren

Wenn wir uns mit Umweltthemen und Nachhaltigkeit beschäftigen, dann setzen wir uns direkt oder indirekt auch mit Risiken auseinander wie z.B. mit Risiken der Klimaveränderung, der Atomenergienutzung, des Artensterbens, des Ressourcenverbrauchs, des Flächenverbrauchs, der Lärmbelastung. Wer eine Botschaft oder Informationen vermitteln will, ist zunächst einmal gut beraten, sich ein Bild von den Wahrnehmungsweisen seiner Kommunikationspartner zu machen. Die Vorstellung, Informationen würden sich mehr oder weniger automatisch in Wissen, Einstellungen und Verhalten umsetzen, ist durch verschiedene Untersuchungen widerlegt (hierzu u.a. Matthies/Homburg 2001; Huber 2001; De Haan/Kuckartz 1996).

Die Risikoforschung zeigt, dass der Umgang mit Risiken und die Einschätzung von Risiken nicht unbedingt ein Feld ist, in dem Rationalität eine zentrale Rolle spielt (WBGU 1998; Bayeirische Rück 1993). So ist eine Möglichkeit, sich mit Risiken aus Sicht der Natur- und Ingenieurwissenschaften auseinander zu setzen und Indikatoren oder Grenzwerte zu definieren, aber etwas ganz anderes ist es, diese Erkenntnisse und Grenzwerte zu kommunizieren. Risikokommunikation bewegt sich vor allem im Bereich zwischen naturwissenschaftlichem Risikoverständnis und subjektiver Risikowahrnehmung. Die Risikoeinschätzungen von Experten und Bevölkerung bzw. Laien differieren erheblich. So gilt für die mit Risikostatistiken vertrauten Experten als gesichert, dass heute die Gesundheit der meisten Menschen durch die Gefährdungen am stärksten beeinträchtigt wird, die sie selbst verursacht haben (z.B. Rauchen, Alkohol, Bewegungsmangel oder falsche Ernährung). Für die Bevölkerung dagegen gilt, dass sie viel mehr das Nicht-Kontrollierbare am stärksten fürchtet. Generell besteht eine Tendenz, die Wahrscheinlichkeit von relativ seltenen Ereignisse, die kurzfristig als Katastrophe von den Medien aufgegriffen werden (z.B. Flugzeugabsturz) zu hoch einzuschätzen, während tägliche Gefahren dagegen eher unterschätzt werden (z.B. Autofahren). In die Bewertung von Risiken gehen bei Laien eine Reihe qualitativer Kriterien mit ein wie Ausmaß der Folgen, persönliche Betroffenheit, Vertrautheit mit der Risikoquelle oder Ergebnisse der wissenschaftlichen Forschung über die Gefährdung.

Es liegt nahe, die Medien und deren Auswahlkriterien als Verursacher von Umweltängsten und Unsicherheiten zu sehen. Über sie werden die Risiken kommuniziert, die mit der Ozonbelastung, der Klimaveränderung oder der Nutzung der Atomkraft verbunden sind. Manche Kommunikationswissenschaftler haben vor dem Hintergrund der durch die Medien vermittelten Katastrophenerfahrungen die These formuliert, dass Umweltängste der Bevölkerung als direkte Folge der Medienberichterstattung zu begreifen sind (De Haan 1996). Ein Appell an die Verantwortung der Journalisten macht allerdings keinen Sinn, weil die Risikowahrnehmung von Journalisten, wie aus Untersuchungen bekannt ist, eher derjenigen der Bevölkerung gleicht und nicht derjenigen der Experten.

Die international vergleichende Risikoforschung stellt starke Differenzen in der Risikowahrnehmung fest. Es ist offenbar die Gesellschaft, in der man lebt, die festlegt, welche Risiken man wahrnimmt und fürchtet. Man spricht auch von der Kulturrelativität von Risiken, wobei diese Kulturrelativität sich auch auf unterschiedliche Lebensstilgruppen und Milieus innerhalb einer Gesellschaft bezieht, da unterschiedliche soziale Organisationsformen und Lebensweisen u.a. mit unterschiedlichen Deutungen, Naturbildern, Gefahrenwahrnehmungen verbunden sind. Vergleichende Untersuchungen zur Risikowahrnehmung haben hierzu eine Fülle von Belegen zusammengetragen (Wildavsky 1993). Wenn also die Rede davon ist, dass die Risikowahrnehmung kulturell geprägt ist, so ist damit nicht nur gemeint, dass diese in unterschiedlichen Nationen und Kulturkreisen verschieden ist, sondern dass auch in jedem Land das soziale Milieu, in dem man sich bewegt, die Wahrnehmung prägt. Damit hängt zugleich die Bedeutung zusammen, die einem Risiko beigemessen wird.

Für die Wahrnehmung von Risiken spielt auch das Vertrauen eine Rolle. Danach ist weniger entscheidend, welche Aussagen über Umweltrisiken getroffen werden, als vielmehr das Vertrauen, das man der Person oder Institution zu schenken bereit ist, die diese Aussagen macht. Auch dazu gibt es Untersuchungen: mehr als zwei Drittel der deutschen Bevölkerung vertrauen Umweltverbänden oder setzen auf Verbraucherorganisationen. Die Wirtschaft ist dagegen weniger glaubwürdig und die Politiker schneiden mit ihrer Glaubwürdigkeit noch schlechter ab. Aber auch dieses Vertrauen in die Glaubwürdigkeit der Informationsquellen ist nicht für alle Personen gleich. Das Vertrauen hängt wiederum davon ab, wie man sich selbst politisch zuordnet. So fürchten sich Personen, die politisch eher konservativ sind und hierarchisch denken, weniger vor denkbaren gesundheits- und umweltschädigenden Folgen innovativer Techniken. Sie glauben den Experten und Fachwissenschaftlern aus den Großtechnologien. Ganz anders hingegen sind gemeinwohlorientierte Menschen eingestellt. Sie sehen in jeder innovativen Technik tendenziell einen weiteren Baustein, der soziale Ungleichheit erzeugen wird und der Umwelt schadet.

Der Wissenschaftliche Beirat Globale Umweltveränderungen (WBGU) hat sich in seinem Gutachten von 1998 „Strategien zur Bewältigung globaler Umweltrisiken" mit verschiedenen Aspekten der Risikokommunikation befasst. In ihm werden die bereits erwähnten Aspekte bestätigt, wobei er insbesondere die notwendige Berücksichtigung von Werten und Normen im jeweiligen gesellschaftlichen Kontext sowie die Glaubwürdigkeit der Informationen über Risiken unterstreicht. Hinsichtlich der Darstellung von Risiken spielen Informations- und Glaubwürdigkeitsstrategien eine Rolle, die von den unterschiedlichen Akteuren der Risikokommunikation (Verursacher, Betroffene, NRO, Regulative Instanzen, Wissenschaft und Medien) verfolgt werden. Daneben sind Kriterien wie Relevanz und Klarheit in der Kommunikation von Bedeutung, d.h. sie muss klar und verständlich sein und sollte keine Doppeldeutigkeiten oder Ambiguitäten hervorrufen. Der WBGU setzt in der Risikokommunikation auf diskursive Verfahren überall dort, „wo eine direkte Schädigung oder Gefährdung von Gesundheit und Umwelt nicht zu befürchten und keine Eile geboten ist, Eingriffe hingegen mit z.T. kontroversen Wertschätzungen verbunden sind" (WBGU 1998, S. 281)

3. Bildung und Kommunikation

In Kapitel 36 der Agenda 21 wird auf die Rolle von Bildung eingegangen: „Bildung ist eine unerlässliche Voraussetzung für die Förderung einer nachhaltigen Entwicklung und die Verbesserung der Fähigkeit des Menschen, sich mit Umwelt- und Entwicklungsfragen auseinander zu setzen. Während die Grunderziehung den Unterbau für eine umwelt- und entwicklungsorientierte Bildung liefert, muss letzteres als wesentlicher Bestandteil des Lernens fest mit einbezogen werden. Sowohl die formale als auch die nichtformale Bildung sind unabdingbare Voraussetzungen für die Herbeiführung eines Bewusstseinswandels bei den Menschen, damit sie in der Lage sind, ihre Anliegen in bezug auf eine nachhaltige Entwicklung abzuschätzen und anzugehen. Sie sind auch von entscheidender Bedeutung für die Schaffung eines ökologischen und eines ethischen Bewusstseins sowie von Werten und Einstellungen, Fähigkeiten und Verhaltensweisen, die mit einer nachhaltigen Entwicklung vereinbar sind, sowie für eine wirksame Beteiligung der Öffentlichkeit an der Entscheidungsfindung" (BMU o.J., S. 253). Bildung und Kommunikation werden in der Agenda 21 also eine große Bedeutung beigemessen.

Wie lässt sich Bildung in diesem Zusammenhang theoretisch verorten? Dies soll am Konzept von Wolfgang Klafki zur „zukunftsbezogenen Allgemeinbildung" geschehen (Klafki 1995). In diesem bildungstheoretische Konzept werden die Hauptaufgaben von Bildung darin gesehen, Menschen „anzuregen und sie dabei zu fördern, erkenntnisfähig, sensibel, d.h. mitempfindungsfähig, urteilsfähig und handlungsfähig für ihre Gegenwart und ihre Zukunft zu werden". Dabei geht es zum einen um die Entwicklung vielseitiger Fähigkeiten und Interessen, die Menschen in ihren persönlichen Bildungsprozessen allmählich zu einem individuellen Interessen- und Fähigkeitsprofil ausformen sollten. Zum zweiten geht es darum, das Bewusstsein der Menschen von der Bedeutung zentraler gesellschaftlicher, meistens international bedeutsamer, epochaltypischer Schlüsselprobleme zu schärfen. Und es geht um die Einsicht in die Mitverantwortlichkeit aller angesichts solcher Gegenwarts- und Zukunftsprobleme sowie um die Bereitschaft, an der Bewältigung dieser Schlüsselprobleme mitzuwirken. In einem Allgemeinbildungskonzept, das auf „Nachhaltigkeit" zielt, spielen in Anlehnung an Klafki drei Grundfähigkeiten eine zentrale Rolle:

– die Fähigkeit zur Selbstbestimmung jedes einzelnen über seine individuellen Lebensbeziehungen und Sinndeutungen zwischenmenschlicher, beruflicher, ethischer oder religiöser Art,
– die Fähigkeit zur Mitbestimmung, insofern jeder Mensch Anspruch, Möglichkeit und Verantwortung für die Gestaltung unserer gemeinsamen kulturellen, gesellschaftlichen und politischen Verhältnisse hat, und

– die Fähigkeit zur Solidarität, wobei der eigene Anspruch auf Selbst- und Mitbestimmung nur gerechtfertigt werden kann, wenn er nicht nur mit der Anerkennung, sondern mit dem Einsatz für diejenigen und dem Zusammenschluss mit denjenigen verbunden ist, denen eben solche Selbst- und Mitbestimmungsmöglichkeiten aufgrund gesellschaftlicher Verhältnisse, Unterprivilegierung, politischer Einschränkungen oder Unterdrükkungen vorenthalten oder begrenzt werden.

Mit diesem Verständnis von Allgemeinbildung als Bildung „für alle", als Bildung „im Medium des Allgemeinen" als „vielseitige Bildung in allen Grunddimensionen menschlicher Interessen und Fähigkeiten" (Klafki 1995, S. 11) lassen sich weitere Überlegungen zu Bildungs- und Lernprozessen im Kontext nachhaltiger Entwicklung anschließen.

Wenn wir uns die systemtheoretischen Überlegungen von Niklas Luhmann zu eigen machen, dann ist die Diskussion um das Leitbild „Nachhaltigkeit" eine Folge von Kommunikation u.a. über Umweltprobleme. Niklas Luhmann hat schon 1986 in seiner Veröffentlichung „Ökologische Kommunikation" festgestellt: „Es mögen Fische sterben oder Menschen, das Baden in Seen und Flüssen mag Krankheiten erzeugen, es mag kein Öl mehr aus den Pumpen kommen und die Durchschnittstemperaturen mögen sinken oder steigen, solange darüber nicht kommuniziert wird. hat dies keine gesellschaftlichen Auswirkungen" (Luhmann 1986, S. 63). Die seit einigen Jahren geführte Diskussion um eine nachhaltige Entwicklung ist die konsequente Fortführung der Kommunikation über Umweltprobleme. Diese Kommunikation zwischen verschiedenen gesellschaftlichen Systemen (Politik, Recht, Wissenschaft, Wirtschaft u.a.) hat – nicht zuletzt durch wissenschaftliche Analysen unterfüttert – gezeigt, dass Umweltprobleme und deren Ursachen ebenso wenig losgelöst von ökonomischen wie auch von soziokulturellen Entwicklungen zu betrachten und Lösungsstrategien auch nur in dieser Gesamtschau in den Blick zu nehmen sind.

Alle Diskussionen um nachhaltige Entwicklung sind eingebettet in die kulturellen Wahrnehmungs- und Handlungsmuster. Wir wissen zudem aus der Mentalitäts- und Risikoforschung, dass die Wahrnehmung von Umweltphänomenen als Umweltprobleme abhängig ist von kulturellen Kontexten, somit spielt die Frage nach kulturellen Differenzen und deren Reflexion eine wichtige Rolle (Renn 2001b). De Haan u.a. (De Haan/Harenberg 1999) haben deutlich gemacht, dass mit dem Leitbild Nachhaltigkeit die Vorstellung eines Modernisierungs- und Gestaltungskonzepts von Gesellschaft verbunden ist, das ein stärkeres Engagement der Bürgerinnen und Bürger erforderlich macht. Partizipation wird häufig als neue Herausforderung für die politische Kultur verstanden, mit der viele Schwierigkeiten zu überwinden wären.

4. Vermittlungsschwierigkeiten

Eine zentrale Frage in diesem Zusammenhang lautet: wie kann die Idee der Nachhaltigkeit in Bildungs- und Kommunikationsprozesse Einzug halten? Es wird davon ausgegangen, dass eine nachhaltige Entwicklung wesentlich in Verbindung mit Bildung und Kommunikation zu realisieren ist. Mittlerweile haben zahllose wissenschaftliche Untersuchungen bestätigt, dass es erhebliche Diskrepanzen zwischen Umweltwissen, Umweltbewusstsein und Umweltverhalten gibt (hierzu u.a. Kaufmann-Hayoz/Di Giulio 1996). Wir können daher nicht davon ausgehen, dass Nachhaltigkeit sich unmittelbar aus der Vermittlung deren Sinnhaftigkeit herleiten.

Der Konstruktivismus als Wahrnehmungs- und Erkenntnistheorie bietet ein mögliches Erklärungsmuster für die Schwierigkeiten, Menschen neue Einsichten und Kenntnisse zu vermitteln. Aus konstruktivistischer Perspektive ist Lernen ein eigensinniger, selbstgesteuerter Vorgang. Sie stützt sich auf naturwissenschaftliche Erkenntnisse, die darauf schließen lassen, dass nicht gelernt wird, was gelehrt wird, sondern dass Menschen ihre Wirklichkeit auf der Grundlage vorhandener Erfahrungen selbst konstruieren, dass sie sich selbst einen Begriff von den Dingen machen. Allerdings muss neues Wissen, müssen neue Erfahrungen passen, d.h. anschlussfähig an vorhandene sein. Damit macht dieser Ansatz auf den Wert der jeweiligen Lebenserfahrungen auf die kulturell und lebensgeschichtlich unterschiedlichen Sichtweisen aufmerksam (Schüssler/Bauerdieck 1997; Siebert 1999; Bolscho/De Haan 2000).

Umweltpsychologen weisen mit neueren Diskussionszusammenhängen und Forschungsergebnissen darauf hin, dass der Kontext des Wissenserwerbs über die Handlungsrelevanz des Wissens mitentscheidet. Wissen muss einen Gebrauchswert haben, die Methoden sollten auf selbstorganisiertes Lernen und die Bereitstellung von Lernmöglichkeiten zielen, die dem Entwicklungsstand angemessen sind (u.a. Henning/Ladineo 2001). Eine Bildung für eine nachhaltige Entwicklung macht sich heute diese Ansätze zunutze, wenn sie Wissenserwerb in sozial und persönlich bedeutsamen Situationen ansiedelt. Zum Verständnis von Nachhaltigkeit benötigen wir daher verschiedene Formen von Wissen. Sachwissen allein reicht natürlich nicht, es muss als Systemwissen angelegt sein, d.h. auf Zusammenhänge, Funktionen, Prozesse bezogen sein. Handlungsfähig aber wird man nur, wenn man weiß, wie man mit diesem Wissen umgehen kann. Das Systemwissen muss verbunden werden mit der Entwicklung von Werthaltungen, mit ethischen Orientierungen im Verhältnis von Mensch und Natur, mit unmittelbaren Erfahrungen, die Emotionalität und Sinnlichkeit mit einbeziehen. Die einen sprechen in diesem Zusammenhang von Zielwissen, die anderen von Orientierungswissen. Anschluss- oder Resonanzfähigkeit von Wissen ist die eine Seite, die andere Seite bezieht sich auf die Frage, wie Verhaltensänderungen mit individuellen Lebensstilen in Einklang zu bringen sind (Stoltenberg 2000).

In diesem Zusammenhang spielt dann auch der Umgang mit Komplexität und Offenheit in der Auseinandersetzung um Nachhaltigkeit eine zentrale Rolle. Es ist zu fragen, wie komplexere Sachverhalte so aufgeschlüsselt werden können, dass die Wahrnehmung und Analyse von Problemen auch für den einzelnen relevant werden. Konstruktivistisch betrachtet reduziert der einzelne die Komplexität von Sachverhalten Schritt für Schritt so, dass er neue Sachverhalte in sein Vorwissen integrieren kann. Dabei ist ein ausgewogenes Maß zwischen zu hoher und zu geringer Komplexität zu finden. Übertragen auf Handeln bedeutet dies: Wollen wir uns kritisch mit der Realität auseinandersetzen, sind wir vor allem darauf angewiesen, die Perspektivität unserer Wahrnehmung und die anderer erkennen und reflektieren zu können. Ähnlich verhält es sich mit dem Aspekt von Offenheit. Es gibt keine Sicherheit im Handeln. Diese Unsicherheit erhöht sich im Kontext nachhaltiger Entwicklung. Handelnd Nachhaltigkeit lernen setzt ein reflektiertes Risikobewusstsein voraus sowie die Fähigkeit zur Risikoabwägung und Urteilsvorsicht.

Ein weiterer Gedanken bezieht sich auf unsere tradierte Art zu denken (nämlich kausal-linear) und zu lernen. Darauf verweist beispielsweise Hans-Peter Dürr, wenn er zu zeigen versucht, dass sich dank der Einsichten der Quantenphysik nun zeige, dass „der Wahrscheinlichkeitscharakter unserer Aussagen nicht allein von der subjektiven Unkenntnis herrührt, sondern dem Naturgeschehen selbst eingeprägt ist" (Dürr 1995, S. 45). Aus der Sicht der Quantenphysik, wenn man also auf die kleinsten Teile der Materie blickt, ist die Zukunft prinzipiell unbestimmt, weil man die Vorstellung aufgeben muss, dass die Materie eine eindeutige Entwicklungsrichtung hat. Vielmehr bilde sie sich im jeweiligen Augenblick aus einer qualifizierten Unbestimmtheit neu. „Auch für das der Natur zugehörige menschliche Leben gilt darum, dass Natur nicht determiniert ist; es können nur Wahrscheinlichkeiten für – in der Regel unendlich viele – mögliche Realisierungen prognostiziert werden" (ebenda).

Das sozialwissenschaftliche Konstrukt „Lebensstile" hat darauf aufmerksam gemacht, dass sich angesichts zunehmender Individualisierung, der Ausdifferenzierung von ökonomischen Lagen, Bildungsverläufen, angesichts unterschiedlicher Nutzung von Mobilität etc. eine Vielfalt von Lebensstilen herausgebildet hat. In Lebensstilen verbinden sich Ressourcen, Verhaltensweisen, Wertorientierungen zu Mustern der Lebensführung. Die Herausbildung verschiedener Lebensstile wird als Antwort auf die Individualisierung der Gesellschaft gesehen, wie der Soziologe Beck sie analysiert hat. Lebensstile sind also nicht etwa emanzipatorische Lebensentwürfe, sondern Typen von Lebensmustern, die sich heute insbesondere durch die Art der Konsumorientierung unterscheiden (u.a. Huber 2001; Reusswig 1999).

Wenn Lebensstile „Ausdruck und „Anker" der psychischen Identität von Personen sind, müssen sie in einer Bildung für Nachhaltigkeit eine Rolle spielen. Denn die Änderung von Verhaltensweisen ist offenbar eingebettet in einen kulturellen Kontext, so dass die Frage nach umweltgerechtem Verhalten auch die Frage nach der Änderung von Lebensstilen insgesamt ist. Eine Antwort darauf könnte die Entwicklung neuer Lebensstilmuster im Sinne von „Gut leben, statt viel haben" sein, wie sie vom Wuppertal-Institut propagiert wurden (BUND/MISEREOR 1996). Auch hier spielt die Prämisse der Anschlussfähigkeit eine wichtige Rolle. In der Expertise „Bildung für eine nachhaltige Entwicklung" (De Haan/Harenberg 1999) werden einige Anknüpfungspunkte in Bezug auf Jugendliche genannt: z.B. innovatives Wissens am Beispiel zukunftsfähiger Techniken präsentieren, Interesse an sozialen Engagement wecken, Selbstbestimmung und Partizipation fördern bei gleichzeitiger Vermittlung zwischen Genuss, Event und Konsum.

Die in den letzten Jahren geführte Diskussion um Lebensstile, Milieus und die „Zivilgesellschaft" hat ein wenig den Blick davor verdeckt, dass es in unserer Gesellschaft nach wie vor erhebliche soziale Unterschiede gibt. In Anlehnung an Paul Nolte ist davon auszugehen, dass die soziale Differenzierung seit Mitte der 80er Jahre gewachsen und eine „neue" Armut bei gleichzeitigem Anheben des allgemeinen Lebensstandards entstanden ist. Diese Ausdifferenzierung findet offensichtlich weniger in der Sphäre der Arbeit als vielmehr im Bereich von Konsum und Alltag statt. Die jeweiligen Konsumangebote mit ihren sehr unterschiedlichen ökologischen Qualitäten entsprechen immer stärker bestimmten Käufer- und Nutzerschichten, so dass gerade aus sozialwissenschaftlicher Sicht die „klassenprägende" Kraft von Konsum und Lebensstil eine besondere Bedeutung erhält. Dadurch gerät der intragesellschaftliche Aspekt von Gerechtigkeit und damit zugleich die soziale Seite von Nachhaltigkeit in den Blick. Eine Bildung für eine nachhaltige Entwicklung wird diese gesellschaftlichen Tendenzen aufgreifen müssen, um Resonanz zu erhalten. „„Klassen-Bewusstsein' als Einsicht in die Realitäten der gesellschaftlichen Struktur und der sozialen Ungleichheit ist deshalb ein Projekt bürgerlicher Aufklärung" (Nolte 2000, S. 7).

5. Problemanalysen

In der letzten Zeit hat immer mehr die Vorstellung um sich gegriffen, dass das Leitbild Nachhaltigkeit am besten zu transportieren sei, wenn man sie in gute und erfolgreiche Praxisbeispiele einpackt und sie möglichst als Win-Win-Situation präsentiert. Es soll an dieser Stelle nicht gegen „good practice"-Beispiele argumentiert werden. Sie können durchaus helfen, Erfolgschancen für weitere Anstrengungen zu verdeutlichen und insgesamt bisherige Fortschritte in der Umweltpolitik für eine nachhaltige Entwicklung herauszustellen. Daher sollten entsprechende Aktivitäten immer wieder betont werden. Aber dies allein reicht nicht aus.

Vielmehr soll der Argumentation von Martin Jänicke gefolgt werden, der festgestellt hat, dass die sich z.Z. ausbreitende gewisse Zwanghaftigkeit des positiven Denkens nicht unwesentlich mit dazu beigetragen hat, dass Bildung und Kommunikation für eine nachhaltige Entwicklung wenig Rückenwind verspürt. Zwar ist der Himmel über der Ruhr wieder blau geworden und schäumende Bäche gibt es auch nicht mehr, aber diese Erfolge haben nach Jänicke auch etwas Selbstzerstörerisches. „Der paradoxe Effekt tritt ein, dass der Kampf gegen die ungelösten Probleme langfristiger Umweltverschlechterungen durch partielle Verbesserungen an Schwungkraft verliert" (Jänicke 2000, S. 48). Die langfristigen Probleme als Kernthemen nachhaltiger Entwicklung haben eher schleichenden Charakter und wirken zunächst wenig spektakulär. Als Beispiele sind der Flächenverbrauch, die Klimaveränderungen oder der Artenverlust zu nennen. Hierfür eine Politisierung von unten zu erreichen, ist sehr schwierig.

Vor zwanzig Jahren wurden Probleme zur Sprache gebracht, heute beschäftigen wir uns vor allem mit Problemlösungen. Darin besteht eine gewisse Gefahr: wir thematisieren in der Regel wirtschaftskonforme Problemlösungen und setzen die dahinter stehenden Probleme als bekannt voraus. Häufig können vor allem junge Menschen jedoch mit den Problemlösungen kaum etwas anfangen, weil sie vielfach die dahinter liegenden Probleme nicht kennen. Wir sollten auch weiterhin zur Kenntnis nehmen, dass nicht-nachhaltige Entwicklungen auch Bedrohungen und Beeinträchtigungen für Mensch und Umwelt darstellen, ohne dass damit Katastrophenszenarien an die Wand gemalt werden sollen. Gleichwohl: eine neue Politik der nachhaltigen Entwicklung bedarf einer gewissen Inszenierung. „Um die schonungslose Darstellung der ungelösten Probleme kommen wir nicht herum. Ohne diesen entscheidenden Schritt bleibt die Popularisierung des Leitbildes nachhaltiger Entwicklung wirkungslos" (Jänicke 2000, S. 49). Hier ist auch eine Verbindung zu den Überlegungen des WBGU herzustellen, der mit dem Syndromansatz ein wissenschaftliches Analyseinstrumentarium entwickelt hat, mit dem es möglich ist, die Probleme und vor allem Ursachen einer nicht-nachhaltigen Entwicklung herauszuarbeiten.

Wenn wir die Gefahren angemessen verstehen wollen, müssen wir diese anders als bislang erfassen. Wir sprechen hauptsächlich über jährliche Veränderungen der Belastungen, nicht aber über die langfristige Akkumulation von Belastungen, die für die Nachhaltigkeitsdiskussion besonders wichtig sind. Die jährliche Belastungszufuhr nimmt zwar als Folge politischer Maßnahmen häufig ab, jedoch die Kurve der angesammelten Beeinträchtigungen steigt weiter, nur etwas langsamer. Als Beispiel sei hier angefügt: Der jährliche Flächenverbrauch ist zwar rückläufig, aber der akkumulierte Flächenverbrauch steigt weiter. Eine kurzfristige Betrachtung ruft Entwarnung hervor, während die langfristige Betrachtung eine deutlichere Problemsicht ermöglicht. In der Auseinandersetzung mit Umweltthemen und nachhaltige Entwicklung ist es daher eine Herausforderung, langfristige Probleme einer nachhaltigen Entwicklung bzw. nicht-nachhaltigen Entwicklung öffentlich zu vermitteln. Die Einführung der Ökosteuer oder das Anheben der Benzinsteuer als mögliche Problemlösung, ohne zu erklären, was die dahinter liegenden Gründe und

Probleme sind, muss in der Bevölkerung auf Unverständnis und Protest stoßen; eine Kommunikation über die langfristigen Probleme, die z.B. mit der Nutzung nichterneuerbarer Energien und deren Verbrennung verbunden sind, dagegen ermöglicht eher ein besseres Verstehen der ergriffenen Maßnahmen.

Dies klingt bislang alles sehr rational und sachlich. Aus unserer Alltagserfahrung wissen wir allerdings, dass Gefühle ein wichtiges Moment von Bildung und Kommunikation sind. Dabei geht es nicht um das plumpe Schüren von Ängsten, sondern vielmehr um den Gedanken, dass Menschen Informationen nur ernst nehmen und mit angemessenem Verhalten beantworten, wenn sie als Person mit ihren Wünschen, Bedürfnissen und Empfindungen angesprochen werden. Dahinter steckt auch die These von Lantermann und anderen, dass „ein gesellschaftliches Großprojekt wie das der Nachhaltigkeit, (...) ohne die handlungsmotivierende und -leitende Kraft von Gefühlen jedoch nicht erfolgreich sein" kann (Döring-Seipel/Lantermann 2000, S. 27).

Die Kommunikation über Umweltthemen und Nachhaltigkeit versucht die damit verbundenen möglichen Auswirkungen und Konsequenzen in die menschliche Wahrnehmung zu übersetzen. Ihr Erfolg hängt davon ab, ob es gelingt, handlungswirksame sozial-emotive Konzepte zu vermitteln, die zu einer Versinnlichung von abstrakten Systemeigenschaften und Zusammenhängen führen und damit ein rationales wie emotionales Begreifen zentraler Problemzusammenhänge ermöglicht. Klimaveränderungen oder Waldsterben können als Beispiele für sozial vermittelte, emotionsanregende Konzepte genannt werden. Über solche sozial-emotiven Konstrukte werden abstrakte Umweltinformationen zu konkreten Gegenständen der Vorstellungswelt und damit auch zum Bezugspunkt von Gefühlen. Reaktanz rufen dagegen Konzepte hervor, die auf ein emotionales Gemisch aus Bedrohung, Schuld und Apokalypse setzen, da diese zugleich Ängste, Hilflosigkeit, Trotz und Resignation bewirken. Einseitige Gefühlsausbildungen sind in einer Kommunikation über Umwelt und Nachhaltigkeit zu vermeiden, vielmehr soll sie immer die Wechselwirkung von Wahrnehmen, Fühlen, Erinnern und Denken im Auge behalten.

6. Syndromansatz

Wenn wir uns mit Bildung und Nachhaltigkeit auseinandersetzen, müssen wir uns auch über die möglichen Inhalte Klarheit verschaffen. Um es bildungstheoretisch im Anschluss an Wolfgang Klafki zu sagen: „Bildung im Medium des Allgemeinen" wird verwirklicht durch die „Konzentration auf die Auseinandersetzung mit epochaltypischen Schlüsselproblemen unserer kulturellen, gesellschaftlichen, politischen, individuellen Existenz" (Klafki 1995, S. 11). Das Leitbild Nachhaltigkeit ist sozusagen eine Suchanweisung dafür, diese Probleme zu identifizieren. Es ermöglicht eine „Hierarchisierung der

Relevanzen" in den Themenfeldern. Dabei lassen sich – zumindest analytisch – zwei Felder von Inhalten unterscheiden: solche, die „die Person stärken" ganz im Sinne Hartmut von Hentigs, wenn man sich mit ihnen auseinandersetzt, die einen fähig machen, sich zu sich selbst und zu anderen zu verhalten, so dass Selbstbestimmung, Mitbestimmung, Solidarität möglich werden, und solche, die gegenwärtig als wesentlich für nachhaltige, zukunftsfähige Entwicklungsprozesse bzw. als deren wesentliche Gefährdungsmomente identifiziert werden können oder die „die Sachen klären" (Von Hentig 1991).

Der WBGU hat mit seinem Syndromansatz eine Auswahl und Darstellung von zentralen Themenfeldern getroffen, die insbesondere der Vernetztheit der Probleme gerecht zu werden versuchen (WBGU 1996). Er hat im System Erde auf der Grundlage von Expertenwissen sogenannte ,Krankheitsfelder' identifiziert, in denen kritische Veränderungen zu konstatieren sind. Der Grundidee des Ansatzes zufolge lassen sich globale Umweltveränderungen in eine überschaubare Anzahl von Mustern – für sehr viele verschiedene Weltregionen typische Mensch-Natur-Interaktionen – reduzieren und modellieren. Dazu sind verschiedene Schritte erforderlich, auf die an dieser Stelle allerdings nicht näher eingegangen werden soll. Eine Basisannahme des Ansatzes ist es, dass sich über die Vermeidung von Nicht-Nachhaltigkeit leichter ein Konsens erzielen lässt als über den exakten Pfad der Nachhaltigkeit. Der Syndromansatz versucht insgesamt, unser Wissen über Nicht-Nachhaltigkeit zu vertiefen, um ein besseres Verständnis für nachhaltige Entwicklungsoptionen in der Zukunft zu erreichen.

Interessant ist der Syndromansatz aus verschiedenen Gründen, nicht nur, weil er auf gesellschaftliche Problemlagen aufmerksam macht (Fischer/Michelsen 2000). Der Syndromansatz beruht auf der globalen Vernetzungsperspektive und beschreibt relevante Verknüpfungen sozialer, ökologischer und ökonomischer Trends und Parameter (Globalität, Komplexität, Interdisziplinarität). Er arbeitet problemlösungsorientiert auf der Basis vorläufigen Wissens (Umgang mit vorläufigem Wissen und Risiken) und bietet Möglichkeiten zur Vermeidung von Fehlentwicklungen innerhalb der Syndrome durch gezieltes Gegensteuern (Zukunftsbezug). Weiterhin bezieht der Syndromansatz die Reaktionen der Gesellschaft oder einzelner Gruppen bei der Einschätzung von Krisen ein (Reflexivität) und beschreibt Trends als objektivierbare und aggregierte Handlungsfolgen und geht vom individuellen Handeln aus, ohne jedoch gleichzeitig den Zweck und Anspruch der Politikwirksamkeit aufzugeben (Individual- und Politikbezug). Dazu bietet er den lokal und global Handelnden „weiche" Entscheidungshilfen in Form von Entwicklungskorridoren und -optionen und eröffnet damit Gestaltungs-, Diskurs- und Partizipationschancen.

Es wird deutlich, dass eine Orientierung an den Syndromen des globalen Wandels nicht nur ökologische, sondern auch soziale Effekte zeigt, von denen einige unmittelbar ersichtlich sind: z.B. weniger Schadstoffausstoß führt zur Verbesserung der gesundheitlichen Situation, weniger Verkehrslärm führt zu mehr Wohlbefinden. Zudem gibt es aber auch weniger sichtbare Effekte: So kann weniger Ressourcenverbrauch mehr intergenerationelle Gerechtigkeit bedeuten. Man erkennt hier also die sozialen Implikationen einer ökologischen und ökonomischen nachhaltigen Entwicklung. Aus diesem Grund erscheint der Syndromansatz besonders geeignet für die Bildungsarbeit, weil er nicht nur ein Analyse-, sondern zugleich auch ein Gestaltungsinstrument ist.

7. Gestaltungskompetenz

Ein weiterer Aspekt einer Bildung für eine nachhaltige Entwicklung ist die Retinität. Der Rat von Sachverständigen für Umweltfragen (SRU) hat in seinem Umweltgutachten 1994 den Begriff der Retinität geprägt. Darunter versteht er die Gesamtvernetzung der Kulturwelt mit der Natur. Es ist das Schlüsselprinzip der Umweltethik, als deren wichtigste Aufgabe angesehen wird, die Gesamtheit des menschlichen Umgangs mit der Natur auf den Begriff zu bringen. „Es geht um die Frage der Stimmigkeit im Verhältnis von Mensch und Natur als ganzer, um die Rückbindung der menschlichen Kulturwelt (...) in das sie tragende Netzwerk einer sich ebenfalls dynamisch auslegenden Natur" (SRU 1994, S.54).

Die Gesamtvernetzung wird als zentraler Begriff gesehen, wobei hierfür zugleich auch die aus dem lateinischen „rete" (Netz) abgeleitete Bezeichnung verwendet wird. Umweltethisch heißt das, dass der Mensch seine personale Würde als Vernunftwesen im Umgang mit sich und anderen nur wahren und verantwortlich gegenüber Natur und Umwelt agieren kann, wenn er die Retinität all seiner Aktivitäten und die damit verbundenen Konsequenzen für Natur und Umwelt zum grundlegenden Prinzip seines eigenen Handelns macht. Eng in Verbindung mit dem Prinzip der Retinität sieht der SRU das Prinzip der Personalität, das die ethische Sonderstellung des Menschen gegenüber Natur und Umwelt betont. Mit diesem Verständnis ist allerdings nicht verbunden, dass nur der Mensch allein Inhalt umweltethischer Forderungen wird, sondern der Vernunftstatus des Menschen fordert geradezu Empathiefähigkeit gegen über Natur und Umwelt sowie eine entsprechende Ausgestaltung seiner moralischen Pflichten im Umgang mit den übrigen Kreaturen. Daraus wiederum leitet sich ein besonderes Mensch-Natur-Verhältnis ab, wobei sich Natur als das die menschliche Natur Übergreifende erweist.

Als Konsequenz für die Umweltbildung wird die Vermittlung der Retinität als ökologische Schlüsselkompetenz gesehen. Das Verstehen dieses ökologischen Schlüsselprinzips der Vernetzung setzt beim Menschen die grundlegende Fähigkeit des Denkens in Zusammenhängen voraus. Neben dem Erkennen von gesetzmäßigen Abläufen gehört hierzu das Aufspüren und Beheben von „Störfaktoren", die einen Einfluss auf Natur und Umwelt ausüben. Dies schließt zugleich die Fähigkeit zur Reflexion ein, die das individuelle Verhalten wie auch gesellschaftliche Handeln hinterfragt, wie auch antizipatorische Fähigkeiten, die es ermöglichen, künftige Entwicklungen und Beeinflussungen von Natur und Umwelt abzuschätzen. Hinsichtlich der Bewertung von Natur- und Umweltzuständen sind durch ökologische Schlüsselkompetenzen außerdem Chancen für die Beteiligung an diesen Bewertungsprozessen zu eröffnen. Als wichtige Faktoren ökologisch orientierter Schlüsselkompetenzen gelten Kognition, Reflexion, Antizipation und Partizipation (Michelsen 1994).

Das Verstehen des ökologischen Schlüsselprinzips der Vernetzung verleiht den Menschen allgemeine Kompetenzen, die wiederum ein Beitrag zur Allgemeinbildung einer Person sind und Einfluss auf ihre Verantwortungs- und Sittlichkeitsfähigkeit ausüben. Somit schließt sich der Kreis vom Erkennen der Komplexität ökologischer Probleme über die Bewertung und Einsicht in die Verantwortung für diese Probleme bis hin zur Entwicklung entsprechend veränderter Verhaltens- und Handlungsweisen zu deren Überwindung.

In der Expertise „Förderprogramm Bildung für eine nachhaltige Entwicklung" (De Haan/Harenberg 1999) wird Bildung für eine nachhaltige Entwicklung und die damit verbundenen Kompetenzen für die Schulpraxis weiter konkretisiert. Als grundlegendes Bildungsziel wird der Erwerb von *Gestaltungskompetenz* für die Zukunft ausgeführt. Für Bildungsinstitutionen, aber auch für andere Einrichtungen sind mit der Umsetzung dieses Anspruchs hohe Anforderungen verbunden. Mit der Gestaltungskompetenz kommen eine offene Zukunft, die Variation des Möglichen und aktives Handeln in den Blick. Darin sind ästhetische Überlegungen ebenso enthalten wie Fragen nach den Formen, die das Wirtschaften, der Konsum und die Mobilität annehmen können und sollen, oder nach der Art und Weise, wie künftig Alltag ausgefüllt wird. Die Notwendigkeit von Gestaltungskompetenz lässt sich sowohl bildungstheoretisch als auch pädagogisch aus dem Leitbild der nachhaltigen Entwicklung heraus begründen. Denn diese Kompetenz zielt nicht allein auf unbestimmbare zukünftige Lebenssituationen ab, sondern auf die Fähigkeit des Einzelnen zur verantwortlichen Gestaltung der Zukunft in Kooperation mit anderen.

Gestaltungskompetenz umfasst neben vorausschauendem Denken, das sich auf Vorstellungen von der Zukunft bezieht, die ebenso auf Simulationen, Szenarien, Prognosen, Delphi-Studien und Risikoabschätzungen basieren können wie auf utopischen Entwürfen, vor allem lebendiges, komplexes, interdisziplinäres Wissen, das gekoppelt ist mit Phantasie und Kreativität, um Problemlösungen zu finden, die nicht nur auf Eingefahrenem und Bekanntem basieren. Dazu gehören auch die Fähigkeit zum Selbstentwurf und zur Selbsttätigkeit in einer Gesellschaft, deren Trend zur Individualisierung ungebrochen ist, und die Fähigkeit, in Gemeinschaften partizipativ die nahe Umwelt gestalten und an gesellschaftlichen Entscheidungsprozessen kompetent teilhaben zu können. Damit wird deutlich, dass es in erster Linie nicht um die unmittelbare Vermittlung eines veränderten Umweltverhaltens oder um moralische Appelle geht, sondern um den Erwerb von Handlungsorientierungen.

Mit dem Konzept der Gestaltungskompetenz steht somit eine eigenständige Urteilsbildung mit dem Ziel der Fähigkeit zum innovativen, am Leitbild der Nachhaltigkeit orientierten Handeln im Zentrum innovativer Entwicklung.

8. Partizipation

In der Agenda 21 heißt es in der Präambel zum dritten Teil: „Ein wesentlicher Faktor für die wirksame Umsetzung der Ziele, Maßnahmen und Mechanismen, die von den Regierungen in allen Programmbereichen der Agenda 21 gemeinsam beschlossen worden sind, ist das Engagement und die echte Beteiligung aller gesellschaftlicher Gruppen. (...) Eine der Grundvoraussetzungen für die Erzielung einer nachhaltigen Entwicklung ist die umfassende Beteiligung der Öffentlichkeit an der Entscheidungsfindung" (BMU o.J., S. 217). Diese weitreichende Programmatik geht deutlich über die bislang praktizierten Formen der Bürger- und Betroffenenbeteiligung hinaus. Es geht nicht mehr nur das Einspruchs- und Anhörungsrecht, das bei uns unter bestimmten Bedingungen in Anspruch genommen werden kann, sondern um die Partizipation bei der Entscheidungsfindung und Problemdefinition.

An dieser Stelle soll nicht auf die Chancen und Schwierigkeiten vermehrter Partizipationsmöglichkeiten eingegangen werden (hierzu u.a. Walter 2001), vielmehr sollen einige Konsequenzen angedeutet werden, die mit vermehrter Partizipation im Kontext von Nachhaltigkeit insbesondere in Kommunikationsprozessen verbunden sind. Es wird davon ausgegangen, dass mehr Partizipation gesellschaftlich erwünscht ist und daher mehr Beteiligungsmöglichkeiten u.a. über Kommunikationsprozesse angeboten werden sollen. Kommunikation kann so angelegt sein, dass sie Mitwirkung ausschließt oder nur das Aufnehmen und Akzeptieren von Nachrichten vorsieht wie z.B. bei Marketingstrategien oder Kampagnen. Die hiermit verbundene Kommunikationsstruktur lässt keine autonome Partizipation erwarten und schafft auch keine entsprechende Motivation. Es ist leicht einsichtig, dass mit einer solchen eher auf Einmaligkeit ausgelegten Strategie oder Kampagne zur Nachhaltigkeit selbst keine nachhaltige Form von Kommunikation erreicht werden kann (Reusswig/Lass 2001). Wenn wir es mit dem Partizipationsgedanken aber ernst meinen, ist der Kommunikationsprozesse viel breiter anzulegen und als öffentlicher Diskurs anzulegen. Jürgen Habermas hat hierzu Folgendes ausgeführt:

„Bei öffentlichen Kommunikationsprozessen kommt es nicht nur, und nicht in erster Linie, auf die Diffusion von Inhalten und Stellungnahmen durch effektive Übertragungsmechanismen an. Gewiss sichert erst die breite Zirkulation von verständlichen, Aufmerksamkeit stimulierenden Botschaften eine hinreichende Inklusion der Beteiligten. Aber für die Strukturierung einer öffentlichen Meinung sind die Regeln einer gemeinsam befolgten Kommunikationspraxis von größter Bedeutung. Zustimmung zu Themen und Beiträgen bildet sich erst als Resultat einer mehr oder weniger erschöpfenden Kontroverse, in der Vorschläge, Informationen und Gründe mehr oder weniger rational verarbeitet werden können" (Habermas 1992, S. 438, zitiert nach Reusswig/Lass 2001).

Diese Diskurse müssen nicht zwangsläufig auf höchstem wissenschaftlichen Niveau geführt werden, können sie auch gar nicht, wenn es tatsächlich das Anliegen ist, eine breite Beteiligung zu ermöglichen. Wie wir wissen, sind Expertendiskussionen in unserer Gesellschaft auch wenig resonanzfähig (Brand 2001). Es geht vielmehr um vernünftiges Zusammenwirken von Experten und Laien, für das es wechselseitig Formen der Übersetzung und Beteiligung geben muss, die gewährleisten, dass die eigenen Bedürfnisse, Interessen und Ideen der Menschen in diese Diskurse eingebunden sind und ernst genommen werden. Es geht mit dieser Kommunikationspraxis nicht um eine kognitive Vereinheitlichung, sondern vielmehr um die gemeinsam herzustellenden Bedingungen für Differenzierung und Vielfalt. Sie sollte so angelegt sein, dass sie Begründungen, Bewertungen und Abwägungen von Handlungsfolgen zusammenführt. Ein solcher Hinüber und Herüber entwickelt sich erst im Laufe der Zeit, in Form einer entsprechenden Pro- und Contra-Argumentation, in der sich dann auch neue Argumentationsketten entwickeln können und Zusammenhänge gesehen werden, die vorher so nicht deutlich waren. Um einen solchen Prozess zu realisieren, gibt es verschiedene Verfahren (UBA 1998; Renn 2001c), die nur als Stichworte benannt werden sollen: Runde Tische, Mediation, Planungszellen, Zukunftskonferenzen, die jeweils ihre spezifischen Stärken und Schwächen haben.

9. Inter- und Transdisziplinarität

Auch wenn ein grundsätzlicher Konsens darüber besteht, was Nachhaltigkeit im Allgemeinen bedeutet, bestehen in Wissenschaft und Gesellschaft erhebliche Differenzen hinsichtlich der konkreten Operationalisierung und der Umsetzung des Konzepts Nachhaltigkeit. Wir alle tasten uns sehr vorsichtig vor, wenn es um die Konkretisierung von Nachhaltigkeit geht. Gelegentlich steht sich hier die Wissenschaft auch selbst im Weg, denn sie tut sich schwer, stärker problemorientiert und interdisziplinär sowie auch transdisziplinär die mit der Operationalisierung und Umsetzung des Konzepts Nachhaltigkeit verbundenen Fragen anzugehen.

Die Auseinandersetzung mit den komplexen Problemen einer nachhaltigen Entwicklung erfordern eine inter- und transdisziplinäre bzw. eine Fächer überschreitende bzw. Fachgrenzen durchbrechende Arbeitsweise (Brand 2000; Thompson Klein u.a. 2001). Unter Interdisziplinarität wird das Zusammenwirken verschiedener Disziplinen zur Bearbeitung einer Problemstellung verstanden. Dabei soll nicht etwa eine neue einheitliche Wissenschaft kreiert werden. Vielmehr sollen die Wissensbestände der beteiligten Disziplinen, die unterschiedlichen Herangehensweisen an das Problem, die jeweiligen disziplinspezifischen Methoden in einen gemeinsamen Arbeitsprozess eingebracht werden. Interdisziplinarität in diesem Sinne kann sich einstellen, wenn man eine Problemstellung gemeinsam formuliert und sich im Verlaufe des Prozesses immer wieder gemeinsamer Zielvorstellungen vergewissert. Voraussetzung dafür ist, dass man sich der Möglichkeiten des Beitrags seiner eigenen Disziplin bewusst ist, dass man sie in ihren Methoden und Denkweisen kommunizieren kann (Balsinger, Defila, DI Giulio 1996). Dazu gehört aber auch, sich der impliziten Werturteile insbesondere der eigenen Disziplin bewusst zu sein. „Auch die(se) unausgesprochenen, aber immer präsenten Werturteile, die im Laufe der akademischen Ausbildung wie ein Bollwerk gegen die anderen Disziplinen fungieren, sind es, die das Kommunizieren über die Fachgrenze hinaus so schwer machen. Deshalb heißt eine Anforderung an interdisziplinär tätige Wissenschaftler, sich über die ethischen Werte, die dem akademischen Denken und Handeln eines jeden Einzelnen zu Grunde liegen, bewusst zu werden und bereit zu sein, die Grundhaltung des anderen verstehen und akzeptieren zu wollen" (Drilling 1997, S. 50).

Transdisziplinarität – ein neuer Begriff für eine Aufgabe, die sich nicht nur, aber unabdingbar im Lernprozess Nachhaltigkeit stellt – meint das Überschreiten der Grenzen des Wissenschaftssystems im wissenschaftlichen Prozess der Bearbeitung einer Fragestellung. Wie oft wird die Erfahrung gemacht, dass Wissenschaftler „an der Praxis vorbei reden", dass andererseits Praktikerinnen und Praktiker in Politik, Wirtschaft, Verwaltung oder in Schulen wissenschaftliche Erkenntnisse nicht aufnehmen. Die Zusammenarbeit von Wissenschaftlern mit Praktikern schon bei der Formulierung des Problems, aber auch in dessen Bearbeitung kann zu adäquateren Problemlösungen und zu einer qualifizierteren Praxis führen. Auch Transdisziplinarität kann und sollte gelernt werden: in der Begegnung zwischen Wissenschaftlerinnen und Wissenschaftlern, Studierenden, Lehrerinnen und Lehrern sowie Schülern mit Vertreterinnen und Vertretern gesellschaftlicher Praxis in gemeinsamen Aufgabenstellungen. Am Beispiel der Hochschulausbildung kann es folgendes bedeuten: Da Studierende heute ihren Lebensmittelpunkt nicht mehr oder nicht mehr nur in der Universität haben, sondern auch in andere gesellschaftliche Praxen eingebunden sind, könnte transdisziplinäres Lernen auch heißen: das wissenschaftliche Lernen mit den Erfahrungen dieser gesellschaftlichen Praxen in Verbindung bringen und zum Gegenstand des Studiums machen. Auch hier gilt analog zu dem, was zum Lernprozess Interdisziplinarität ausgeführt wurde: die jeweiligen Wissenssysteme, die jeweilige Rationalität, in diesem Fall auch die unterschiedlichen Zeitperspektiven, unter denen gehandelt wird, sollten bewusst gemacht und gegenseitig respektiert werden. Ähnliches ließe sich auch für die Schule formulieren.

Ein derartig reflektiertes und gelerntes inter- und transdisziplinäres Arbeiten kann also zum einen zu einer adäquaten Problemlösung durch Beteiligung verschiedener Disziplinen führen. Es kann zum anderen den Prozess der

Endogenisierung fördern – so werden „Maßnahmen auf verschiedensten Ebenen (bezeichnet), die dazu führen sollen, innerhalb der herkömmlichen Ausbildungen umweltrelevante Gesichtspunkte verstärkt zum Tragen zu bringen" (Defila 1996, S. 12), wobei sich Endogenisierung natürlich auch auf Nachhaltigkeit beziehen lässt.

Schlussbemerkungen

Immer wieder wird argumentiert, dass der Begriff Nachhaltigkeit zwar in Expertenkreisen ein durchaus gängiger Begriff sei, mit dem man auch gut arbeiten könne, aber in der breiten Bevölkerung stoße er auf nur sehr geringe Resonanz (Kuckartz 2000). Diese Feststellung ist durchaus zutreffend. An dieser Stelle müssen wir allerdings die Frage stellen: was wollen wir kommunizieren? Einen Begriff oder ein Konzept bzw. eine Idee? Wenn es um ein Konzept oder eine Idee geht, können wir die Diskussion um die Resonanzfähigkeit des Begriffs Nachhaltigkeit zunächst einmal draußen vor lassen. Die Idee der Nachhaltigkeit zu kommunizieren heißt, diese auch immer über konkrete Beispiele und Problemstellungen bzw. -analysen zu transportieren. Eine nachhaltige Energieversorgung macht sich nicht an dem Begriff „nachhaltig" fest, sondern an einem Konzept, in dem u.a. der effiziente Umgang mit Energieressourcen, die intelligente Nutzung von Techniken, die Nutzung regenerativer Energien oder veränderte Verhaltensweisen eine zentrale Rolle spielen. Diese Konzepte müssen diskursfähig werden, um möglichst viele Anregungen, Ideen und kritische Beiträge für den konkreten Umsetzungsprozess zu bekommen. Dann wird auch der Begriff Nachhaltigkeit resonanzfähig.

Literatur

Altner, G. (2001): Ethik der Nachhaltigkeit als interdisziplinäres Abwägungsinstrument, in: Altner, G./Michelsen, G. (Hrsg.; 2001): Ethik und Nachhaltigkeit. Frankfurt a.M., S. 100-116.

Altner, G./Michelsen, G. (Hrsg.; 2001): Ethik und Nachhaltigkeit. Frankfurt a.M.

Balsinger, Ph. W., Defila, R., di Guilio, A. (Hrsg., 1996): Ökologie und Interdisziplinarität – eine Beziehung mit Zukunft? Basel.

Bartmann, H. (2001): Nachhaltigkeit und Sozialethik, in: Altner, G./Michelsen, G. (Hrsg.; 2001): Ethik und Nachhaltigkeit. Frankfurt a.M., S. 118-133.

Bayerische Rück (Hrsg., 1993): Risiko ist ein Konstrukt, München.

Beyer, Axel (Hrsg.) (1998): Nachhaltigkeit und Umweltbildung, Hamburg.

Beyersdorf, M./Michelsen, G./Siebert, H. (Hrsg., 1998): Umweltbildung. Theoretische Konzepte, empirische Erkenntnisse, praktische Erfahrungen. Neuwied; Kriftel.

Blank, E. (2001): Sustainable Development, in: Schulz, W. F. u.a. (Hrsg., 2001), Lexikon Nachhaltiges Wirtschaften, München und Wien.

Bolscho, D./Michelsen, G. (1997): Umweltbildung unter globalen Perspektiven, Bielefeld

Brand, K.-W. (2001): Wollen wir was wir sollen? – Plädoyer für einen dialogisch-partizipativen Diskurs über nachhaltige Entwicklung, in: Fischer, A./Hahn, G. (Hrsg.; 2001): Vom schwierigen Vergnügen einer Kommunikation über die Idee der Nachhaltigkeit. Frankfurt a.M., S. 12-34.

Brand, K.-W./Eder, K./Poferl, A. (1997): Ökologische Kommunikation in Deutschland, Opladen.

Brand, K.-W. (Hrsg., 1997): Nachhaltige Entwicklung. Eine Herausforderung an die Soziologie, Opladen.

Brandt, K.-W. (Hrsg.; 2000): Nachhaltige Entwicklung und Transdisziplinarität. Besonderheiten, Probleme und Erfordernisse der Nachhaltigkeitsforschung. Berlin.

Bundesministerium für Umwelt, Naturschutz und Reaktorsicherheit (Hrsg., o.J.): Umweltpolitik. Konferenz der Vereinten Nationen für Umwelt und Entwicklung im Juni 1992 in Rio de Janeiro – Dokumente – Agenda 21. Bonn.

Bund-Länder-Kommission für Bildungsplanung und Forschungsförderung (1998): Bildung für eine nachhaltige Entwicklung -Orientierungsrahmen-, H. 69, Bonn

de Haan, G. u.a. (1997): Umweltbildung als Innovation – Bilanzierungen und Empfehlungen zu Modellversuchen und Forschungsvorhaben, Berlin.

de Haan, G. (2001) : Was meint „Bildung für nachhaltige Entwicklung" und was können eine globale Perspektive und neue Kommunikationsmöglichkeiten zur Weiterentwicklung beitragen?, in: Herz, O./Seybold, H./Strobl, G. (Hrsg.; 2001): Bildung für nachhaltige Entwicklung. Globale Perspektiven und neue Kommunikationsmedien, Opladen 2001, S. 29-46.

de Haan, G. (Hrsg.; 1995): Umweltbewusstsein und Massenmedien. Berlin.

de Haan, G. (Hrsg.; 1996): Ökologie – Gesundheit – Risiko. Perspektiven ökologischer Kommunikation, Berlin.

de Haan, G./Harenberg, D. (1999): Bildung für eine nachhaltige Entwicklung. Materialien zur Bildungsplanung und zur Forschungsförderung der BLK, Heft 72, Bonn.

de Haan, G./Kuckartz, U. (1996): Umweltbewusstsein. Denken und Handeln in Umweltkrisen, Opladen 1996.

Defila, R. (1996): Die umweltbezogene Endogenisierung an den schweizerischen Hochschulen, in: Schweizerische Hochschulkonferenz. Kommission für Umweltwissenschaften (Hrsg.): Endogenisierung. Bern.

Defila, R. u.a. (1996): „Umwelt für alle" in der Ausbildung – zum Stand der Endogenisierung, in: GAIA, 5, No. 3/4.

Döring-Seipel, E./Lantermann, E. (2000): High on Emotion. Zur Rolle von Gefühlen in der Umweltkommunikation, in: Politische Ökologie (2000): Nachhaltigkeit öffne dich!, Jg. 17., H. 63/64, S. 27-28.

Drilling, M. (1997): Interdisziplinarität als Lernprozeß. Von der Schwierigkeit, eine gemeinsame Sprache zu finden, in: Uni Press. Bern.

Dürr, H.-P. (1994): Respekt vor der Natur – Verantwortung für die Natur. München und Zürich.

Eblinghaus, H./Stickler, A. (1996): Nachhaltigkeit und Macht. Zur Kritik von Sustainable Development. Frankfurt a.M

Enquête-Kommission ‚Schutz des Menschen und der Umwelt' des Deutschen Bundestages (Hrsg.) (1994): Die Industriegesellschaft gestalten – Perspektiven für einen nachhaltigen Umgang mit Stoff- und Materialströmen. Bonn

Fischer, A. (1998): Wege zu einer nachhaltigen beruflichen Bildung. Theoretische Überlegungen, Bielefeld.

Fischer, A./Hahn, G. (Hrsg.; 2001): Vom schwierigen Vergnügen einer Kommunikation über die Idee der Nachhaltigkeit. Frankfurt a.M.

Hauff, V. (Hrsg.; 1987): Unsere gemeinsame Zukunft – Der Brundtland-Bericht der Weltkommission für Umwelt und Entwicklung, Greven.

Henning, H. J./Ladineo, M. (2001): Umweltkommunikation und umweltrelevantes Verhalten, in: Fischer, A./Hahn, G. (Hrsg.; 2001): Vom schwierigen Vergnügen einer Kommunikation über die Idee der Nachhaltigkeit. Frankfurt a.M., S. 175-202.

Hentig, H. von (1991): Die Menschen stärken, die Sachen klären. Stuttgart.

Herz, O./Seybold, H./Strobl, G. (Hrsg.; 2001): Bildung für nachhaltige Entwicklung. Globale Perspektiven und neue Kommunikationsmedien, Opladen 2001.

Huber, J. (2001): Allgemeine Umweltsoziologie. Wiesbaden.

Jänicke, M. (2000): Die hohen Trauben pflücken. Langfristige Probleme zum Thema machen, in: Politische Ökologie (2000): Nachhaltigkeit öffne dich!, Jg. 17., H. 63/64, S. 48-50.

Jüdes, U. (1996): Das Paradigma ,Sustainable Development', Mss.

Kaufmann-Hayoz, R. ; di Giulio, A. (Hrsg.; 1996): Umweltproblem Mensch. Humanwissenschaftliche Zugänge zu umweltverantwortlichen Handeln. Bern, Stuttgart, Wien.

Klafki, W. (1995): „Schlüsselprobleme" als thematische Dimension einer zukunftsbezogenen „Allgemeinbildung" – Zwölf Thesen, in: Münzinger, W., Klafki, W. (Hrsg.): Schlüsselprobleme im Unterricht. Die Deutsche Schule, 3. Beiheft.

Kuckartz, U. (2000): Umweltbewußtsein in Deutschland 2000. Ergebnisse einer repräsentativen Bevölkerungsumfrage, hrsg. vom Bundesministerium für Umwelt, Naturschutz und Reaktorsicherheit, Berlin.

Luhmann, N. (1986): Ökologische Kommunikation. Kann die moderne Gesellschaft sich auf ökologische Gefährdungen einstellen? Opladen.

Luhmann, N. (1995): Interventionen in die Umwelt? Die Gesellschaft kann nur kommunizieren, in: de Haan, G. (Hrsg.): Umweltbewußtsein und Massenmedien, Berlin.

Matthies, E./Homburg, A. (2001): Umweltpsychologie, in: Müller-Rommel, F (Hrsg.; 2001).: Sozialwissenschaften. Studium der Umweltwissenschaften. Berlin u.a.

Meyer-Abich, K.-M. (2001): Ethische Bewertung einer nachhaltigen Wirtschaft in der Natur, in: Altner, G./Michelsen, G. (Hrsg.; 2001): Ethik und Nachhaltigkeit. Frankfurt a.M.

Michelsen, G. u.a. (1998): Umweltkommunikation eine theoretische und praktische Annäherung. INFU-Diskussionsbeiträge 1/98, Lüneburg.

Michelsen, G. (1994): Bildungspolitische Instrumentarien einer dauerhaft-umweltgerechten Entwicklung, Stuttgart 1994

Michelsen, G. (1997): Große Herausforderung. Entwicklung, Stand und Perspektiven der Umweltbildung, in: Politische Ökologie, 51, München 1997.

Michelsen, G. (2001): Umweltbildung – Umweltberatung – Umweltkommunikation, in: Müller-Rommel, F. (Hrsg.; 2001).: Sozialwissenschaften. Studium der Umweltwissenschaften. Berlin u.a., S. 125-152.

Michelsen, G. (Hrsg., 1997): Umweltberatung. Grundlagen und Praxis, Bonn.

Michelsen, G. (Hrsg.; 2000): Sustainable University. Auf dem Weg zu einem universitären Agendaprozess. Frankfurt a.M.

Müller-Rommel, F (Hrsg.; 2001): Sozialwissenschaften. Studium der Umweltwissenschaften. Berlin u.a.

Nolte, P. (2001): Unsere Klassengesellschaft, in DIE ZEIT, Nr. 2.

Ott, K. (2001): Eine Theorie ,starker' Nachhaltigkeit, in: Natur und Kultur, Jg. 2, H. 1, S. 55-75.

Peccei, A. (Hrsg., 1979): Das menschliche Dilemma. Zukunft und lernen, Wien u.a.

Politische Ökologie (1997): Zukunftsaufgabe Umweltbildung. Auf der Suche nach neuen Perspektiven, Jg. 15., H. 51.

Politische Ökologie (2000): Nachhaltigkeit öffne dich!, Jg. 17., H. 63/64.

Renn, O. (2001a): Ethische Anforderungen an eine Nachhaltige Entwicklung: Zwischen globalen Zwängen und individuellen Handlungsspielräumen, in: Altner, G./Michelsen, G. (Hrsg.; 2001): Ethik und Nachhaltigkeit. Frankfurt a.M., S. 64-99.

Renn, O. (2001b): Umweltsoziologie, in: Müller-Rommel, F (Hrsg.; 2001).: Sozialwissenschaften. Studium der Umweltwissenschaften. Berlin u.a., S. 67-94.

Renn, O. (2001c): Kooperative Verfahren zur Umsetzung einer nachhaltigen Entwicklung, in: Fischer, A./Hahn, G. (Hrsg.; 2001): Vom schwierigen Vergnügen einer Kommunikation über die Idee der Nachhaltigkeit. Frankfurt a.M., S. 122-149.

Reusswig, F. (1999): Umweltgerechtes Handeln in verschiedenen Lebensstil-Kontexten, in: Linneweber, V./Kals E. (Hrsg.; 1999): Umweltgerechtes Handeln. Berlin.

Reusswig, F./Lass, W. (2001): Für eine Politik der differentiellen Kommunikation – Nachhaltige Entwicklung als Problem gesellschaftlicher Kommunikationsprozesse und -verhältnisse, in: Fischer, A./Hahn, G. (Hrsg.; 2001): Vom schwierigen Vergnügen einer Kommunikation über die Idee der Nachhaltigkeit. Frankfurt a.M., S. 150-174.

Scherhorn, G. (2001): Nachhaltigkeit und Kapitalismus – Ethische Reflexionen ökonomischer Ziele, in: Altner, G./Michelsen, G. (Hrsg.; 2001): Ethik und Nachhaltigkeit. Frankfurt a.M.. S. 134-154.

Schüßler, I.; Bauerdieck, J. (1997): Umweltwahrnehmung und Umweltverhalten aus konstruktivistischer Perspektive, in: Michelsen, G. (Hrsg.): Umweltberatung: Grundlagen und Praxis, Bonn.

Siebert, H. (1999): Pädagogischer Konstruktivismus. Eine Bilanz der Konstruktivismusdiskussion für die Bildungspraxis, Neuwied/Kriftel.

SRU. Der Rat von Sachverständigen für Umweltfragen (1994): Umweltgutachten 1994. Für eine dauerhaft-umweltgerechte Entwicklung. Wiesbaden

Stoltenberg, U. (2000): „Weißt Du, ..." Integration und Bedeutsamkeit von Umweltwissen für Kinder durch lokale Partizipation, in: Löffler, G./Möhle, V./von Reeken, D./ Schwier, V. (Hrsg.): Sachunterricht – Zwischen Fachbezug und Integration, Band Heilbrunn, S. 201-217.

Stoltenberg, Ute; Michelsen, Gerd (1999): Lernen nach der Agenda 21: Überlegungen zu einem Bildungskonzept für eine nachhaltige Entwicklung, in: NNA-Berichte, 12. Jg, H. 1, Schneverdingen, S. 45-54

Thompson Klein, J. u.a. (Eds.; 2001): Transdisciplinarity: Joint Problem Solving among Science, Technology, and Society. An Effective Way for Managing Complexity. Basel, Boston, Berlin.

UBA. Umweltbundesamt (Hrsg.; 1998): Angewandte Sozialwissenschaftliche Forschung. Konzeptionelle Überlegungen und Forschungsfragen, Berlin.

Walter, F. (2001): Die Bürgergesellschaft – eine süße Utopie, in Frankfurter Rundschau, Dokumentation vom 14. Juli 2001, S. 7.

WBGU. Wissenschaftlicher Beirat der Bundesregierung Globale Umweltveränderungen (1996): Welt im Wandel. Herausforderung für die deutsche Wissenschaft., Jahresgutachten 1996. Berlin u.a.

WBGU. Wissenschaftlicher Beirat der Bundesregierung Globale Umweltveränderungen (1998): Strategie zur Bewältigung globaler Umweltrisiken, Jahresgutachten 1998, Berlin u.a.

WBGU. Wissenschaftlicher Beirat der Bundesregierung: Globale Umweltveränderungen (1993). Jahresgutachten 1993, Bonn

WCED. World Commission on Environment and Development (1987): Our Common Future. World Commission on Environment and Development. Oxford.

Wildavsky, A. (1993): Vergleichende Untersuchung zur Risikowahrnehmung: Ein Anfang, in: Bayerische Rück (Hrsg.): Risiko ist ein Konstrukt, München.

Die Autorinnen und Autoren

Axel Beyer, Jahrgang 1956
Geschäftsführer der Deutschen Gesellschaft für Umwelterziehung (DGU).
Die DGU ist die bundesweit führende Fachorganisation für Lernen und Umwelt und als Dienstleister für die Bildungs- und Umweltministerien des Bundes sowie der Bundesländer tätig. Axel Beyer ist insbesondere bei der Etablierung der weltweit erfolgreichen Umweltauszeichnung im Tourismus und Sport „Blaue Flagge" sowie für die zur Zeit größte deutsche Umweltinitiative für Schulen „Umweltschule in Europa" beteiligt.

Kontakt
Axel Beyer
Deutsche Gesellschaft für Umwelterziehung e. V.
Ulmenstraße 10
22299 Hamburg
Tel: +49(0)40/4 10 69 21
Fax: +49(0)40/45 61 29
E-Mail: dgu@umwelterziehung.de

Univ.-Prof. Dr. Eve-Marie Engels
Inhaberin des Lehrstuhls für Ethik in den Biowissenschaften der Universität Tübingen und Mitglied des Vorstandes und des wissenschaftliches Rates des Interfakultären Zentrums für Ethik in den Wissenschaften der Universität, Mitglied im Nationalen Ethikrat.

Kontakt
Engels, Eve-Marie, Univ.-Prof., Dr.
Eberhard-Karls-Universität Tübingen
Lehrstuhl für Ethik in den Biowissenschaften
Fakultät für Biologie
Sigwartstraße 20
72076 Tübingen

Tel: +49(0)70 71/29-7 71 91
Fax: +49(0)70 71/92 28 73
E-Mail: eve-marie.engels@uni-tuebingen.de

Dr. Martin Held, Jahrgang 1950.
Studierte Wirtschafts- und Sozialwissenschaften an der Universität Augsburg.
Er ist Studienleiter für Wirtschaft und nachhaltige Entwicklung an der Evangelischen Akademie Tutzing. Mit Karlheinz Geißler initiierte er das Tutzinger Projekt „Ökologie der Zeit" (siehe Schriftenreihe zur Politischen Ökologie Band 7, ökom Verlag 1998), mit Bernd Bievert die Tutzinger Fachtagungen „Normative Grundlagen der Ökonomik".

Kontakt
Dr. Martin Held
Evangelische Akademie Tutzing
Schloss-Straße 2+4
82327 Tutzing
Tel: +49(0)81 58/2 51-1 16 oder 1 26
Fax: +49(0)91 58/2 51-1 33
E-Mail: held@ev-akademie-tutzing.de

Prof. Dr. Joachim Kahlert
Lehramtsstudium und Studium der Sozialwissenschaften. Nach mehrjähriger Tätigkeit als Lehrer und an verschiedenen Universitäten zur Zeit Inhaber des Lehrstuhls für Grundschulpädagogik und –didaktik an der Universität München

Kontakt
Prof. Dr. Joachim Kahlert
Ludwig-Maximilians-Universität München
Institut für Schulpädagogik und Grundschuldidaktik
Lehrstuhl für Grundschulpädagogik und –didaktik
Leopoldstraße 13
80802 München
Tel: +49(0)89/21 80-51 02-1
Fax: +49(0)89/21 80-51 04
E-Mail: kahlert@primedu.uni-muenchen.de

Prof. Dr. Gerd Michelsen, Jahrgang 1948.
Studierte Volkswirtschaftslehre und habilitierte an der Universität Hannover.
Er war Mitbegründer des Öko-Institutes und dessen Geschäftsführer bis 1979.
Seit 1995 Professur für Ökologie mit Schwerpunkt Umweltbildung/-beratung
an der Universität Lüneburg. Dort geschäftsführender Leiter des Instituts für
Umweltkommunikation.

Kontakt
Prof. Dr. Gerd Michelsen
Universität Lüneburg
Institut für Umweltkommunikation
21335 Lüneburg
Tel: +49(0)41 31/78-29 20
Fax: +49(0)41 31/78-28 19
E-Mail: michelsen@uni-lueneburg.de

Dr. Thomas Mohrs, Jahrgang 1961
Wissenschaftlicher Assistent am Lehrstuhl für Philosophie der Universität
Passau. Arbeitsschwerpunkte: Politische Philosophie, Ethik, Philosophische
Anthropologie.

Kontakt
Dr. Thomas Mohrs
Universität Passau
Lehrstuhl für Philosophie
Innstraße 51
94030 Passau
Tel: +49(0)8 51/5 09-26 23
Fax: +49(0)8 51/5 09-26 22
E-Mail: mohrs01@pers.uni-passau.de

Prof. Dr. Joachim Radkau, Jahrgang 1943
Forschte nach seiner Promotion zur Wirtschafts- und Technikgeschichte, später
zur Umwelt- und Medizingeschichte. 1981 Habilitation in Bielefeld zur Geschichte der Deutschen Atomwirtschaft. Dort Professor für Neuere Geschichte.

Kontakt:
Prof. Dr. Joachim Radkau
Universität Bielefeld
Fakultät für Geschichtswissenschaft und Philosophie
Postfach 10 01 31
33501 Bielefeld

Tel: +49(0)5 21/1 06-32-09
Fax: +49(0)5 21/1 06-29 66
E-Mail: jradkau@geschichte.uni-bielefeld.de

Prof. Dr. Josef H. Reicholf
Professor der Biologie, lehrt an der Universität München. Er ist Leiter der Wirbeltierabteilung der Zoologischen Staatssammlung München.

Kontakt
Prof. Dr. Josef H. Reichholf
Zoologische Staatssammlung München
Münchhausenstraße 21
81247 München
Tel: +49(0)89/81 07-1 23
Fax: +49(0)89/81 07-1 23
E-Mail: Reichholf.Ornithologie@zsm.mwn.de

Prof. Dr. Annette Scheunpflug
hat eine Professur an der Friedrich-Alexander-Universität Erlangen-Nürnberg Lehrstuhl Pädagogik I angetreten.

Kontakt
Prof. Dr. Annette Scheunpflug
Erziehungswissenschaftliche Fakultät
der Friedrich-Alexander-Universität
Erlangen - Nürnberg
Tel: +49(0)6 14/53 02-5 19
Fax: +49(0)6 41/53 02-5 88
E-Mail: annette.scheunpflug@ewf.uni-erlangen.de

Christine Schmidt
Wissenschaftliche Mitarbeiterin an der Professur für Bildungsforschung an der Justus-Liebig-Universität Gießen bis 2001

Kontakt:
Viktor-von-Scheffel-Straße 39
69125 Lichtenfeld
Tel: +49(0)95 71/94 84 80

Harald Schoembs, Jahrgang 1943
Seit 1985 wissenschaftlicher Angestellter am Umweltbundesamt Berlin (Umweltbildung).

Kontakt:
Umweltbundesamt
Postfach 33 00 22
14191 Berlin
Tel: +49(0)30/89 03-2151
Fax: +49(0)30/89 03-29 06
E-Mail: harald.schoembs@uba.de

Prof. Dr. Andreas Troge
Präsident des Umweltbundesamtes, promovierter Volkswirtschaftler, leitet seit 1995 das Umweltbundesamt

Kontakt
Prof. Dr. Andreas Troge
Postfach 33 00 22
14191 Berlin
Tel: +49(0)30/89 03-22 02
Fax: +49(0)30/89 03-21 16
E-Mail: andreas.troge@uba.de

Dr. Michael Wehrspaun, Jahrgang 1948
Seit 1983 wissenschaftlicher Angestellter beim Umweltbundesamt Berlin (sozialwissenschaftliche Umweltforschung, Umweltbildung)

Kontakt
Dr. Michael Wehrspaun
Umweltbundesamt
Postfach 33 00 22
14191 Berlin
Tel: +49(0)30/89 03-21 65
Fax: +49(0)30/89 03-29 06
E-Mail: michael.wehrspaun@uba.de

If you have a concern about our product,
you can contact us at:
productsafety@penguinrandomhouse.com

If our Publisher is established outside the EU,
the EU authorised representative is
Split Dortmund Customer Service Center GmbH
Kurfürstallee 3, 59439 Holzwickede, Germany

Printed by [...] Buch GmbH
in Hamburg, Germany